二级建造师继续教育培训教材

江苏省住房和城乡建设厅　组织编写

陈　健　徐明刚　主编

中国建筑工业出版社

图书在版编目（CIP）数据

二级建造师继续教育培训教材/陈健，徐明刚主编. —北京：
中国建筑工业出版社，2018.3（2021.4重印）
ISBN 978-7-112-21664-2

Ⅰ. ①二… Ⅱ. ①陈… ②徐… Ⅲ. ①建筑师-继续教育-
教材 Ⅳ. ①TU

中国版本图书馆CIP数据核字（2017）第316726号

责任编辑：杨 杰 范业庶 王华月
责任校对：关 健

二级建造师继续教育培训教材
江苏省住房和城乡建设厅 组织编写
陈 健 徐明刚 主编

*

中国建筑工业出版社出版、发行（北京海淀三里河路9号）
各地新华书店、建筑书店经销
北京红光制版公司制版
北京君升印刷有限公司印刷

*

开本：787×1092毫米 1/16 印张：16½ 字数：397千字
2018年2月第一版 2021年4月第十三次印刷
定价：**48.00**元
ISBN 978-7-112-21664-2
（31515）

二级建造师继续教育培训教材
编审委员会

编委会主任　范信芳

编委会成员　刘红霞　周文辉　蒋惠明　房福亮

主　　编　陈　健　徐明刚

编　写　组　丁灼伟　荆富荣　邵宏文　顾增平　李钢强

前　言

当前建筑业改革发展正面临着技术路径、市场模式和政府监管方式的全面而深刻的改革，了解建筑业发展新信息，把握新动向，拓宽新视野，全面提升全行业从业者，特别是建造师队伍在建筑业发展新形势下的从业能力，显得尤为迫切。为此，受江苏省住房和城乡建设厅委托，南京高等职业技术学校聘请有关学者、专家，编写了《二级建造师继续教育培训教材》。

本书力求紧跟近几年来建筑业快速发展的建筑产业现代化、建筑信息化模型（BIM）、绿色建筑、海绵城市、城市地下综合管廊建设等热点内容，将工程管理、工程技术的发展趋势，以及涉及国家现行法律、法规、政策做完整呈现；将新技术、新工艺、新材料、新设备等方面的知识做详尽阐述。由于时间紧、内容较新、水平有限，所编内容难免有不足之处，恳请读者提出宝贵意见。

本教材共分11章，参包括第1章　装配式建筑（丁灼伟）；第2章　建筑信息模型（BIM）（陈健）；第3章　绿色建筑（徐明刚）；第4章　海绵城市（徐明刚）；第5章　城市地下综合管廊建设（丁灼伟）；第6章　建设工程相关法规（顾增平、李钢强）；第7章　公路工程（陈健）；第8章　水利工程（荆富荣）；第9章　BIM基础实训教程（陈健），第10章　机电工程（邵宏文），第11章　市政工程（徐明刚）。

本教材可作为二级建造师继续教育培训教材，也可作为施工相关专业人员实用书目。

目　　录

第1章 装 配 式 建 筑

1.1 建筑产业现代化基本知识

1.1.1 建筑产业现代化的概念

建筑产业现代化是建筑产业从操作上的手工劳动向机械化转变,从施工工艺的简单化向复杂化转变,发展方式从单纯依靠个体经验逐步向依靠科技进步转变,管理方式也从粗放式管理逐步转为集约式管理。伴随着这些转变,建筑产业的生产效率不断提高,企业经营规模逐渐增大,企业经营方式更加多元和开放。现代化的建筑产业与传统建筑业的区别如表1-1所示。

现代化的建筑产业与传统建筑业的区别   表 1-1

内 容	现代化的建筑产业	传统建筑业
产业构成	产业链全过程	施工阶段为主
产业组织	一体化、集约化、协同化经营	缺乏合作、低端竞争
生产组织	集成化、全过程管理	各个阶段人为割裂、脱节
生产技术	标准化、集约化、集成技术	相对独立、单一
生产手续	工厂化、装配化、信息化	以低价劳动力、现场手工作业为主
生产要素	统一、协调、有机整体	自行投入、相对独立
生产目标	追求项目产业链整体利益	追求企业各自效益

1.1.2 建筑产业现代化的新内涵

建筑产业现代化除了具有传统的建筑业的意义之外,在以下两个角度都具有新的内涵:

(1)从产业构成的角度

建筑产业现代化相关产业主要包括以标准化设计为基础的规划设计业、以集成应用为基础的房地产开发业、以建筑工业化为基础的建筑业、以部品建材生产为基础的装备制造业,以及物流运输业等全产业链的现代化。在推进建筑产业现代化的过程中,重点强调将现代化的科学技术和管理方法应用于整个建筑全产业链,加快"三化"(工业化、信息化、产业化)的深度融合,对建筑全产业链进行更新、改造和提升,使整个建筑产业链达到或超越国际先进水平。

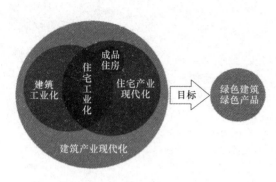

图 1-1　建筑产业现代化与相关概念的关系

（2）从产业升级的角度

在建筑产业发展的进程中，陆续开展了建筑工业化、住宅工业化、住宅产业现代化、成品化住宅等探索和实践，通过对以上相关概念的高度概括和凝练，建筑产业现代化又具有更加广泛和深刻的内涵。建筑产业现代化是各个概念形成的相互关联、互相促进的统一整体，是对建筑产业未来发展的顶层设计。相关概念的关系如图 1-1 所示。

1.1.3　建筑产业现代化的特征

从图 1 可以看出，推进建筑产业现代化是以发展住宅产业现代化为重点，以新型建筑工业化生产为手段，为实现建筑产业的"设计标准化、生产工厂化、施工装配化、装修成品化、管理信息化"等目标，进而为全社会提供绿色建筑和绿色产品的高级产业形态及其实现过程。据此可知我国建筑产业现代化具备以下特征：

1. 建筑生产工业化（工业化）

借助标准化的设计，用现代工业化的大规模生产方式代替传统的手工业生产方式来建造建筑产品；用精益化的部品部件工厂流水线生产和装配化的现场作业代替传统的施工现场浇筑等工作；转变建筑业从业人员为产业工人；最终实现建筑生产的工业化。

2. 产业链组织集成化（集成化）

通过对建筑产业全产业链的产业构成、组织构成等进行梳理与集成，实现产业结构、资源配置、生产力布局的最优化以及组织之间协同的最大化。其基本内容是：产业链结构完整化，产业组织协同化，产业布局合理化，产业生产规模化。

3. 管理手段和产品的信息化（信息化）

使用信息技术辅助管理、提高建筑产品性能。其基本内容是：政府监管和企业管理信息系统的建立，BIM（建筑信息化模型）、智能化、物联网等先进信息技术在建筑生产过程和产品中的应用。

4. 建筑生产过程和建筑产品的绿色化（绿色化）

提高建筑产业的环境友好度，实现建筑产业的"绿色发展、循环发展、低碳发展"。其基本内容是：建筑生产和使用过程中资源利用的集约化，环境影响的最低化，以及建筑产品的节地、节能、节水、节材、室内环境环保健康、室外环境和谐友好。

5. 建筑全生命周期价值最大化（价值最大化）

建筑产业实现全生命周期的优化和价值增值。其基本内容包括：全生命周期质量的提高和成本的降低；产品使用功能的完善化、舒适化和智能化；利益相关者的满意等内容。

工业化、集成化、信息化、绿色化、价值最大化是一个渐进的过程。其中，工业化是核心和基础，集成化和信息化是发展手段，工业化与信息化之间高度融合，绿色化和价值最大化是发展目标和发展结果。

1.2 建筑产业现代化的发展趋势与思考

随着建筑产业现代化的逐步推进，阻碍建筑产业现代化发展的技术障碍将逐渐被攻克，管理模式不断得到创新，建筑产业发展结构将更加平衡，带动并实现相关产业跨界融合发展、相互融合。尤其是建筑产业与互联网技术的融合发展，充分应用信息技术推进传统建造方式向"互联网＋"的现代化建造方式转变。建筑业企业竞争力得到跨越式的提升，国际竞争力得到显著提高，逐渐缩小并拉近与国内外先进企业之间的差距，伴随着"走出去"、"一带一路"等国家重大战略政策，大步走出国门，积极参与国际竞争。

1.2.1 我国建筑产业现代化发展

1. 我国建筑产业现代化发展成果

我国在建筑产业现代化的进程中不断探索，开展了大量的工作，在发展模式、体系建设、政策措施、标准规范、龙头企业等方面取得了一些成果。

（1）发展模式

在建筑产业现代化发展的进程中，逐渐形成了企业主导型、政府主导型，协同创新型等多种发展模式：①企业主导型是指在建筑产业现代化的发展进程中，企业通过成立研究中心或者与科研单位合作，自主研发并推广建筑产业现代化。该模式以万科、长沙远大为代表。②政府主导型主要体现在政府出台相关政策文件，组建相应工作机构，从保障房项目入手，逐步推进现代建筑产业工作。该模式以沈阳市为代表。③协同创新型更加强调政府、企业、高校等之间的合作。一方面，政府出台相关政策，进行各类示范引领；另一方面，相关企业积极参与建筑产业现代化实践，并通过与高校等研究机构的合作，开展关键技术、管理问题的研发，逐步形成政产学研良性的协同创新机制。

（2）技术体系

近年来，我国在建筑产业现代化技术体系建设领域不断研究和发展，形成了一批建筑产业现代化的技术体系，现有的体系主要有预制装配式混凝土结构技术（PC 技术）、模块建筑体系、NPC 技术、半预制装配式混凝土结构技术（CPCF 技术）、多层预制钢结构建筑体系、装配式整体预制混凝土剪力墙技术及叠合板式混凝土剪力墙技术。

（3）政策措施

随着建筑产业现代化的不断推进，各地区结合本地区实际情况也逐步推出了相关政策措施，主要集中在三个大的方面：①行政引导。通过建立组织领导小组、开辟行政审批绿色通道等行政措施引导本地区建筑产业转型升级，促进建筑产业现代化发展；②行政强制。通过在保障性住房、政府工程中强制推广建筑产业现代化技术，促进建筑产业转型升级；③行政激励。通过政策支持、税费优惠、金融支持等激励政策措施促进建筑产业各行业转型升级。

（4）标准规范

住建部以及江苏、北京、沈阳、济南等多个省市在总结我国建筑产业现代化发展实践经验的基础上，先后制定了多部标准。比如装配式混凝土结构技术规程、轻型钢结构住宅技术规程、预制预应力混凝土装配整体式框架（世构体系）技术规程、装配式剪力墙住宅建筑设计规程、住宅性能认定评定技术标准、建筑装饰装修工程质量验收规范等。

2. 我国建筑产业现代化的经验借鉴和启示

（1）建筑产业现代化是未来发展的必然趋势

建筑产业现代化改变了传统建筑业的组织、生产模式，提升了建筑生产过程中相关者的协同工作能力、提高了相关企业的精益化生产水平，改善了建筑产品的质量和品质，降低了对资源的消耗和环境的污染与破坏。具有非常重要的现实意义，因此，建筑产业现代化是未来发展的必然趋势。

（2）建筑产业现代化是一个循序渐进的发展过程

当前我国建筑产业现代化发展势头迅猛，但不可能一蹴而就。发达国家的经验表明，建筑产业现代化需要有深厚的积累经验。而我国现有的经济基础相对较弱、技术和管理水平不高，还不具备进行大规模开展建筑产业现代化的能力，应准确认识当前的现实情况，立足现有条件，循序渐进地逐步实施。

（3）政策引领是推进建筑产业现代化的保障

长期以来建筑产业一直是国民经济的支柱行业，建筑产业的发展关系着国民经济发展的命脉，各项政策的引导和扶持是建筑产业现代化发展的重要保障。

（4）开发企业是推进建筑产业现代化的中坚力量

房地产开发企业作为市场的重要主体，在产业链中具有特殊地位，既需要了解建筑产业中的市场需求，同时也引领并参与建筑市场的潮流和趋势。在建筑产品生产过程中开拓创新，选用先进的建筑材料、采用更加科学的技术和管理方法，培养从事建筑产业现代化的优秀人才，从而推动建筑产业链的高度融合。

（5）示范工程是推进建筑产业现代化的重要手段

建筑产业现代化进程需要不断摸索和创新，在推进的进程中不能盲目上马、全面铺开，需要在条件成熟的地区先开展建设试点。同时，也应当结合当地的发展情况，特色发展，通过示范工程为建筑产业现代化积累经验，通过示范引领建筑产业现代化发展。

（6）标准体系是推进建筑产业现代化的基础

只有建立标准化的体系才能实现部品部件生产企业的大规模生产，进而为建造标准化建筑产品创造条件。

1.2.2 江苏省建筑产业现代化发展

1. 江苏省建筑产业现代化发展现状

建筑产业现代化是江苏省建筑业的发展方向，要达到提高生产效率、节约社会资源的效果，建筑产业现代化要做到建筑建造全过程的工业化，包括设计、生产、施工、管理、验收等各个环节。为此，江苏省住房和城乡建设厅科技发展中心组织相关单位对江苏建筑产业现代化技术进行了全面研究，听取了研究、生产和工程应用与管理等单位的意见，按专业对各类技术的发展方向进行分析，梳理了江苏省建筑产业现代化技术现状，提出了对建筑产业现代化发展起重要作用的、需要组织攻关的关键技术。

设计是龙头，装配式建筑的设计主要包括建筑设计和预制构件深化设计两个阶段。建筑设计要充分考虑预制构件深化设计、施工等后续问题，预制构件的深化设计以建筑设计为基础。调研中发现，江苏省内有能力进行装配式建筑设计的设计单位屈指可数，预制构件生产单位也很难独立根据建筑设计进行预制构件深化设计，通常情况下每个项目都要由设计单位与预制构件生产单位进行反复沟通，效率低是推广装配式建筑的一个瓶颈。设计单位应该强化设计能力，加大推进三维设计软件技术应用，研发三维设计软件中与各结构体系技术的接口，提高设计水平和效率。三维设计软件技术可以实现预制构件装配的可视化、三维设计的可视化、管线综合排布检查、碰撞检查等功能。同时生产企业应该加紧研制相应的自主专业软件与BIM等三维设计软件对接，设计单位首先通过接口了解该装配式技术，进行建筑设计；生产企业再依照建筑设计完成预制构件的深化设计，提高设计效率，真正实现设计的信息化、工业化。

标准是依据，标准化是建筑产业现代化的基础，装配式建筑的标准应该形成以模数协调标准、主要部品标准、结构体系标准为层次的标准体系。结构体系标准的制定应该围绕模数协调标准、主要部品标准进行，只有这样才能真正实现构配件生产的社会化和专业化，进而达到工业化的目的。目前各企业抱着自己的结构体系技术各自为战，自己生产、自己设计、自己施工，各工种没有达到社会化运作的程度。要解决这一问题，从技术角度上可以编制省内装配式建筑模数协调标准和主要部品标准，针对保障房项目可以编制装配式保障房标准户型图集。通过标准和图集带动部品生产企业的发展。各建筑产业现代化技术企业在编制结构体系标准时，以上层的模数协调标准和主要部品标准为基础，这样才能最大程度上实现建筑产业现代化的模数化生产与设计，起到提高效率、节约资源的效果。模数协调标准、部品标准的制定应该遵循"脚踏实地、量力而行"的原则，充分调查了解现有标准和预制构配件的实际生产和应用情况，避免冲突，可以考虑从一些易于标准化生产的部品，例如外墙板、楼板、楼梯等部品着手。

钢筋混凝土结构是目前主要的建筑结构形式。调研中发现，装配式钢筋混凝土结构要超出现行规范的应用范围，所投入的研究成本巨大，且无法保证有良好的效果。考虑到成本和技术现状，现阶段主要的装配式建筑技术路线应该是水平构件（梁、楼板等）预制（叠合）、竖向构件（剪力墙、柱等）现浇、外围护构件（外墙板）预制外挂的技术形式，其中，结构技术的关键是构件间连接节点处理技术。传统现浇结构节点与墙、梁、柱等构件融为一体、整体性好、抗震性好；而预制装配式结构节点只能采用后灌浆、钢板焊接等连接方式，整体性、抗震性相对较差，且节点处理价格高昂，导致在成本大幅提高的情况下，适用范围仍不如现浇结构。在此情况下，亟待开发出成本适宜的、连接效果好的节点连接技术。除了钢筋混凝土结构之外，一些可回收、利用率高的轻型结构（轻钢结构、木结构等）是实现社会节能减排目标的重要手段，并且也很适宜进行装配式施工，应当结合各地条件，引导发展一些绿色环保的轻型结构建筑技术作为钢筋混凝土结构的补充，逐步在省内形成多元化建筑结构共同发展的格局。

施工环节是最能体现建筑产业现代化技术优势的环节，装配式建筑施工方式对施工人员、装备提出了更高的要求。目前条件下，装配式施工人员往往只是经过短期培训，就开始进行专业化施工，很难满足建筑产业现代化要求。钢筋混凝土结构的装配式施工有共性，主要有以下几个关键技术：施工信息化管理、大型预制构件的运输、吊装、节点钢筋处理等。应该针对这些基础性的技术进行培训，一旦施工人员掌握基本技能和方法应用时便容易得多。另外，现有通用的施工装备在性能上与装配式施工的要求还有一定差距，需要开发一些适用于预制构件吊装的专用高精度、运动速度可调范围大的起重机和各类适用于不同类型预制件的吊运夹具，实现预制件精确吊运，快速起吊和就位；开发便于快速安装固定的预制件连接件和支撑设备；引入手持式电动设备方便工人现场安装和拆卸作业。装配式建筑的节点施工等重要环节都是所谓"隐蔽工程"，难以进行质量验收，只能靠施工人员自己保证质量，需研发针对节点处理的专项验收技术。

预制构件生产技术是建筑产业现代化中的一个重要环节，具有非常重要的意义，目前是一个薄弱环节。调研发现，企业少，且生产水平普遍低下。如果按照装配式建筑达到建筑量30%的要求，全省要投入近千条生产线，而目前仅仅数十条，到时可能造成大量手工作坊型企业蜂拥而上的局面，这样的生产方式既不能满足预制构件的质量要求，也无法达到节约人力、缩短工期的实际效果，会对建筑产业现代化造成负面影响。预制构件生产技术的核心是生产设备的信息化、自动化，生产工艺和设备要达到操作简单、少用人工、质量稳定、产量较高的要求，江苏省亟需自主研发符合上述特点且价格适宜的生产设备，才能掌握市场主动权，真正培育形成产业市场。预制外墙板、楼板等用量大、形式单一、适合流水线生产，且符合目前的主流结构技术，应该在模数化的基础上，鼓励生产应用。

技术人才和研发能力是建筑产业现代化的保障。多年来，围绕技术引进、消化吸收和自主研发，江苏省已形成了以东南大学、南京工业大学、淮海工学院、江苏省建筑科学研究院、江苏绿色建筑技术中心和南京大地建设、南通总承包等单位为主的产学研研究队伍，聚集了一批专业人才，取得了一批研究成果，为江苏省推进建筑产业现代化奠定了人才基础。存在的问题是人才分散，目标单一，系统性不够等。政府应该鼓励和支持以企业为主体，产学研相结合，关键技术攻关为目标的技术中心建设，为江苏省建筑产业现代化和与此相关联的设计咨询业、施工机械和部品生产设备制造业等全面快速发展创造条件。

2. 推进江苏省建筑产业现代化的战略思考及建议

（1）战略思考

改革开放以来，江苏省建筑产业得到长足的发展，取得了辉煌的成就，而推进建筑产业现代化对于江苏省建筑产业的发展具有重大的战略意义，主要表现在：未来20年可能是实现建筑产业现代化的最后机遇期。

未来20年我国大规模的城市建设将趋于平缓，这段时期可能是我国建筑产业实现现代化的最后机遇期，时不再来，机不可失，江苏省建筑产业应当抓住这个历史机遇，按照"两个率先"的发展目标，尽早完成现代化转型升级。

（2）推进建筑产业现代化实现传统建筑产业向战略新兴产业转型

建筑产业通常被认为是传统产业，忽略了建筑产业具有现代化改造的基础和潜力，通过建筑产业的转型升级，传统产业有可能转变成为战略性新兴产业、高技术集成产业、技术密集型甚至高新技术密集型产业，将会带动整个国民经济的腾飞式发展。

（3）推进建筑产业现代化是实现"两个率先"目标及新型城镇化的重要支撑

通过推进建筑产业现代化，有利于提高工程建设效率和劳动生产率，促进建筑产业的集聚和集约发展；有利于降低资源能源消耗和施工环境影响，提升建筑品质和改善人居环境质量；有助于在新型城镇化建设中实现集约高效、绿色低碳，全面提升城镇化质量和水平。

（4）推进建筑产业现代化的建议

1）统筹协调、落实责任

充分发挥省建筑产业现代化联席会议制度的协同联动作用，依托联席会议进行全省建筑产业现代化推进工作的组织领导和统筹协调，明确部门责任、制定年度目标任务、协作配合，形成推进工作的强大合力。

2）监督评估、强化考核

建立较为完善的建筑产业现代化监测评价指标体系，对全省及各省辖市的建筑产业现代化推进情况进行监测评价，定期发布监测评价结果，及时反映推进成效、存在问题，并提出改进措施。加强目标责任管理，省政府与各地政府，省住建厅与各地建设主管部门签订年度目标责任书，下达建筑产业现代化建设任务，对各地年度工作目标实行责任制管理。

3）宣传推广、营造氛围

通过电视、报纸与网络等媒介，让公众全面了解建筑产业现代化对提升建筑品质、宜居水平、环境质量的作用，提高建筑产业现代化的社会认知度、认同度。编制《意见》解读手册，全面解读文件出台的目的意义，以及推进工作的重点、政策落实的要点、公众关注的热点等，帮助地方政府、相关企业和社会公众准确理解推进建筑产业现代化的意义、工作举措和政策措施。

1.3 装配式建筑基本知识

1.3.1 装配式建筑定义

装配式建筑是指尽可能在工厂生产加工和现场组装建设的工业化建筑。建造方式采用系统化设计、模块化拆分、工厂制造、现场装配。预制装配式是建筑工业化的主要特征之一，是工业化程度较高的建筑。狭义的装配式建筑主要指装配式混凝土结构建筑，施工方式采用装配式（施工装配化）而非传统的现浇、湿作业或手工为主的建造方式，即装配式建筑强调的是施工技术手段。广义的装配式建筑外延上包括预制装配式混凝土建筑、钢结构建筑、木结构建筑等，符合《工业化建筑评价标准》GB/T 51129—2015 中"工业化建筑"的特征和要求。装配式建筑是工业化建筑的主体，符合"五化"和"四节一环保"的发展目标。

装配式建筑是一种新型的建筑体系，与传统建筑的施工方法相比较，不仅可以节省能耗，低环境污染，且施工速度快，效率高，节能的同时也具有很好的功能，较之传统的砖混和混凝土结构建筑可利于建筑产业的工业化发展，为建筑业的转型提供方便。但目前国内装配式建筑发展还存在诸多问题，仍需不断提高机械化水平，建立完善技术标准，来提高企业建设能力。

在我国，建筑施工虽然已普遍的采用了具有一定优势的现场制作，但是带来了一些不必要的问题，比如说一些环境污染问题，且这种方法不仅费时费力，达到的效果也不如预期的好，而装配式建筑主要是采用了最新的冷压钢结构和新型的轻质材料，在工厂预制现场进行拼装组合建筑房屋的构架以及各个部分。这种方法构建的速度较快，而且受到外界环境气候的影响较小，在一定程度上节约了大量的人力财力，有助于提高建筑的质量，并且也具备了，如保温、隔声、防火防虫防潮、抗震等等方面的卓越的功能效果。在国外这种装配式建筑比较普遍，这有利于推动建筑工业化的发展，也很有必要在我国内普及使用。

1.3.2 装配式混凝土结构常见结构体系

1. 装配式框架结构体系

装配式框架结构是指通过后续浇筑混凝土把叠合梁、叠合板、预制柱、预制楼梯、预制阳台等预制构件经现场装配、节点连接或部分现浇而成一个整体受力的混凝土框架结构。装配式混凝土框架结构的最大特点是整体性好，能够实现与传统的现浇框架结构"等同"设计理念，建筑立面形式可以多样化，室内空间大，布局灵活。装配式混凝土框架结构按施工方式和预制构件所占整体结构的比例可分为装配整体式框架混凝土结构和全装配式框架混凝土结构两种形式，它们的主要区别在于：装配整体式框架混凝土结构的梁或者柱是预制构件，而全装配式框架混凝土结构中梁与柱全为预制构件。现今，以叠合梁现浇柱组合而成的装配整体式框架混凝土结构使用最为广泛，其工业化程度高，预制比例可达到80%。目前我国装配式混凝土框架结构在我国建筑上的应用十分广阔，因为框架混凝土结构是我国建筑的主要形式之一。

虽然说装配式框架混凝土结构在我国的应用和发展前景都十分的广阔，但目前由于我国装配式施工技术相对匮乏，导致我国现有的规范对装配式混凝土框架结构的抗震等级要求和高度限制较为严格，从而大大制约着装配式框架混凝土结构的适用范围。与发达国家相比，我国装配式框架混凝土结构在设计、施工水平以及材料规格与质量方面都存在着较大的差距。其次，装配式混凝土框架结构在隔震、减震方面技术比较欠缺，由于我国国内传统混凝土结构设计的侧重点在于如何提高结构的抗震设防能力，所以若要扩大装配式框架混凝土结构在我国的应用范围，还需要逐渐去克服其在隔震、减震方面的技术欠缺。除此之外，装配式框架混凝土结构属于柔性结构，侧向的刚度比较小，在强烈的地震力的作用下结构容易产生较大的水平位移造成严重的非结构性破坏；随着建筑的增高，低部各层梁、柱内力会显著增加将导致结构构件的截面面积和配筋面积明显增加，这将导致材料的消耗与成本逐渐不合理，从而影响着装配式框架混凝土结构在高层建筑中的应用，因而需要进一步研究能够更好的适应高层建筑的装配式混凝土结构体系。

2. 装配式剪力墙结构体系

装配式剪力墙结构是指剪力墙全部或者是部分采用预制构件通过节点部位的后浇混凝土来形成的具有可靠的传力机制，并能够满足承载力和变形要求的剪力墙结构。根据剪力墙预制构件占整体结构构件的比例又可以细分为全预制剪力墙结构和部分预制剪力墙结构，除此之外还有一种多层预制剪力墙结构，即预制装配式大板结构，实际工程中应用的不太多。全预制剪力墙结构指的是内外墙全预制、只有节点部分现浇的剪力墙结构，部分预制剪力墙结构即指的是内墙现浇，外墙预制的剪力墙结构。

装配式剪力墙结构工业化程度高，无梁柱外露，房间空间完整；整体性好，承载力强，刚度大，侧向位移小，抗震性能很好，在高层建筑中应用广泛；除此之外，装配式剪力墙结构的预制外墙还可将保温、装饰、防水、阳台及门窗一起预制从而可以最大程度的发挥装配式结构的优势。

但是，装配式剪力墙结构也存在着自己的一些劣势，其剪力墙间距小，不能提供大空间，平面布局不够灵活，结构延性较差；墙体间的接缝数量多且构造复杂，接缝处的构造及施工质量对整体结构的抗震性能有较大的影响，因而装配式剪力墙结构的抗震性能很难达到现浇结构的水平；预制墙体质量一般比较大，因而对设备要求较高，但其操作形式又缺乏多样化，故很难满足一些复杂施工的要求。

3. 装配式框架-剪力墙结构体系

装配式框架-剪力墙结构很好地结合了框架结构和剪力墙结构的优点，其不仅可以灵活的进行平面布置和提供较大的空间，也可以增大结构的侧向刚度、减少侧向位移；该结构受力明确，施工速度快，可降低人力成本。因而无论是从功能使用还是从受力变形来看，装配式框架-剪力墙结构都是一种较好的结构体系，可广泛的适用于高层建筑。

装配式框架-剪力墙结构不仅拥有框架结构的优点也克服了框架结构容易出现室内出现梁柱外露的缺点。除此之外，该结构体系建筑的外围护部分构造相对而言较为复杂，最主要的缺点就是该结构体系对主筋的灌浆锚固要求较高，且施工质量不易控制。

4. 最优结构体系的选用

通过上文对装配式混凝土结构住宅常见的三种结构体系的具体分析，我们对其各自的优缺点有了较深刻的认识，但在实际工程应用中如何选择最优结构体系尚需考虑以下方面的影响：

（1）功能要求。不同住宅因使用及功能要求的不一样，平面布局的要求也随之不一样，因此在结构选型时必须考虑到不同建筑功能的要求对结构体系的影响。

（2）住宅高度因素。不同结构体系的侧向刚度不同，抵抗水平力的能力也有所不同，不同的结构体系均存在最佳适用高度和最大高宽比限值，如表 1-2 和表 1-3 所示，实际工程应用时应根据表中数据灵活选择最优结构体系。

各种结构体系最大适用高度 表 1-2

结构体系		非抗震设计	抗震设防烈度		
			6	7	8
装配式框架结构		70m	60m	55m	45m
装配式框架-剪力墙结构		140m	110m	100m	80m
装配式剪力墙结构	部分预制剪力墙结构	150m	120m	100m	80m
	全预制剪力墙结构	100m	100m	80m	60m
	多层剪力墙结构	20m	20m	20m	20m

各种结构体系适用的最大高宽比 表 1-3

结构体系		非抗震设计	抗震设防烈度		
			6	7	8
装配式框架结构		5	4	4	3
装配式框架-剪力墙结构		5	5	5	4
装配式剪力墙结构	部分预制剪力墙结构	6	6	6	5
	全预制剪力墙结构	5	4	4	3
	多层剪力墙结构	3	3	3	3

（3）建筑材料的消耗量。高层住宅中，结构单位面积耗材量大致是一定的，住宅层数及抗侧力体系对墙、柱等竖向承重构件材料消耗影响较大，故在满足其他各种要求的前提下为了节约材料降低成本必须选择最优结构体系。

（4）结构抗震设防的要求。存在抗震设防要求的地区，为了充分满足结构安全性的要求，应结合工程实际情况选取有利抗震的结构体系。装配式混凝土结构住宅抗震相关规定如表1-4所示，实际工程中应结合表中相关规定灵活选取结构体系。

装配式混凝土结构抗震等级　　　　　　　　　　　　　　　表1-4

结构类型		抗震设防烈度					
		6		7		8	
装配式框架结构	高度	≤30m	>30m	≤30m	>30m	≤30m	>30m
	框架	四	三	三	二	二	一
装配式框架-剪力墙结构	高度	≤60m	>60m	≤60m	>60m	≤60m	>60m
	框架	四	三	三	二	二	一
	剪力墙	三	三	二	二	一	一
装配式剪力墙结构	部分预制剪力墙结构 高度	≤60m	>60m	≤60m	>60m	≤60m	>60m
	部分预制剪力墙结构 剪力墙	四	三	三	二	二	一
	全部预制剪力墙结构 高度	≤60m	>60m	≤60m	>60m	≤40m	>40m
	全部预制剪力墙结构 剪力墙	四	三	三	二	二	一
多层剪力墙结构		四		三		二	

（5）除以上四点之外，结构体系选择时尚需综合建筑用地、整体规划、施工技术等多方面因素整体考虑，最后确定选出最佳结构体系。

1.3.3 装配式建筑的典型案例

1. 南通海门龙馨老年公寓

该项目位于南通市海门市，总建筑面积为21293m²，建筑高度为88m，地上3层及地下部分均为现浇结构，4层楼面以上采用预制装配技术，结构类型为预制装配式框架剪力墙结构体系，预制构件总计混凝土方量为250m³，整个项目预制装配率达到了45.4%。该项目为国内第一个建筑高度达到88m的预制装配式公共建筑，并成为国内第一个采用CSI体系进行内装修的预制装配式公共建筑，国内第一个总体装配率（含内部装修装配率）达到了80%的公共建筑，国内第一个绿色设计、绿色施工、绿色运营的预制装配式建筑（图1-2、图1-3）。

图1-2　南通海门龙馨老年公寓景观图

图 1-3　南通海门龙馨老年公寓内部构造

2. 中南集团总部基地办公楼

该项目位于南通市海门市，总基地面积 14912m²，项目建筑高度为 97.4m，地下 1 层，地上 20 层。全预制装配整体式框架剪力墙结构，采用叠合板、预制楼梯等 NPC 体系预制技术，预制率为 33.83%，如图 1-4 所示。

图 1-4　中南集团总部基地办公楼景观图

1.4　国内外装配式建筑的发展历程和现状

1.4.1　国外装配式建筑的发展历程和现状

1. 美国装配式建筑

美国在 20 世纪 70 年代能源危机期间开始实施配件化施工和机械化生产。美国城市发展部出台了一系列严格的行业标准规范，一直沿用至今，并与后来的美国建筑体系逐步融合。美国城市住宅结构基本上以工厂化、混凝土装配式和钢结构装配式为主，降低了建设成本，提高了工厂通用性，增加了施工的可操作性。

总部位于美国的预制与预应力混凝土协会 PCI 编制的《PCI 设计手册》，其中就包括了装配式结构相关的部分。该手册不仅在美国，而且整个国际上也是具有非常广泛的影响力的。从 1971 年的第一版开始，PCI 手册已经编制到了第 7 版，该版手册与 IBC 2006，ACI 318-05，ASCE 7-05 等标准协调。除了 PCI 手册外，PCI 还编制了一系列的技术文件，包括设计方法、施工技术和施工质量控制等方面。

2. 欧洲装配式建筑

法国 1891 年就已实施了装配式混凝土的构建，迄今已有 120 多年的历史。法国建筑工业化以混凝土体系为主，钢、木结构体系为辅，多采用框架或板柱体系，并逐步向大跨度发展。近年来，法国建筑工业化呈现的特点是：

（1）焊接连接等干法作业流行；

（2）结构构件与设备、装修工程分开，减少预埋，使得生产和施工质量提高；

（3）主要采用预应力混凝土装配式框架结构体系，装配率达到 80%，脚手架用量减少 50%，节能可达到 70%。

德国的装配式住宅主要采取叠合板、混凝土、剪力墙结构体系，剪力墙板、梁、柱、楼板、内隔墙板、外挂板、阳台板等构件采用构件装配式与混凝土结构，耐久性较好。

众所周知，德国是世界上建筑能耗降低幅度发展最快的国家，直至近几年提出零能耗的被动式建筑。从大幅度的节能到被动式建筑，德国都采取了装配式的住宅来实施，这就需要装配式住宅与节能标准相互之间充分融合。

瑞典和丹麦早在 20 世纪 50 年代开始就已有大量企业开发了混凝土、板墙装配的部件。目前，新建住宅之中通用部件占到了 80%，既满足多样性的需求，又达到了 50% 以上的节能率，这种新建建筑比传统建筑的能耗有大幅度的下降。丹麦是一个将模数法制化应用在装配式住宅的国家，国际标准化组织 ISO 模数协调标准即以丹麦的标准为蓝本编制。故丹麦推行建筑工程化的途径实际上是以产品目录设计为标准的体系，使部件达到标准化，然后在此基础上，实现多元化的需求，所以丹麦建筑实现了多元化与标准化的和谐统一。

1975 年，欧洲共同体委员会决定在土建领域实施一个联合行动项目。项目的目的是消除对贸易的技术障碍，协调各国的技术规范。在该联合行动项目中，委员会采取一系列措施来建立一套协调的用于土建工程设计的技术规范，最终将取代国家规范。1980 年产生了第一代欧洲规范，包括 EN 1990-EN1999（欧洲规范 0—欧洲规范 9）等。1989 年，委员会将欧洲规范的出版交予欧洲标准化委员会，使之与欧洲标准具有同等地位。其中 EN 1992-1-1（欧洲规范 2）的第一部分为混凝土结构设计的一般规则和对建筑结构的规则，是由代表处设在英国标准化协会的《欧洲规范》技术委员会编制的，另外还有预制构件质量控制相关的标准，如《预制混凝土构件质量统一标准》EN 13369 等。

总部位于瑞士的国际结构混凝土协会 FIB 于 2012 年发布了新版的《模式规范》MC2010。模式规范 MC90 在国际上有非常大的影响，经历 20 年，汇集了 5 大洲 44 个国家和地区的专家的成果，修订完成了 MC 2010。相较于 MC90，MC2010 的体系更为完善和系统，反映了混凝土结构材料的最新进展及性能优化设计的新思路，将会起到引领的作用，为今后的混凝土结构规范的修订提供一个模式。MC 2010 建立了完整的混凝土结构全寿命设计方法，包括结构设计、施工、运行及拆除等阶段。此外，FIB 还出版了大量的技术报告，为理解模式规范 MC 2010 提供了参考，其中与装配式混凝土结构相关的技术报告，涉及了结构、构件、连接节点等设计的内容。

3. 日本装配式建筑

日本 1968 年提出装配式住宅的概念。在 1990 年的时候，他们采用部件化、工厂化生产方式，高生产效率，住宅内部结构可变，适应多样化的需求。而且日本有一个非常鲜明的特点，从一开始就追求中高层住宅的配件化生产体系。这种生产体系能满足日本的人口比较密集的住宅市场的需求，更重要的是，日本通过立法来保证混凝土构件的质量，在装配式住宅方面制定了一系列的方针政策和标准，同时也形成了统一的模数标准，解决了标准化、大批量生产和多样化需求这三者之间的矛盾。

日本的标准包括建筑标准法、建筑标准法实施令、国土交通省告示及通令、协会（学会）标准、企业标准等，涵盖了设计、施工等内容，其中由日本建筑学会 AIJ 制定的装配式结构相关技术标准和指南。1963 年成立日本预制建筑协会在推进日本预制技术的发展方面做出了巨大贡献，该协会先后建立 PC 工法焊接技术资格认证制度、预制装配住宅装潢设计师资格认证制度、PC 构件质量认证制度、PC 结构审查制度等，编写了《预制建筑技术集成》丛书，包括剪力墙预制混凝土（W-PC）、剪力墙式框架预制钢筋混凝土（WR-PC）及现浇同等型框架预制钢筋混凝土（R-PC）等。

4. 新加坡装配式建筑

新加坡开发出 15 层到 30 层的单元化的装配式住宅，占全国总住宅数量的 80％以上。通过平面的布局，部件尺寸和安装节点的重复性来实现标准化，以设计为核心，设计和施工过程的工业化，相互之间配套融合，装配率达到 70％。

1.4.2 国内装配式建筑的发展

装配式建筑在国外的发展已较普遍，而在我国内相对来说，起步较晚，但我国经济的持续发展为装配式建筑的兴起起到了一定促进作用，未来几年内，必将在设计、功能、生产以及安装等各方面满足装配式建筑的条件。装配式建筑采用大量的新型压冷钢结构，而我国在钢产量上较大，价格相对较低，若再加上石膏板、岩棉、塑钢门窗、彩色外墙板等新型材料装配拼接房屋，完全可以从功能或者价格上优于传统的砖混或者混凝土结构房屋。由此看来，装配式建筑将是我国房屋建设发展的必然趋势。

装配式建筑在我国发展也不是一帆风顺，其施工过程中主要存在以下四种问题：

1. 装配式建筑构件上不能保证在生产，运输，堆放等等保养过程的规范操作，这会对构件造成一定的损坏，且存在施工人员对机械的操作缺乏规范指导，致使构件搭接间的不牢固，影响建筑结构的整体效果，直接导致装配式建筑质量的不达标；

2. 对装配式建筑施工缺乏科学的质量计划，施工方案等，对施工前的准备工作，如人员、机械、物资和设备等方面准备不充分，不到位，都直接影响了施工阶段对质量上的把控；

3. 施工方与其他相关单位间的管理工作没有协调到位，致使施工方与监理单位在工程验收上存在一定问题，分包管理也存在质量问题，这样使得高标准地完成施工成为一句空谈；

4. 装配式建筑属于新型的建筑体系，国内大多数企业还未大量的应用，且缺乏技术，因此在国内尚未形成完整的符合我国国情的施工验收标准体系，因此无法判断施工质量是否严格达标，这对施工质量就失去了一定的束缚力，影响其正常发展。

装配式建筑结构的发展推动了建筑行业生产方式向着工业化方向转变，其中众多的中小型企业将成为最根本的推动力。但因房地产行业资金的密集性，对于技术实力一般的中小型企业来说也会面临着很多困难。此时政府不仅要发挥其指导作用，在建立和完善技术经济政策的同时，针对中小型企业本身情况给予一定的鼓励政策以及优惠政策，比如优惠土地租赁以及税费政策；提供银行贷款便利条件等以及创新金融制度，改善传统监管或审批程序等优惠政策；然后再针对装配式建筑工业化的发展特点，建立相关的设计研究院，构配件生产与安装队伍培训体系，建立专业化的领导班子与管理体系等，来完善其建筑结构体系与规范标准。在当前，我国进行的大规模保障性住房建设，不仅建筑设计简单，且户型面积小，非常易于标准化和工业化生产，此时完全可以大力的推行装配式建筑结构进行组合拼接房屋，不仅可提高效率，节能损耗，还能够大量的节省人力、物力、财力，使装配式结构建筑在推动我国住宅建筑工业化发展上发挥应有的作用。

1.5 江苏省装配式建筑推广概况

《国务院办公厅关于大力发展装配式建筑的指导意见》文件发布后，从中央到地方关于发展装配式的政策在2016年相继出台，标准规范的编写和颁布也提上日程。2017年1月，诸多省、市密集出台大力发展装配式建筑的政策，可以预见，2017年度，装配式建筑会是各地建设工作的重点。2017年3月21日，江苏省住建厅发布《江苏省"十三五"建筑产业现代化发展规划》，规划中指出江苏省将发展以"标准化设计、工厂化生产、装配化施工、信息化管理、智能化运营"为主要特征的建筑产业。到2020年，全省装配式建筑占新建建筑比例将达到30%以上。目前，江苏省采取建筑产业现代化方式建造的在建项目面积达360万平方米，完成建筑工业化产值3379.51亿元，同比增长48.2%，全省建筑产业现代化有序推进。具体推广举措如下：

1. 政策方面

江苏省建设工程招标投标办公室起草的《关于装配式房屋建筑项目招标投标活动的若干意见（征求意见稿）》，提出了推动装配式房屋建筑项目快速健康发展的具体措施：

1）在推广期（2015～2018年），装配式房屋建筑项目的设计单位选择，可采用邀请招标或直接委托的发包方式。

2）鼓励各地招标人采用设计施工一体化总承包模式建设装配式房屋建筑项目，并允许联合体投标。

3）在推广期对于装配式房屋建筑项目，因只有少量潜在投标人可供选择，可以采用邀请招标方式发包，但应选择排名第一的中标候选人中标。

4）装配式房屋建筑项目可以采取资格预审方式。招标人在资格审查条件中可以设置类似业绩条件，可以要求投标人具备工厂化生产基地和相应预制构件的生产及安装能力。

满足资格审查合格条件的潜在投标人数量不要求必须达到9家单位。

5）装配式房屋建筑项目的评标办法宜采用综合评估法。综合评估法中类似工程业绩分，可以设置为总分3%以内的分值。

6）对于列入《江苏省建筑产业优质诚信企业名录》的企业可以在装配式房屋建筑项目招投标中予以加分。

7）装配式房屋建筑项目施工招标应设置最高投标限价，并在招标文件中明确最高限价的组成范围。装配式房屋建筑±0.00以上结构部分的建筑工程最高限价应当不超过同口径现浇结构±0.00以上部分建筑工程造价的115%。

8）强制要求采用装配式建筑：2016年6月，南京国土部门发布了2016年第05号土地出让公告，来自江宁、江北的10幅地块将在7月8日正式公开出让。这10幅地块中，有8幅将采用"限价"新规。此外，有6幅地块的公告备注中首次出现了"装配式建筑"的强制性要求。在G22～G27这6幅地块中，都要求"该地块要求装配式建筑面积的比例为100%，建筑单体预制装配率不低于30%"。"所谓100%，就是整个地块中所有房子都要采用装配式建筑，30%是针对楼体而言，因为不可能房子的所有部分都在后场预制。"相关人士介绍，30%是装配式建筑中较低的要求，高一些的能达到50%。

2. 技术支撑方面

2014年，江苏省政府就出台了《关于加快推进建筑产业现代化，促进建筑产业转型升级的意见》。迄今，全省基本建立了建筑产业现代化的工作机制，初步形成了全方位支持、全面发展的装配式建筑的氛围环境。

为推动全省建筑产业现代化工作，为全省全面推进建筑产业现代化工作提供极为重要的技术准备和支撑。出台了一系列的装配式建筑相关标准和规范：

1）《钢筋桁架混凝土叠合板》苏G25—2015；

2）《预制装配式住宅楼梯设计图集》苏G26—2015；

3）《预应力混凝土双T板》苏G/T12—2016；

4）《预制预应力混凝土装配整体式结构技术规程》苏DGJ32/TJ 199—2016；

5）江苏省装配式建筑预制装配率计算细则（试行）2017.1；

6）《装配式结构工程施工质量验收规程》DGJ32/J 184—2016。

1.6 装配式建筑施工背景下工种职业技能转化

李克强总理指出，要用改革的办法把职业教育办好做大。既要加大政府支持，又要通过政府购买服务等方式，更多促进社会力量参与，形成多元化的职业教育发展格局。《决定》第十一条也明确提出，要把适宜行业组织承担的职责交给行业组织，给予政策支持并强化服务监管。笔者认为，相关管理部门应委托行业协会负责建筑业培训的组织管理工作，在全国范围内，按区域建立若干个建筑业职业技能培训基地，并授予相应的培训考核资质，实行统一计划招生、统一培训标准、统一考核认证、统一发证管理。

《决定》第二十五条指出，要认真执行就业准入制度，对从事涉及公共安全、人身健康、生命财产安全等特殊工种的劳动者，必须从取得相应学历证书或职业培训合格证书并获得相应职业资格证书的人员中录用。建筑行业生产的建筑产品与公共安全、人民生命财产安全息息相关，更应该建立职业准入制度，严格执行持证上岗规定，确保建筑产品质量。行业管理部门应及时修订企业资质标准，从市场准入条件上要求施工承包企业须在工程建设关键岗位上具备一定数量的职业技能工人，促使建筑企业尽快招收培育一批新型的产业技术工人，并有计划、有针对性地进行专业技能培训。

此外，建议相关管理部门尽快制定出台"建筑业职业技能培训指导实施意见"，进一步明确建立由政府规划主导、行业协会组织、企业积极参与、科研院校支持的政、产、学、研联动的培训长效机制。动员全社会力量推动人才培养，引导全行业树立尊重劳动、尊重知识、尊重技术、尊重创新的"兴业强企"理念，促进形成"崇尚一技之长、不惟学历凭能力"的社会氛围。

1.6.1　PC混凝土工

1. 构件生产及运输安放过程中的质量问题

推广和应用预制装配式建筑，其中很重要的一点区别于传统施工就是向制造业学习，像造汽车那样造房子，因此各种预制构件等建筑部品就是工厂的产品，PC混凝土工就像造汽车的技术人员一样注重施工前期特别是构件生产及运输安放过程中一些细节方面的质量保障措施。

（1）构件生产过程中的质量问题

装配式混凝土构件生产通常分为流水线式生产和固定模台生产两种，其中流水线生产采用电磁振动台的混凝土振实方法，振动频率和时长均可调节，主要用于生产墙板、叠合楼板；固定模台生产采用传统振捣棒振实方法，振动部位和时间可人工控制，根据项目具体要求和模具不同生产阳台板、窗台板、空调板、楼梯板等其他带转角的异型构件。

① 由于保护层厚度不足、振捣未密实、养护及脱模未到位等原因，构件脱模后常会存在钢筋外露现象（图1-5）。

② 由于孔洞处未采取封堵措施或封堵不严密有漏浆现象、振捣未密实等原因，构件钢筋或预埋件根部混凝土常会存在蜂窝或疏松现象（图1-6）。

图1-5　构件露筋问题　　　　　　　　　　图1-6　构件蜂窝、疏松问题

此外还有一些如由于外加剂掺量原因振捣后容易出现泌水现象，由于脱模剂原因拆模后侧面容易出现无规则黑线或色斑，严重影响外观质量。

（2）构件运输安放过程中的质量问题

目前预制构件基本都在工厂内产业化生产，运至施工现场直接安装施工，考虑到构件尺寸及重量要求，如选择了不合适的驳运车辆，或者装卸及驳运过程中没有充分考虑车体平衡问题，选择的驳运道路不够平整等，预制构件在运输过程中都可能发生断裂、碰撞破坏等情况。进场后往往出现因堆场选择不利或堆放杂乱而导致的二次搬运情况，或因堆放架不具有足够的承载力和刚度，加固支撑措施不到位，也会出现预制构件变形或裂缝问题，如图1-7、图1-8所示。

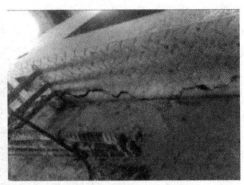

图1-7　预制构件变形问题　　　　　　图1-8　构件薄弱处开裂问题

2. 构件生产及运输安放过程中质量保障措施

既然向制造业学习，推进建筑工业化，那么预制构件从生产到运输安放过程也应该按照制造业工厂的质量管理流程并采取各项质量保障措施来确保合格产品。

（1）构件生产过程中的质量保障

装配式混凝土构件的生产流程如下：模具布置（模具选型、清理、拼装，刷脱模剂，布置面砖套件）→钢筋布置（网片、桁架筋、受力筋、构造筋）→预埋件布置（螺杆，管线，线盒，门窗框，支撑，吊钉吊具，孔隙封堵）→混凝土浇筑（隐蔽工程记录，变形移位纠偏，防污染措施，连续布料，振动台振捣，振捣棒振捣，补料，抹平及表面处理）→混凝土养护（预养，自然养护，蒸汽养护）→脱模（混凝土强度验证，拆模，吊点吊筋检查，起吊脱模）→成品检验（外形尺寸，外观质量，平整度，垂直度，在兼顾生产效率和材料成本前提下，可以从混凝土原材料、配合比设计、外加剂、脱模剂以及生产工艺等方面来研究分析如何在装配式建筑生产过程中保障改善混凝土制品的外观质量，生产更符合客户需求、质量更好的装配式建筑构件。

1）外加剂的不同会对混凝土外表面的气孔大小、密集程度产生不同的影响，从而影响构件外观，需谨慎选配合适的外加剂。

2）使用油性脱模剂易聚集大量气泡，在构件表面形成密集的气孔，严重影响构件外观质量，而使用振动方式排气，可能会产生浆体分离的泌水现象；而使用水性脱模剂可以显著改善外观，并可以降低振动时间，节约能源。

3）在外观改进过程中，也可以通过选择合适的原材料、改进配合比等辅助手段，同时也需综合考虑这些条件对生产、施工、强度的影响。

4）模具设计应考虑封堵措施，节点处工艺设计应充分考虑生产作业及振捣空间，控制保护层厚度，尤其是节点处和较薄部位，由于钢筋的叠加往往会造成保护层不足，以避免露筋、蜂窝、疏松现象。

（2）构件运输安放过程中的质量保障

预制构件运输宜选用低平板车，车上应设有专用架，且有可靠的稳定构件措施；预制构件混凝土强度达到设计强度时方可运输；预制外墙板宜采用竖直立放式运输，预制叠合楼板、阳台板、楼梯可采用平放运输，并正确选择支垫位置；现场运输道路和堆放堆场应平整坚实，并有排水措施；运输车辆进入施工现场的道路，应满足预制构件的运输要求，卸放、吊装工作方位内不应有障碍物，并应有满足预制构件周转使用的场地；预制构件运送到施工现场后，应按规格、品种、所用部位、吊装顺序分别设置堆场，现场摆放堆场应设置在吊车工作范围内，堆垛之间宜设置通道，如图1-9所示。

图1-9 预制构件的运输及安放

特殊的如预制叠合楼板可采用叠放方式，层与层之间应垫平、垫实，各层支垫应上下对齐，最下面一层支垫应通长设置，叠放层数不应大于6层；预制外墙板可采用插放或靠放，堆放架应有足够的刚度，并需支垫稳固；宜将相邻堆放架连成整体，预制外墙板应外饰面朝外，连接止水条、高地口、墙体转角等薄弱部位，应采用定型保护垫块或专用式附套件作加强保护。

1.6.2 PC吊装工

1.PC构件起吊

（1）做法

施工前对所有预制构件做分类统计，测算最重构件，以此为基础选择相应的起重设施、在进行预制构件的吊装之前，相关的吊装人员一定要先对于构件的质量、形状以及需要安装的高度进行具体的确定，然后根据安装的要求来选择合适的吊运机械，确保机械能够满足配件的安装要求，并便于安装与拆卸。

（2）关键点

在进行预制构件的吊装过程中，一定要确保吊运的吊点与构件的重心在同一竖直位置，这样能够有效地确保在吊运过程中构件整体状态的稳定，确保水平的起吊。在吊运的过程，为了进一步确保构件的稳定，可以采用可调节的横吊梁均衡起吊就位，进一步的保证起吊过程中配件的平衡，避免磕碰构件边角，构件起吊平稳后再匀速移动吊臂，靠近建筑物后由人工对中就位。在正式的吊装之前，施工人员一定要预先对构件的轴心位置进行确定，并且标记好具体的中心线以及标准的高度，然后在吊装的过程中按照设计的要求来对预埋件以及连接的钢筋位置进行校准，并且做好相应的标志。

在进行预制构件的吊装时，吊装人员一定要严格按照相关的吊装设计图来进行连接起吊，并且要确保吊装的过程中吊装的绳索与构件的水平夹角在45°以上，采用吊架起吊时，应经验算确定。

2. PC构件就位

（1）做法

预制构件吊装应采用慢起、快升、缓放的操作方式，预制外墙板就位宜采用由上而下插入式安装形式，保证构件平稳放置预制构件吊装校正，可采用"起吊—就位—初步校正—精细调整"的作业方式、先行吊装的预制外墙板，安装时与楼层应设置临时支撑。

（2）关键点

1）构件起吊离开地面时如顶部（表面）未达到水平，必须调整水平后再吊至构件就位处。

2）在拆完柱模以后，施工人员一定要及时进行钢筋的复核，并且及时调整钢筋的位置，确保不会和梁钢筋发生冲突，最大程度上确保梁体位置符合设计的要求。

3）在进行楼梯、阳台等构件吊装的过程中，如果发现同一构件上的起吊点存在高度差，那么应当在低点处用葫芦拉接，确保起吊处的平稳。

4）在将梁吊往核心区之前，应当先安装一道柱箍筋，等到安装好梁以后再安装两道柱箍筋，这样能够有效地确保后续施工中梁体的稳定，否则，柱核心区质量无法保证。

5）梁吊装前应将所有梁底标高进行统计，有交叉部分梁吊装方案根据先低后高进行安排施工。

6）墙体吊装后才可进行梁面筋绑扎，否则将阻碍墙锚固钢筋深入梁内。

7）墙体如果是水平装车，起吊时应先在墙面安装吊具，将墙水平吊至地面后，将吊具移至墙顶、在墙底铺垫轮胎或橡胶垫，进行墙体翻身使其垂直，这样可避免墙底部边角损坏。

3. PC构件校正

（1）做法

在进行外墙板安装时，一般都是通过连接件上的螺栓来控制外墙板的标高的，在进行安装之前，施工人员应当先对外墙板进行测量校正，调节好具体的螺栓顶标高，确保其在合理的范围以内、在进行外墙板的安装时，应当确保一次到位。在安装以后，施工人员可以通过紧线器连接外墙上的预埋螺栓，然后将外墙板前后的位置控制好、通过调节连接件上的螺栓来控制墙板的垂直度，同时将外墙板的边线位置控制好，确保其能够与露面的尺寸对其；然后将连接件和预埋的螺栓孔进行连接，并且利用千斤顶来调节外挂板，确保连接件的位置到位。

楼板、阳台板校正：基本就位后再用倒链和撬棍微调楼板（阳台板），直到位置正确，搁置平实。

（2）关键点

在调节的过程中，应当确保外墙板侧面中线以及板面垂直度的校准，在这一过程中要控制好总线的位置，进行上下位置的调整时，应以竖缝进行调整。

对于外墙预制板，在调整的过程中应当满足外墙面的平整要求，确保内墙面不存在任何的弯曲，在安装的过程中一定要确保内饰以及保温层的稳定。

4. 构件定位

（1）做法

与预制外墙板连接的临时调节杆、限位器应在混凝土强度达到设计要求后方可拆除、预制叠合楼板、预制阳台板、预制楼梯需设置支撑时，应经计算符合设计要求。

预制外墙板相邻两板之间的连接，可设置预埋件焊接或螺栓连接形式，在外墙板上、中、下各设 1 个连接端点，控制板与板之间的位置。

（2）关键点

在构件吊装的过程中，首先应当将构件起吊 25cm 左右的高度，然后保持在这一高度进行调整，确保构件的水平。

在吊运至安装位置时应当悬停在目标区域上部 25cm 左右的高度，调整构件安装时的具体位置，确保安装时构件的具体边线以及控制线的位置能够符合安装的要求，并且在调整好位置以后进行缓慢的下降，确保构件的顺利安装。

梁柱钢筋对位：梁吊至柱上方 30～50cm 后，调整梁位置使梁筋与柱筋错开便于就位，梁边线基本与控制线吻合。

梁板钢筋对位：板吊至柱上方 30～50cm 后，调整板位置使板锚固筋与梁箍筋错开便于就位，板边线基本与控制线吻合。

钢筋对位：楼梯吊至梁上方 30～50cm 后，调整楼梯位置使上下平台锚固筋与梁箍筋错开，板边线基本与控制线吻合。

1.6.3　PC 钢筋工

1. 钢筋连接技术

（1）套筒连接

套筒连接技术是将连接钢筋插入带有凹凸槽的高强套筒内，然后注入高强灌浆料，通过套筒内侧的凹凸槽和变形钢筋的凹凸纹之间的灌浆料来传力。最新的套筒连接方式是将套筒一端的连接钢筋在预制厂通过螺纹完成机械连接，另一端钢筋在现场通过灌浆连接网。钱稼茹等采用套筒方式对预制剪力墙的竖向钢筋进行连接，并与现浇剪力墙抗震性能进行了对比试验研究，结果表明，采用此套筒连接的剪力墙能够有效传递竖向钢筋应力，破坏形态和现浇试件的相同。

（2）浆锚连接

浆锚连接技术是将搭接钢筋拉开一定距离后进行搭接的方式，连接钢筋的拉力通过剪力传递给灌浆料，再传递到灌浆料和周围混凝土之间的界面。目前，浆锚连接技术已有相关人员进行了研究：姜洪斌提出了插入式预留孔灌浆钢筋搭接连接方法，并获得专利；赵培针对该方法，进行了不同配箍率对钢筋搭接长度影响的试验研究，结果表明，对搭接钢筋配置螺旋箍筋约束可有效降低其搭接长度。

（3）机械连接

机械连接技术是通过钢筋与连接件的机械咬合作用或钢筋端面的承压作用，将一根钢筋中的力传递至另一根钢筋的连接方法。我国常用的钢筋机械接头有套筒挤压接头、锥螺纹接头、墩粗直螺纹接头、熔融金属充填接头等，在《钢筋机械连接技术规程》JGJ 107—2016 中均有对相关连接方法及参数的规定。

2. 钢筋套筒灌浆连接需严格执行标准

《装配式混凝土结构技术规程》JGJ 1—2014 对钢筋套筒灌浆的强制规定是："预制结构构件采用钢筋套筒灌浆连接时，应在构件生产前进行钢筋套筒灌浆连接接头的抗拉强度试验，每种规格的连接接头试件数量不少于 3 个"；《钢筋套筒灌浆连接应用技术规程》JGJ 355—2015 的强制规定是："钢筋套筒灌浆连接接头的抗拉强度不应小于被连接钢筋标准值，且破坏时应断于接头外钢筋。灌浆套筒进厂（场）时，应抽取灌浆套筒并采用与之匹配的灌浆料做连接接头试件，并进行抗拉强度检验，检验结果均应符合本规程第 3.2.2 条的有关规定。"

钢筋套筒灌浆连接质量控制与应用体现在三个方面：一是接头产品设计与试验；二是预制构件设计和生产；三是构件安装和灌浆施工。

钢筋套筒接头产品在设计时，要求其材料采用优质碳素结构钢、低合金高强结构钢、合金结构钢和球墨铸铁。结构设计时，要求在材料最低屈服强度时，套筒危险截面承载力不应小于被连接钢筋的屈服承载力标准值的 1.0 倍；在材料最低抗拉强度时，套筒危险截面承载力不应小于被连接钢筋的受拉承载力标准值的 1.15 倍。灌浆腔连接端内径尺寸、预留钢筋安装调整长度和剪力槽数量应满足规定要求；半灌浆套筒螺纹端与灌浆端连接处的通孔直径小于螺纹小径 2mm（用于螺纹顶紧、限位和消除螺纹配合间隙）。

预制构件在设计与生产时，构件设计应采用灌注灌浆料填充底部水平缝的构件，并根据结构特点考虑灌浆分区；底部设键槽的预制墙、预制柱，键槽内无套筒，键槽顶部应设排气孔；套筒的灌浆、出浆管路宜取距构件表面最近处引出，管路不宜过长，管道宜走直线，少用弯管，忌用直角、锐角弯管；同项目、同形式的预制构件的灌浆、出浆管路设计方案宜一致；多组灌浆、出浆管路不宜局部汇聚，汇聚应考虑管间合理间距。

构件生产的质量控制关键点在于：施工人员的技术培训，灌浆套筒进厂验收，套筒机械连接的钢筋螺纹加工，钢筋螺纹丝头与半灌浆套筒连接，套筒与模板的连接固定，灌浆、出浆管与套筒接头的连接。

构件安装和灌浆施工的质量控制关键点是：施工人员的技术培训，灌浆料进场验收，代表性构件单元试安装、试灌浆，确定施工方案，构件安装基础面处理，连接钢筋的检查与调整，构件安装固定后的灌浆腔分仓与周圈密封，灌浆料现场拌合和流动度检验，灌浆施工，灌浆、出浆管的封堵与施工记录。

练 习 题

1. 什么是建筑产业现代化？

2. 建筑产业现代化的特征是什么？

3. 我国建筑产业现代化发展成果有哪些？

4. 推进江苏省建筑产业现代化的战略思考有哪些？

5. 装配式混凝土结构常见结构体系

6. 产业现代化背景下工种职业技能如何转化？

7. 混凝土构件运输安放过程中的质量问题

8. PC 构件起吊时的关键点是什么？

9. PC 钢筋连接技术有哪些？

10. 如何进行钢筋套筒灌浆连接质量控制？

第 2 章　建筑信息模型（BIM）

2.1　BIM 基础知识

建筑信息模型（Building Information Modeling，BIM）是近两年来出现在建筑界中的一个新名词。其实，它是引领建筑业信息技术走向更高层次的一种新技术。它的全面应用，将为建筑业的科技进步产生无可估量的影响，大大提高建筑工程的集成化程度。同时，也为建筑业的发展带来巨大的效益，使设计乃至整个工程的质量和效率显著提高，成本降低。

建筑信息模型，是以三维数字技术为基础，集成了建筑工程项目各种相关信息的工程数据模型，是对该工程项目相关信息的详尽表达。建筑信息模型是数字技术在建筑工程中的直接应用，以解决建筑工程在软件中的描述问题，使设计人员和工程技术人员能够对各种建筑信息做出正确的应对，并为协同工作提供坚实的基础。

建筑信息模型同时又是一种应用于设计、建造、管理的数字化方法，这种方法支持建筑工程的集成管理环境，可以使建筑工程在其整个进程中显著提高效率和大量减少风险。

由于建筑信息模型需要支持建筑工程全生命周期的集成管理环境，因此建筑信息模型的结构是一个包含有数据模型和行为模型的复合结构。它除了包含与几何图形及数据有关的数据模型外，还包含与管理有关的行为模型，两相结合通过关联为数据赋予意义，因而可用于模拟真实世界的行为。例如模拟建筑的结构应力状况、围护结构的传热状况。当然，行为的模拟与信息的质量是密切相关的。

应用建筑信息模型，可以支持项目各种信息的连续应用及实时应用。这些信息质量高，可靠性强，集成程度高而且完全协调，大大提高设计乃至整个工程的质量和效率，显著降低成本。

应用建筑信息模型，马上可以得到的好处就是使建筑工程更快、更省、更精确，各工种配合得更好和减少了图纸的出错风险，而长远得到的好处已经超越了设计和施工的阶段，惠及将来的建筑物的运作、维护和设施管理。并导致可持续地节省费用。

建筑信息模型，是应用于建筑业的信息技术发展到今天的必然产物。事实上，多年来国际学术界一直在对如何在计算机辅助建筑设计中进行信息建模进行深入的讨论和积极的探索。可喜的是，目前建筑信息模型的概念已经在学术界和软件开发商中获得共识，Graphisoft 公司的 ArchiCAD、Bentley 公司的 TriForma、Autodesk 公司的 Revit 以及斯维尔的建筑设计（Arch）等这些引领潮流的国内和国际建筑设计软件系统，都是应用了建筑信息模型技术开发的，可以支持建筑工程全生命周期的集成管理。

随着住建部及北京、上海等地区关于推进 BIM 应用文件的出台，多个城市通过政策和标准的引导，激活了市场，推动了市场，提升了应用能力。如果我们在十年前谈 BIM，那仅仅是一个概念，五年前讲 BIM，那是在一些重点项目上的推广应用，今天我们讲 BIM 已经是全国范围大面积的推广，很多城市已经出台了政策。

BIM 技术作为建筑业信息化的重要组成部分，具有三维可视化、数据结构化、工作协同化等特点，给我们行业发展带来了强大的推动力，有利于推动绿色建设，优化绿色施工方案，优化项目管理，提高工程质量，降低成本和安全风险，提升工程项目的管理效益。BIM 给这个行业带来了革命性，甚至是颠覆性的改变，一方面 BIM 技术的普及将彻底改变整个行业信息不对称所带来的各种根深蒂固的弊病，用更高程度的数字化整合优化了全产业链，实现工厂化生产、精细化管理的现代产业模式；另一方面，BIM 在整个施工过程全面应用或施工过程的全面信息化，有助于形成真正高素质的劳动力队伍。BIM 是提高劳动力素质的方法之一，而这种劳动力的改造对于中国的城镇化将是一个有力的支撑。

BIM 的技术原理，是将建筑工程项目的所有信息数据当做模型的基础，创建建筑模型，然后通过数字信息仿真模拟建筑工程的真实信息。仿真模拟信息不仅仅包括三维几何状信息，还包括非几何状信息，例如施工进度、价格、重量、材料等，由 BIM 构成的信息仿真模拟工程具有可出图性、优化性、模拟性、协调性以及可视化等众多优点，并且能够贯穿整个建筑工程的整个生命周期，这对提高建筑工程项目传递、理解项目信息的效率以及降低出错概率，提高建筑项目质量、降低成本以及控制工期具有至关重要的作用。

全球建筑业已普遍认同 BIM 是未来趋势，有非常大的发展空间，对整个建筑行业的影响是全面性的、革命性的。在中国，经过近几年的推广，BIM 技术在施工企业的应用已得到一定程度的普及，在工程量计算、协同管理、深化设计、虚拟建造、资源计划、工程档案与信息集成等方面发展成熟了一大批应用点。然而，施工阶段 BIM 的应用内容，还远远没有得到充分挖掘，在如下方面 BIM 技术的应用还很值得期待。

在过去的 20 年中，CAD（Computer Aided Design）技术的普及推广使建筑师、工程师们从手工绘图走向电子绘图。甩掉图板，将图纸转变成计算机中 2D 数据的创建，可以说是工程设计领域第一次革命。这次深刻的革命不仅把工程设计人员从传统的设计计算和手工绘图中解放出来，可以把更多的时间和精力放在方案优化、改进和复核上，而且提高设计效率十几倍到几十倍，大大缩短了设计周期，提高了设计质量。然而二维图纸应用的局限性非常大，因为二维图纸不能直观体现建筑物的各类信息。BIM 的信息技术可以帮助所有工程参与者提高决策效率和正确性。无疑，BIM 是建筑工程信息化历史上的第二次革新。

引领着建设领域第二次信息化革命的 BIM 技术，经过近 10 年的发展，其价值已得到广泛认可并在我国工程建设全行业迅速推进，从建筑工程扩展到包括铁路、道路、桥梁、隧道、地铁、水电、机场等基础设施领域。BIM 技术优势及应用效果凸显，中国工程建设行业的信息化水平得到了大幅提升，大部分的行业企业告别了传统企业管理和项目管理低效率高耗能的困境，并形成了一批创新性科研成果和标志性应用项目。

BIM 是 Building Information Modeling 的缩写，字面意思是建筑信息模型，但 BIM 实际意义并没有字面上的那么简单，很多人对它有更深层次的理解。

B 是 building，国内直接的翻译是建筑。但其实这是不准确的翻译。Building 所代表的不是建筑，而是土建类（或者称为建设领域），土建类是指一切和水、土、文化有关的基础建设的计划、建造和维修，包括城市规划，土木工程，交通工程等学科。包括建筑学，城市规划，土木工程，交通工程，涉外工程，环境工程，建筑环境与设备工程，建筑节能技术与工程，城市地下空间工程，历史建筑保护工程，景观建筑设计，水务工程，农业工程，设施农业科学与工程，建筑设施智能技术，给排水科学与工程，建筑电气与智能化，景观学，风景园林，道路桥梁与渡河工程，工程管理。

所以 B 代表的是 BIM 的广度，也就是整个建设领域，它可以是建筑的某一具体部分（如水暖电、土方工程等），可以是单体建筑，也可以是社区，更可以是一个城市，甚至可以大到人与自然的关系。

例如，土方工程使用 Civil 3d 就是具体部分，使用 Revit 来建立整栋大楼的三维模型等就是单体建筑；CIM（关于 CIM 现在有两种说法，一种是 City Intelligent Model，城市智慧模型，这种说法在大陆比较常见；一种说法是日本提出的 Construction Information Modeling/Management，这种代表的是非建筑工程类的 BIM，而让 BIM 专属于建筑工程类），就是社区及城市（虽然实际功能达不到城市的范围）；帝国理工的 Blue－Green Dream（将 BIM 和环境工程结合起来）就是人与自然的关系。

然后是 I。I 是 information，也就是信息。虽然美国有种观点认为，I 代表的是 integration，也就是集成，但我更倾向于使用 information。因为我觉得 information 更能代表 BIM 的本质。

关于 I，要分三部分来阐述。

第一部分是，到底什么才算是 information 呢？也就是 I 的含义。这里应该包含两层意思，一是信息（名词），也就是建设领域中所包含的各种信息；二是信息化（动词），也就是建设领域的方方面面都讲会采用信息化的方法和手段。

信息好理解，比如说梁的参数、项目的进度、项目的说明之类的，都是建设领域的信息；信息化，也就是利用计算机、人工智能、互联网、机器人等信息化技术及手段，来实现建设领域的信息化及智能化。

第二部分是，I 的范围。I 的范围是基于建设项目（注意是建设项目，不是单体建筑，而是整个建设领域）全生命周期（从概念产生到项目报废）的信息化过程。具体如大家常见的图 2-1。

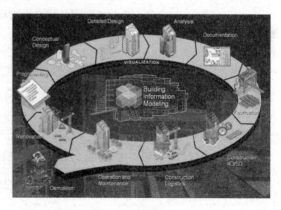

图 2-1

具体的应用（根据国内的项目阶段对右图的阶段做了些整合）就是：

项目概念阶段：项目选址模拟分析、可视化展示等；

勘察测绘阶段：地形测绘与可视化模拟、地质参数化分析与法案设计等；

项目设计阶段：参数化设计、日照能耗分析、交通线规划、管线优化、结构分析、风向分析、环境分析等；

招标投标阶段：造价分析、绿色节能、方案展示、漫游模拟等；

施工建设阶段：施工模拟、方案优化、施工安全、进度控制、实时反馈、工程自动化、供应链管理、场地布局规划、建筑垃圾处理等；

项目运营阶段：智能建筑设施、大数据分析、物流管理、智慧城市、云平台存储等；

项目维护阶段：3D点云、维修检测、清理修整、火灾逃生模拟等；

项目更新阶段：方案优化、结构分析、成品展示等；

项目拆除阶段：爆破模拟、废弃物处理、环境绿化、废弃运输处理等。

详情也可以参加 BIM Handbook 中 Chapter 4～Chapter 7 的相关内容。

当然 BIM 所能做的事远不止这些，这里只是选取部分来举例而已。

第三部分，是 I 的趋势（图 2-2）。斯坦福大学 CIFE 中心的研究表明（BIM Handbook 英文原版 第 10 页），1964～2009 年这 45 年间，同非农业产业相比，建筑业的劳动生产率并没有显著提高，反而有下降。

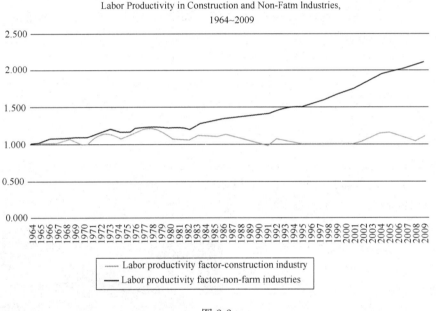

图 2-2

为什么会这样？

Handbook 台译版第 9 页的原文表述是"虽然施工生产力明显减少的原因尚未被完全了解……显然使制造业更有效率的自动化、资讯系统、更好的供应链管理和改良的协作工具，尚未实践在工地的施工上。"

也就是生产力下降的一个重要原因是因为信息化和智能化的技术方法并没有有效使用在施工领域。这其实严重制约了施工的生产力的发展。为了更有经济效益、更有生产效率，建设领域，更准确地说是人类社会的未来发展趋势，都会朝着信息化与智能化的方向发展。

斯坦福大学在 15 年前就在做智能吊车自动建设房屋的研究，就是根据房屋构件之间的逻辑关系，给吊车编程，像搭积木一样自动把房屋搭建起来。像苏黎世联邦理工、新加坡国立大学、哈尔滨工业大学等，也在进行建设机器人的研究开发，也就是让更具智能化的机器人来替代人进行建设。又如澳大利亚科廷大学所做的 track and sensing 方面的研究，就是希望借助谷歌眼镜，让戴眼镜的工人知道在什么时候、走哪条路线、精确到有具体坐标的位置、在货物架的第几行第几个、去拿一个什么样的货物、走哪条路线、在什么时候、送到哪里去、交给谁。而日本的一些公司正在进行裸空气 3D 全息投影设备的研究开发，这项技术一旦普及开发，那么以后就可以借助该类设备直接看到全方位立体的模型，做到哪里不会做了直接看全方位立体模型就好了。

所以未来的建设领域，必然是一个高度信息化和智能化的过程。这点美国已经远远走在了我们的前面。

所以 I 代表的是 BIM 的深度，也就是基于建设项目全生命周期管理（Building Life-cycle Management，BLM）的信息化过程。当然更重要的是要学会使用信息化的思想和方法去处理对待建设项目。

关于 M，modeling，这需要分三部分阐述。

一是 modeling 的含义。M 的英文是 modeling，现在国内的翻译是模型，如果更准确一点，modeling 所表现的是一个过程，而不是一个模型。翻译成模型会给人很多误导，尤其是给不了解 BIM 的人。但不管哪种翻译，都是为了表述这个过程。

二是 M 这个词也代表了一种 model，只不过这种 model 在这里指的不是模型，而是一种工作方式，也就是我之前所说的 IPD 模式。什么是 IPD 模式呢？简单来说，就是在开始动工前，业主就召集设计方、施工方、材料供应商、监理方等各方面一起做出一个 BIM 模型，这个模型其实是"类竣工模型"或者是"拟完成作品的模型"，施工人员会尽量根据这个模型去做实际建设，如果中间建设过程有变动再来进行模型的修改，到最后项目建好模型也随之修改好。

三是 M 也表示 my-life。为什么说 my-life？因为有了 BIM，所以交通设计会更加合理，古建筑会更好的保护，结构会更加的安全，城市规划也会更加完善。

所以 M 代表的是 BIM 的力度。BIM 终将改变整个行业，乃至改变我们的生活。

介绍完了 B、I、M 三个字母所分别代表的意思。回到一开始所说的，那么到底什么才是 BIM 的本质？也就是什么才是 Big BIM？

BIM，就是以建设领域为对象，基于建设项目全生命周期的信息化、智能化方法与过程。这才是 BIM 的本质，也就是建设信息化。从这个意义上来说，CIM 这些都是对 Little BIM 的发展与延伸，但本质都是建设信息化。大家更应该关注的是本质。

B 代表整个建筑领域，也就是 BIM 的广度，小到一个分项工程或者是单项工程，大到一个城市甚至是人和自然的关系。

I 可以分为三块。第一块是 I 的含义，I 又有两种含义，一个是名词"信息"，就是我们所能接触到的所有和建设有关的信息，另一个是动词"信息化"，就是信息化的途径和措施将会得到应用；第二块是 I 的广度，就是以整个建设项目为基础的全生命周期的信息化过程；第三块是 I 的深度，也就是基于建设项目 BLM（Building Lifecycle Management 全生命周期管理）的信息化过程。

M 也需要分为三块。一是 M 的含义，许多人都会把 modeling 翻译成模型，其实并不准确，因为 model 才翻译成模型，modeling 更多情况下有一种"模拟"和"塑模"意思，这是一个过程；二是 M 代表了一种工作模式，就是 IPD（Integrated Project Delivery 综合项目交付）模式，在动工前各方一起做出一个 BIM 模型，各方将以这个模型为依据进行实际建设。三是 M 代表了一种力量，这种力量终将引起行业的变革。

　　总的来说，BIM 就是建设信息化，就是以建设领域为对象，基于建设项目全生命周期（规划、设计、建造、运营、退役）的信息化、智能化方法与过程。

　　香港互联立方公司（isBIM）的 CEO 李刚（Elvis）认为 BIM 应该倒过来理解，不是 B. I. M 而是 M. I. B。M 是指 Modeling（模型层次），I 是指 Information（信息层次），B 是指 Business（商业层次）。近几年，我国在模型层次的应用已经相对成熟，很多三维模型能被很快地建立出来，并且做到很好的协调，但对信息层次却很少涉及，在应用层面上，应该要把模型里的信息拿出来用，目前能把信息拿出来用的例子不是太多。

　　BIM 有三个应用方向：辅助、模拟和捕捉（图 2-3）。它可以辅助规划、辅助设计、辅助出图等，它也可以模拟整个建筑物的性能，可以模拟建筑物建造的过程。因此，BIM 可以分成两个部分，一个部分是协助设计师进行模型的设计，另一个部分是模拟施工，通过加入进度和成本这两个变量，使 3D 模型变为 5D 模型，从而清晰直观地看出工程中的进度偏差、成本浮动变化等问题，便于问题的快速解决。

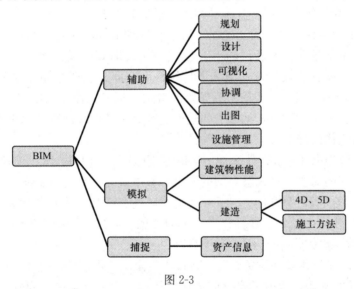

图 2-3

　　在实践中，BIM 这个"理论"问题如何定义，其实并不会影响到工作人员手头从事的业务，这业务可能是建筑设计，可能是概算预算，或是施工管理，甚至是运营维护。宽泛地讲，满足数字化（未必需要 3D、4D），信息中心化并分布式共享，合适的文件权限管理系统这三条的行业内实践，不论是在设计阶段，还是在施工、运维阶段，这种实践都可以称作 BIM。

　　所以建筑师，从概念设计阶段就着手建立一个项目模型，一开始这个模型也许是 SU 白模，除了体量和大概的尺寸几乎不包含其他信息。但是把它置入 Google Earth 项目基地的位置上，并通过随便什么方式（邮件串，文档协同）与其他项目各方就这个模型的链接讨论得出的创意，这就已经是 BIM 了。

　　具体的讲，将模型文件放到了自己的服务器上，给业主开放了一个权限使他可以查看、审阅甚至修改你的草模，这些操作（不管是你自己的操作还是别人的操作）都被系统记录到日志里，方便可以随时查看某一个修改。有了修改操作，系统还会通知各参与方。

不同的单位在项目中的角色不同，由此你发给他们的账号权限也各有区别。

如果对草模进行了修改，提交保存操作后，系统向业主发去通知：建筑师修改了方案，请审阅并批复，同时向结构工程师发去通知：建筑师修改了方案，请审阅，等待业主批复后修改结构模型。

由于建筑师架空了首层，改变了空间布置，调整了楼层标高，增加了悬挑阳台，立面开了长窗，引入了自由流动空间。总之建筑师是实践了新建筑五点，结构工程师登陆建筑师的系统，打开中心文件，看到100＋碰撞提醒。他将远程中心文件同步到自己的电脑上，根据变更后的建筑模型，开始修改结构模型：首层你去掉了墙，柱子截面要重新设计；二层建筑师改变了平面布置，可能需要去掉几个柱子，增加几道梁的高度以跨越一个面积增大了的屋子等；结构工程师可能会把重新布置后的结构模型导出为计算分析软件可读的格式，放到计算软件里计算、调整截面，再导回中心文件和建筑模型复核，如此循环操作，清掉100＋的碰撞，提交修改，把本地文件与服务器中心文件同步（这里他只有修改结构构件的权限，其他专业模型不会被修改）。

结构工程师刚一完成，机电设计师同步收到系统通知：结构工程师修改了结构模型，请审阅并修改MEP模型。然后机电设计师登录系统，下载中心文件，根据结构构件的新位置及新的建筑模型，修改风管、水管、电线布置，重新做管线综合，重新设计预留预埋，他可能还需要计算新系统布置的动力情况，做合规性检查等。机电设计师改完后，与中心文件同步，然后结构工程师收到系统通知：结构和机电专业完成碰撞检查并提交了新的设计修改，然后结构收到通知：新的楼板开洞，请复核。

建筑师再次登录系统，发现新建筑五点尝试并没有想象中的那么完美，增大的自由空间面积导致梁高增大，你不得不降低天花标高；之前设想的趣味空间被FCU侵占，建筑师于是在模型上得出结论：梁过高，又不能降低天花板标高，请想办法改成钢结构；FCU占用空间，请放到别处去，等等。然后其他专业的工程师们就会收到系统通知，如此这般。

以上过程是建筑师设计的全过程，过程虽然繁琐，但任何项目都是这么设计出来的，现在有了BIM这样的工具，就不需要每次遇到设计协调、变更。

1. BIM在我国的发展现状

(1) BIM是一把手项目。即BIM想要做得好，发挥它应有的效果（节省成本、节约工期、方便管控等等），必须需要一个强有力的一把手去推动。为什么？因为对绝大部分的施工单位及分包商来说，方案变更才是其赚钱的最重要手段。BIM的一个重要价值就是避免变更。中国尊项目，算是国内BIM应用的极致，之所以能达到极致就是因为其业主拥有很好的BIM意识和BIM水平，所以他们在管线碰撞检测、能耗分析、施工模拟、智能通风等领域都做得很好。

(2) 利益和使用习惯的冲突。上面说了，对绝大部分的施工单位及分包商来说，方案变更才是其赚钱的最重要手段，而BIM的一个重要价值就是避免变更。至于使用习惯，很多传统的设计师和工程师都用不惯BIM，对于他们来说，适应BIM需要一个长时间的过程，但有一点可以肯定，BIM终将改变整个工作流程。

(3) BIM人才的不足。不是说会用软件、懂BIM概念就是BIM人才了。软件永远只是辅助工具，而最核心的永远都是人的专业知识和管理水平，而这两者的结合又需要相当长时间的磨合。但是，随着从业者素质的提高和人才换代，信息化也必然是一个大趋势。

（4）对 BIM 认识的不足。不足包括认为 BIM 是软件、BIM 是虚拟可视化、BIM 是模型，但这些都是比较狭隘的看法。在国外的科研界，BIM 还包括建设机器人、3D 打印建筑、物联网等，其概念是建设信息化，信息化到方方面面。然后就是，BIM 是一种方法，即如何运用信息化的手段来进行建设活动。当然，最重要的是，BIM 是一种思想，一种如何分析事物看待世界的思想。

2. BIM 技术优势

（1）可视化施工文档存储

传统文档储存：目前很多的施工文档还是纸质文档，即使是 2D 的电子档案，等施工结束，也堆在档案馆无法利用，也无使用价值。利用 BIM 技术，能够实现项目各参与方通过网络协同工作，进行工程洽商、协调，实现施工质量、安全、成本和进度的管理与监控。基于 BIM 模型的造价文档管理，则是将文档等通过手工操作和 BIM 模型中相应部位进行链接。该管理系统集成了对文档的搜索、查阅、定位功能，并且所有操作在基于 4DBIM 可视化模型的界面中，充分提高数据检索的直观性，提高影响造价相关资料的利用率。当施工结束后，自动形成完整的信息数据库，为工程造价管理人员提供快速查询定位。

（2）基础数据共享与调用

BIM 中含有大量工程相关的信息，可以为工程提供数据后台的巨大支撑，可以使业主、设计院、顾问公司、施工总承包、专业分包、材料供应商等众多单位在同一个平台上实现数据共享，使沟通更为便捷、协作更为紧密、管理更为有效。BIM 在施工工程中，根据设计优化与相关变更对工程量进行动态调整，将工程开工到竣工的全部相关数据资料存储在基于 BIM 系统的后台服务器中。

（3）项目精细化管理及造价控制

基于 BIM 的项目管理，工程基础数据如量、价等，数据准确、数据透明、数据共享，能完全实现短周期、全过程对资金风险以及盈利目标的控制。BIM 应用的算量、造价、全过程的造价管理都是在 BIM 数据和实际项目造价的动态对比之中进行。基于 BIM 技术的工程造价软件可对投标书、进度审核预算书、结算书进行统一管理，并形成数据对比。BIM 数据模型保证了各项目的数据动态调整，可以方便统计，追溯各个项目的现金流和资金状况，并根据各项目的形象进度进行筛选汇总，为领导层更充分地调配资源、进行决策创造了条件。

2.2 BIM 建模环境及应用软件体系

BIM 设计类软件在市场上主要有五家主流公司，分别是 Autodesk、Bentiey、Graphisoft、Nemetschek Allplan、AG、Gery Technology 以及 Tekla 公司。各自旗下开发的系列软件如下：

（1）Autodesk：Revit Architecture 等

Autodesk 公司 的 Revit 是运用不同的代码库及文件结构区别于 AutoCAD 的独立软件平台。其特色包括：①该软件系列包含了绿色建筑可扩展标记语言模式（GBXML）为能耗模拟、荷载分析等提供了工程分析工具；②与结构分析软件 ROBOT、RISA 等具有互用性；③能利用其他概念设计软件、建模软件（如 SketchUp）等导出的 DXF 文件格式的模型或图纸输出为 BIM 模型。

1）优势

软件易上手，用户界面友好；具备由第三方开发的海量对象库，方便多用户操作模式；支持信息全局实时更新、提高准确性且避免了重复作业；根据路径实现三维漫游，方便项目各参与方交流与协调。

2）劣势

Revit 软件的参数规则（parametric rules）对于由角度变化引起的全局更新有局限性；软件不支持复杂的设计如曲面等。

（2）Bentiey：Bentiey Architecture 等

Bentiey 公司继开发出 MicroStation Triforma 这一专业的 3D 建筑模型制作软件后，于 2004 年推出了其革命性的继承者：Bentiey Architecture（建筑）、Bentley Structural（结构）、Bentley Interference Manager（碰撞检查）等系列软件。除此之外，Bentiey 公司还提供了支持多用户、多项目的管理平台 Bentley ProjectWise，其管理的文件内容包括：工程图纸文件（DGN/DWG/光栅影像）；工程管理文件（设计标准/项目规范/进度信息/各类报表和日志）；工程资源文件（各种模板/专业的单元库/字体库/计算书）。

1）优势

功能强大的 BIM 模型工具，涉及工业设计和建筑与基础设施设计的方方面面，包括建筑设计、机电设计、设备设计、场地规划、地理信息系统管理（GIS）、污水处理模拟与分析等。基于 MicroStation 这一优秀图形平台涵盖了实体、b－spline 曲线曲面、网格面、拓扑、特征参数化、建筑关系和程序式建模等多种 3D 建模方式，完全能替代市面上各种软件的建模功能，满足用户在方案设计阶段对各种建模方式的需求。

2）劣势

软件具有大量不同的用户操作界面，不易上手；各分析软件间需要配合工作，其各式各样的功能模型包含了不同的特征行为，很难短时间学习掌握；相比 Revit 软件，其对象库的数量有限；其互用性差的缺点使其各不同功能的系统只能单独被应用。

（3）Graphisoft/ Nemetschek AG－ArchiCAD：

ArchiCAD 是历史最悠久的且至今仍被应用的 BIM 建模软件。ArchiCAD 与一系列软件均具有互用性，包括利用 Maxon 创建曲面和制作动画模拟、利用 ArchiFM 进行设备管理、利用 SketchUp 创建模型等。除此，ArchiCAD 与一系列能耗与可持续发展软件都有互用接口，如 Ecotect、energy 等。且 ArchiCAD 包含了广泛的对象库供用户使用。

1）优势

软件界面直观相对容易学习；具有海量对象库；具有丰富多样的支持施工与设备管理的应用；唯一可以在 Mac 操作系统运用的 BIM 建模软件。

2）劣势

参数模型对于全局更新参数规则有局限性；软件采用的是内存记忆系统，对于大型项目的处理会遇到缩放问题，需要将其分割成小型的组件才能进行设计管理。

（4）Gery Technology：Digital Project

Digital Project 软件能够设计任何几何造型的模型，且支持导入特制的复杂参数模型构件，如支持基于规则的设计复核的 knowledge expert 构件；根据所需功能要求优化参数设计的 Project Engineering optimizer 构件；跟踪管理模型的 Project Manager 构件。另外，Digital Project 软件支持强大的应用程序接口；对于建立了本国建筑业建设工程项目编码体系的许多发达国家，如美国、加拿大等，可以将建设工程项目编码如美国所采用的 UniFormat 和 MasterFormat 体系导入 Digital Project 软件，以方便工程预算。

1) 优势

强大且完整的建模功能；能直接创建大型复杂的构件；对于大部分细节的建模过程都是直接以 3D 模式进行。

2) 劣势

用户界面复杂且初期投资高；其对象库数量有限；建筑设计的绘画功能有缺陷。

(5) Tekla Corp：Tekla Structures，Xsteel

Xsteel 是 Tekla 公司最早开发的基于 BIM 技术的施工软件，于 20 世纪 90 年代面世并迅速成长为世界范围内被广泛应用的钢结构深化设计软件。该软件可以使用 BIM 核心建模软件的数据，对钢结构进行针对加工、安装的详细设计，生成钢结构施工图（加工图、深化图、详图）、材料表、数控机床加工代码等。为顺应欧洲及北美对于预制混凝土构件装配的需求，Tekla 公司将 Xsteel 的功能拓展到支持预制混凝土构件的详细设计，如结构分析、与有限元分析具有互用性，增加开放性的应用程序接口。同时，输出信息到数控加工设备及加工设备自动化软件，如 fabtrol（钢结构加工软件）及 EliPLAN（预制件加工软件）。

1) 优势

设计与分析各种不同材料及不同细节构造的结构模型；支持设计大型结构，温哥华会展中心扩建工程即利用 Tekla Structures 软件设计与分析 3D 模型；支持在同一工程项目中多个用户对于模型的并行操作。

2) 劣势

很难学习掌握；其不能从外界应用中导入多曲面复杂形体；购买软件费用昂贵。

BIM 从设计到运维的软件很多，特色不一，但是由于概念上的误区，导致很多人不清楚，只有真正符合现行国家标准的软件，才能在国内 BIM 市场获得认可和推广。我们可以取各个软件的优缺点，综合灵活运用，才能发挥软件的优势，获得好的效果。按照功能，BIM 软件分为三类：

第一类：基于绘图的 BIM。Drawing-based BIM。这类软件是以最大推理力度的厂商 Autodesk 出品的 Revit 等软件为代表，其实这个软件也是它收购的。现在大家说自己懂 BIM，多半也只是会用 rv 画图而已。这种 BIM 应用等同于增加了 Z 向量的 CAD。

第二类：基于专业的 BIM。Speciality-based BIM。这方面的软件非常多，但是各专业不同。建筑有 ArchiCAD（这才是第一款 BIM 软件，80 年代推出的），国产的天正建筑，结构设计方面有中国建科院的 PKPM（虽然以结构设计作为核心，但它可能是世界上产品线最全的 BIM 软件体系。虽然它自带的图形引擎易用性不够好，但仍然是一个不折不扣的 BIM 软件体系），声学、光线、能耗、暖通水电、弱电监控等等也都有各自的专业软件。

另外，在预算造价软件方面，算量成为一个亮点，自成体系的 PKPM 是老大，而上市了的广联达、鲁班软件也在搞 BIM。在服务商方面，国内专业制作效果图的水晶石公司应该是最大的供应商，我们把它当作 BIM 服务商也未尝不可，毕竟它在使用 3D 建模工具为客户建模（多半是 3DMax 之类适合于效果图的建模工具）。

Autodesk 也有几款适合于建筑设计、结构设计、暖通设计的专业软件，多半是基于 Revit 绘图平台的。在专业 BIM 里面，如果没有自己的绘图平台（图形引擎），就只好采用第三方的平台，其中 Autodesk 的 CAD 和 Revit 最为普遍。有些厂商自己搞过图形引擎，但毕竟做这个图形引擎毕竟也是一个专业，肯定做不过专业厂商，于是出于核心竞争力的考虑，而放弃自有引擎，转而采用第三方引擎。这个道理就跟 Autodesk 只擅长图形引擎而不擅长专业软件一样，它不得不通过不断的收购来获得专业领域的能力和产品。

第三类：基于管理的 BIM。Management-based BIM。这个属于设施管理（全生命周期管理）领域，而且这个专业在全生命周期管理上，是一个带头专业，目前在国内发展较少，这方面的软件，国内也较少，在国外，以美国的 Archibus 为代表。目前，BIM 的三维可视化运维管理（FM）系统的流程是：通过三维 BIM 图形平台整合 BIM 建筑模型、BIM 机电模型、施工资料、运维资料、设备信息、监控信息、规范信息等图形及信息数据。在三维图形平台基础上，基于 SOA 体系进行设计开发，实现基于 BIM 的三维可视化运维管理（FM）系统。

设施管理方面的发展缓慢，导致了全行业对 BIM 的理解误区很多。在 CAD 时代，设计院的图纸文档管理都没有做好，施工单位的项目管理也很乱，甲方做建成之后的运营维护管理只是招募一家物业公司（物业管理是设施管理的一小部分）而已，再次改造装修时由装饰公司重新画 CAD 图。于是，传统的 CAD 文件传递都没有做好，就谈不上全生命周期的 BIM。

另外，国内建筑项目管理门户系统也有很多供应商，国外软件以 Buzzsaw（也是 Autodesk 的产品）为典型代表。

以上分类是对 BIM 的本质理解的基础上，加以中国本土化而总结出来的。BIM 的思想在中国推广已有多年，相应软件也有开发应用。虽然 BIM 技术现在的发展越来越广，但是还有大部分的人没有意识到 BIM 技术的重要性。因此，近几年来，政府强制推广 BIM 技术在建筑施工中的应用。然而，中国的情况和国外大不相同。这 BIM 不是一个纯粹的技术，无论是理论模型还是产品，它带有的管理的比重相当高。在上述分类中，1 里面是技术技巧，2 里面带有一般比例的管理（或者说是非绘图的数据），3 里面则有 9 成是管理。而国内的用户，以设计院为主，只是在 1 里面玩软件，的确是很难得到收益的。目前市场上懂得 3 的人不超过数十个。

BIM 软件的体系是比较庞大的，数量也较多。从软件在应用中的作用可分为三类：一类是基础软件，像 Autodesk 公司的 Revit 和 Bentley 旗下的 Architecture；一类是工具软件，比如 Navisworks；一类是平台软件，比如 BIM360。按照软件的功能来分，也可分为三类：一类是基于绘图的，比如 SketchUp，还有用的最多的 Revit；一类是基于专业的，比如 PKPM、ArchiCAD、浩辰 CAD、鲁班软件、广联达；一类是基于管理的，像 Archibus。这些软件都能在一个项目的全生命周期中起到作用，所以说 BIM 并不是一个软件，一个用 BIM 来做的项目也绝不仅仅只用到一个软件，多专业多软件之间的配合才能更好地达到项目的要求。

一个项目应用多种软件的要求是这些软件的数据模型能够互通，所以要有一个开放的数据模型标准来转化各软件生成的结果文件，并且支持一些参数化的技术，这样才能以 n（n>3）维模型为基础，更便捷地进行面向对象的操作，提供更强大的功能。

现在用的较多的开放数据模型标准是 IFC（Industry Foundation Classes）标准。

2.3 BIM 项目实施与应用

2.3.1 BIM 在项目管理中的应用与协同

Revit 建模软件中的建筑基本元素是建筑构件，通过每个构件所携带的不同的信息进行模型展现，能通过自定义族来表示特别的构件。建立精准可靠的 3D 模型（图 2-4）是上海中心项目采用 BIM 技术进行质量控制的基础。在施工前的质量管理中，上海中心的项目管理员通过虚拟的 3D 模型可以更直接、更明了、全方位地了解工程，在工程施工前发现设计中的错误和缺陷，提高工程设计质量，从源头上解决工程质量问题；在施工过程的质量管理中，把实际的施工状况和 BIM 模型作比较，把检查后的信息录入到 3D 模型的具体构件中，便于施工后的统计和查看，对于一些分部分项工程和单位工程尤其是隐蔽工程的检验、审查核实和签字确认，BIM 技术的结构化数据流能更好地起到作用。在载有相关数据的系统中，报验申请表都是系统自动生成的，只需要相关责任人在收到系统的短信提醒后进行核对和签字就行了，这种模式大大提高了问题处理的效率；在完工后的质量

图 2-4

管理中，所有施工过程中的信息都被录入，核查信息与实际施工状况是否一致是此阶段的重要工作。由于图纸的修改和对施工工艺的理解不同等多方面的原因，会进一步修改图纸中不确定的内容，因此 BIM 模型也需要进行调整并上传云端。

项目进度管理是项目管理中的关键内容，将 BIM 引入到项目进度管理中，有助于提高管理效率：通过直观真实、动态可视的施工全程模拟和关键环节的施工模拟，可以展示多种施工计划和工艺方案的实操性，择优选择最合适的方案；利用模型对建筑信息的真实描述特征，进行构件和管件的碰撞检测并优化，对施工机械的布置进行合理规划，在施工前尽早发现设计中存在的矛盾以及施工现场布置的不合理，避免"错、缺、漏、碰"和方案变更，提高施工效率和质量。施工模拟技术是按照施工计划对项目施工全过程进行计算机模拟，在模拟的过程中会暴露很多问题，如结构设计、安全措施、场地布局等各种不合理问题，这些问题都会影响实际工程进度，早发现早解决，并在模型中做相应的修改，可以达到缩短工期的目的。

成本管理是项目管理中最重要的部分之一，BIM 技术在处理实际工程成本核算中有着巨大的优势。建立 BIM 的 5D

施工资源信息模型（3D 实体、时间、工序）关系数据库，让实际成本数据及时进入 5D 关系数据库，成本汇总、统计、拆分对应瞬间可得。建立实际成本 BIM 模型，周期性（月、季）按时调整维护好该模型，统计分析工作就很轻松，软件强大的统计分析能力可轻松满足我们各种成本分析需求。

1. BIM 在进度管理中的应用

在已经建好的 3D 模型基础上加入时间元就变成 4D 模型，随着时间的推移，模型中的构件也经历从无到有的过程，工程的进度状况也被直观地展现出来，这是一个动态的模拟建造的过程，对施工计划管理起到了一定的辅助作用。

目前有许多软件可以用来编制工程进度计划，像微软旗下的 Project、欧特克公司的 Navisworks、还有 Projectwise Navigator、Solibri 等，本文中上海中心大厦采用的是 Navisworks。这款软件的优点是它可以分析多种格式的 3D 设计模型，并且能够进行仿真，由于和 Revit 都是欧特克公司的产品，所以 BIM 模型能无障碍地导入和导出，不会出现不兼容的状况，Navisworks 在 BIM 工作流程中的地位是非常重要的。部分 BIM 建模软件自身具备 4D 功能，但功能不够成熟完善，例如 Revit Architecture 软件，允许用户为任意对象指定时期参数，通过可视化性能可对不同阶段的模型进行查看，并得到 4D 图片，但不能对模型进行实时模拟，在实际应用中存在很大局限性。目前还没有能够与进度模型进行充分交互的 BIM 系统。在 BIM 极大应用价值的基础上引入时间元，形成最终的 BIM 4D 建模，将不再借助第三方软件，其应用给项目带来更高价值，更加有助于项目施工管理，从根本上实现工程信息的集成化管理，提高项目的管理效率和信息化水平，基于 BIM 的 4D 建模代表了 4D 信息模型的发展方向。

Navisworks 能够导入 BIM 三维建筑信息模型，并对其进行全面的分析和交流，协助项目人员预测施工流程。软件将设计师和工程师完成的不同专业模型进行整合，形成单一、同步的最优化信息模型。Navisworks 产品提供模型文件和数据整合、照片级可视化、动画、4D 模拟、碰撞和冲突检测和实时漫游等功能。

在项目施工前，项目经理编制总进度计划是第一步，项目经理与各分包项目经理必须共同编制二级进度计划，然后由各施工班组长起草周进度计划。第二步是各计划编制方通过 BIM 平台进行交流和协调，相应的调整进度计划，并确定最后的工作计划。整个计划需要得到建设单位、施工单位和监理单位的认同，并承诺在限定的工期内完成。

在进行施工进度模拟之前，首先要进行施工信息的采集，采集的类别包括几何信息、材料信息、类型信息、进度信息、质量信息、安全信息、其他属性信息等，业主方、设计方、施工方、材料设备供应商等可作为信息的来源。将采集的信息进行信息编码、信息归类、信息存储、信息建模，组成一个信息组织系统。

2. BIM 在成本管理中的应用

成本管理是项目管理中最重要的部分之一，BIM 5D 模型的工程量清单可由 Navisworks 自动生成，与分工组织结构（WBS）节点相关联，构建全方位的动态预算和数据化的成本信息。对于计划进度和实际进度，项目管理员可在指定时间段内查询任意 WBS 节点的工程量和与之相对应的人、材、机计划使用量和实际使用量，还可以查询单位工程具体费用清单。同时，在相同时间段内的计划进度预算成本、实际进度预算成本和实际消耗成本都可以查找的到。另外，进度偏差和成本偏差分析应及时寻找原因，防患于未然。

3. BIM 在安全管理中的应用

项目部是一个暂时的部门，到项目部工作的人员来自各个专业，但并不是每个人都熟悉本项目的安全作业要求，所以每个人都必须参加安全教育和培训。除了对每个人的基础教育，还必须加强对特种环境作业人员的特殊训练，确保每个特殊工种的作业人员都要持证上岗，无证坚决不让上岗。还有，每个星期施工队都要参加一次安全教育课，时刻谨记安全的重要性。

由于 BIM 的可视化，现场施工的工人可以事先通过感受虚拟的工作现场来熟悉实际的工作环境，从而降低了在不了解工作环境的情况下受到伤害的几率。与传统的安全教育不同的是，以 BIM 技术为基础的安全教育完全没有了枯燥乏味的课堂模式，将安全教育落到实处，通过三维的模型展示，工人们能够更加直观和准确地了解工作现场，并清楚地知道自己将从事哪些工作，又有哪些方面需要特别留心，哪些地方特别危险等等，从而为现场工人制定相应的安全工作策略和安全施工细则。这不仅强化了教育效果，提高了教育效率，还避免了浪费时间和金钱。

以 BIM 技术为基础的施工安全模拟可以合理地安排施工计划，使得各施工工艺、工作面、工人、机械设备和场地安排等要素进行合理有序地组合。项目施工过程中，为了保证工作面安全和工人的安全，可以用动画的方式表现施工工艺中的永久结构、临时结构以及主要机械设备的安装顺序，清晰明确地体现出项目的施工方式，这大大降低了施工过程中出现安全问题的概率。

2.3.2　BIM 在设计阶段的应用

1. BIM 几大概念及相互关系

先来认识一下 BIM 及与其相关的几个基本概念及其相互间的关系，以便全面深刻理解 BIM，促进其推广应用。

（1）Building Information Modeling（BIM）不是一个软件，是一个概念（或理念）、是一个可以提升工程建设行业从策划、设计、施工、运营全产业链各个环节质量和效率的系统工程。

BIM 的全称是 Building Information Modeling，中文意为"建筑信息模型化"，是在建筑（或工程项目）从策划、设计、施工、运营、直到拆除的全生命周期内生产和管理工程数据的过程。

BIM 的载体：是以三维数字技术为基础，集成了建筑工程项目各种相关信息的工程数据模型，该模型可以为设计和施工提供相协调的、内部保持一致的、并可进行运算分析的信息。该模型及其集成的信息是随着项目的进程不断丰富和完善的，与项目相关各方可以从该模型中提取其需要的信息。这个丰富和完善的过程即为模型化（Modeling）。

（2）3D 参数化设计

BIM 是一个全产业链的概念，对应到建筑设计阶段，准确的称呼应该为"3D 参数化设计"。3D 参数化设计是 BIM 在建筑设计阶段的应用，日常工作中简称或泛称为 BIM。

3D 参数化设计是有别于传统 AutoCAD 等二维设计方法的一种全新的设计方法，一种可以使用各种工程参数来创建、驱动三维建筑模型，并可以利用三维建筑模型进行建筑性能等各种分析与模拟的设计方法。它是实现 BIM、提升项目设计质量和效率的重要技术保障。3D 参数化设计的特点：全新的专业化三维设计工具、实时的三维可视化、更先进的协同设计模式、由模型自动创建施工详图底图及明细表、一处修改处处更新、配套的分析及模拟设计工具等。3D 参数化设计的重点在于建筑设计，而传统的三维效果图与动画仅仅是 3D 参数化设计中用于可视化设计的一个很小的附属环节。

（3）协同设计

讲 BIM 一定要讲到"协同"，它是 BIM 实现提升工程建设行业从策划、设计、施工、运营全产业链各个环节质量和效率终极目标的重要保障工具和手段。协同设计是针对设计院专业内、专业间进行数据和文件交互、沟通交流等的协同工作。协同设计又细分为 2D 协同设计与 3D 协同设计、文件级协同与数据级协同。

2. BIM 现状与未来发展

随着现代科技的发展，3D 与网络信息技术深入影响并决定着大众的生活：影视传媒、移动通信、互联网、物联网。对工程建设行业、对建筑设计而言，影响行业未来发展的则是 BIM。

从参数化建筑设计技术进入中国，至今已有十几年，随着 BIM 技术的逐步成熟，最终被行业所接受。在过去及未来的发展过程中，BIM 的发展轨迹如下：少数技术发烧友的热衷→企业决策层从企业发展角度逐步认同→行业逐步认同并开始建立相关标准→开始进入工程项目的业务流程。

（1）行业现状

越来越多的国内外业主提出明确的 BIM 要求，甚至明确提出需要的 3D 文件格式。项目准入门槛提高。

设计方具有总包资质的工业设计院、大型民建设计院因为市场竞争等需要，先后在 3D 设计方面进行了局部成功应用，这将促进整个设计领域的技术进步。BIM 将成为继 90 年代"甩图板"工程以来的第二次技术革命，由此设计行业将从过去的"计算机辅助绘图"进入真正的"计算机辅助设计"时代。

施工方都开始或已经创建自己的 BIM 团队，在土建、机电安装等方面尝试 3D 深化设计、施工模拟，协助施工管理。下游企业的技术进步将给设计方带来更多的技术进步压力。

运营方目前明确需求用 BIM 的还不多。国家 BIM 标准初具雏形，但离实际应用还有很大距离。目前有实力的行业各方都在自行摸索，已经形成局部 BIM 成果。各方均已经意识到 BIM 对整个产业链、整个行业的价值。

（2）软硬件技术现状

从技术角度来讲，支撑 BIM 实施的软件、硬件技术都已经基本到位。以工程建设行业 CAD 设计工具的行业领袖美国 Autodesk 公司为例，已经形成了从设计、分析到模拟全套的 BIM 系列工具软件：Revit Architecture、Revit Structure、Revit MEP、AutoCAD Civil 3D、AutoCAD Plant 3D、Robot Structural Analysis、Ecotect Analysis、Navisworks 等。

在此基础上，辅以设计师常用的 SketchUp、Rihno，以及高端的 GrassHopper、Catia、Digital Project 等设计工具和算法编辑器，以及 IES（Integrated Environmental Solutions）分析工具，将满足现代各种建筑创意的设计需求。

同时 64 位的计算机硬件与操作系统则给上述设计工具的稳定运行提供了硬件保障。

3. BIM 在建筑项目设计阶段的应用

BIM 在建筑项目设计中究竟能做什么，有哪些价值？哪些项目适合使用 BIM？BIM 应该在建筑项目设计的哪个阶段介入？如何实施 BIM？下面的内容可作为参考观点帮助思考。

（1）BIM 在设计阶段的价值

在建筑项目设计中实施 BIM 的最终目的是要提高项目设计质量和效率，从而减少后续施工期间的洽商和返工、保障施工周期、节约项目资金。其在建筑设计阶段的价值主要体现在以下 5 个方面：

1）可视化（Visualization）：BIM 将专业、抽象的二维建筑描述通俗化、三维直观化，其结果使得专业设计师和业主等非专业人员对项目需求是否得到满足的判断更为明确、高效，决策更为准确。

2）协调（Coordination）：BIM 将专业内多成员间、多专业多系统间原本各自独立的设计成果（包括中间结果与过程），置于统一、直观三维协同设计环境中，避免因误解或沟通不及时造成的不必要的设计错误，提高设计质量和效率。

3）模拟（Simulation）：BIM 将原本需要在真实场景中实现的建造过程与结果，在数字虚拟世界中预先实现，可以最大限度减少未来真实世界的遗憾。

4）优化（Optimization）：由于有了前面的三大特征，使得设计优化成为可能，进一步保障真实世界的完美。这点对目前越来越多的复杂造型建筑设计尤其重要。

5）出图（Documentation）：基于 BIM 成果的工程施工图及统计表将最大限度保障工程设计企业最终产品的准确、高质量、富于创新。

（2）BIM 项目类型及介入点

哪些项目适合使用 BIM？BIM 应该在建筑项目设计的哪个阶段介入？有的说 BIM 只适合于复杂造型设计项目，在前期的概念和方案阶段就要介入，常规住宅项目不需要使用 BIM；有的说只有标准化程度比较高的住宅项目才能充分体现参数化设计的价值，提高出图效率，应该在施工图阶段介入；还有的说复杂的 BIM 只适合做方案设计，施工图还是 AutoCAD 灵活、效率高。

这些观点其实都没错。实施 BIM 最重要的是：要看什么人、在什么项目上、达到什么目的。心理学讲"需求是决定一切行为的根本"，BIM 也是同理。不同的人、不同的项目、目的不同，将决定 BIM 的实施采用什么样的方式、什么时候介入、做到什么深度、得到什么成果以及设施的费用成本。

在建筑设计阶段实施 BIM 的最终结果一定是所有设计师将其应用到设计全程。但在目前尚不具备全程应用条件的情况下，局部项目、局部专业、局部过程的应用将成为未来过渡期内的一种常态。因此，根据具体项目设计需求、BIM 团队情况、设计周期等条件，可以选择在以下不同的设计阶段中实施 BIM。

概念设计阶段：在前期概念设计中使用 BIM，在完美表现设计创意的同时，还可以进行各种面积分析、体形系数分析、商业地产收益分析、可视度分析、日照轨迹分析等。

方案设计阶段：在方案阶段使用 BIM，特别是对复杂造型设计项目，将起到重要的设计优化、方案对比（例如曲面有理化设计）和方案可行性分析作用。同时建筑性能分析、能耗分析、采光分析、日照分析、疏散分析等都将对建筑设计起到重要的设计优化作用。

施工图设计阶段：对复杂造型设计等用二维设计手段施工图无法表达的项目，BIM则是最佳的施工图设计解决方案。当然在目前BIM人才紧缺、施工图设计任务重时间紧的情况下，不妨采用BIM + AutoCAD的模式，前提是基于BIM成果用AutoCAD深化设计，以尽可能保证设计质量。

专业管线综合：对大型工厂设计、机场与地铁等交通枢纽、医疗体育剧院等公共项目的复杂专业管线设计，BIM是彻底、高效解决这一难题的唯一途径。

可视化设计：效果图、动画、实时漫游、虚拟现实系统等项目展示手段也是BIM应用的一部分。

4. 影响BIM在设计阶段推广应用的主要因素

上有业主的需求，下有施工方的技术进步，后有软硬件的支持，加上设计企业提升自身综合竞争能力和企业未来发展的需求，BIM在设计阶段的应用已经势在必行。但在实际实施中，BIM的推广应用还存在很多阻碍因素需要各位主管领导认识清楚：

（1）外部变革动力与压力不够：业主需求不多，国家标准不完善等。

（2）企业发展成本与风险：设计工具、协同模式的变更所带来的软硬件成本、培训成本、新技术积累与现有设计成果的转化成本、变革的风险等。

（3）现有业务压力：现有业务多、时间紧、压力大，导致设计企业高层领导积极、中层领导反对、设计师没有学习新技术的时间和精力。

（4）个人变革动力与压力不够：3D参数化设计对设计习惯、协同设计模式等的改变，新工具的学习时间成本、变革的风险，单位技术进步的激励措施能否到位等，都将影响BIM的进一步推广。

（5）技术不完善：BIM工具的专业设计功能不够完善、本地化程度不够，以及BIM技术服务商的技术支持能力参差不齐等。

5. BIM中的协同设计（图2-5）

协同是实现BIM提升工程质量和效率终极目标的重要保障工具和手段，因此本节就协同问题再略做详述。

从日照分析、建筑节能分析、舒适度分析到热岛效应分析、光污染分析再到风及温湿度模拟等一系列的应用都离不开模型的设计。

在方案设计阶段，软件支持快速形成直观的设计方案，可以使开发建设单位更好的感受和把握设计方案，减少在施工阶段提出设计变更的可能性，可减少浪费并节约工期。

在初步设计阶段，软件支持对设计方案进行高效、充分的探讨，可以使设计单位能在短时间内确定高质量的设计方案，可以让建设单位在不延长设计周期的同时获得高品质的工程设计结果。

在施工图设计阶段，软件支持快速进行碰撞检查，不仅可以成倍提高工作效率，而且可以大幅提高施工图的质量，可减少施工阶段的设计变更，缩短工期，有效支持施工图绘制，大大的解放设计人员，从而使他们更好地将精力集中在设计本身上。

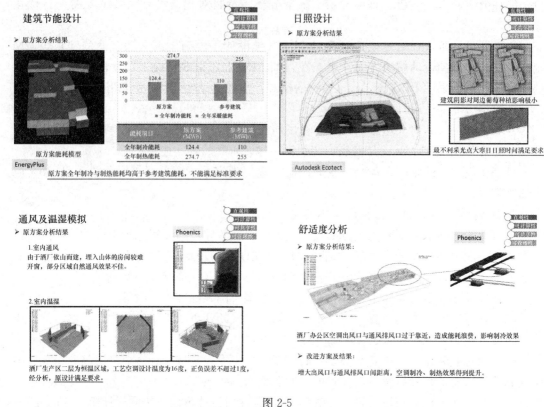

图 2-5

2.3.3 BIM 在施工阶段的应用

BIM 自引入我国工程建设领域以来，带给行业的变革不仅体现在技术手段上，还体现在管理过程中，并贯穿于建筑全生命周期，其价值逐渐被认知并日益凸显，近两年更是呈现出风生水起的发展势头。目前推动 BIM 发展的有两种模式，业主模式和承建商模式。目前业主推动占行业的 70%，承建商推动占 30%。随着 BIM 技术在施工中的应用越来越多，对于初次接触 BIM 的单位或者个人不免会问到"BIM 技术在施工中的应用都有哪些?"。

通过 BIM 技术对施工进行模拟确实是施工中 BIM 技术重要应用之一。模拟施工的目的是在施工前对施工整个过程进行模拟，分析不同资源配置对工期的影响，综合成本、工期、材料等得出最优的建筑施工方案。从而减少因为建筑过程中的错误造成的成本浪费。据统计由于管理及错误造成的成本浪费大概占总成本的 10%~30%；那么在施工中最常见的 BIM 应用都有哪些?

1. 碰撞检查，减少返工 BIM 最直观的特点在于三维可视化，降低识图误差，利用 BIM 的三维技术在前期进行碰撞检查，直观解决空间关系冲突，优化工程设计，减少在建筑施工阶段可能存在的错误和返工，而且优化净空，优化管线排布方案。最后施工人员可以利用碰撞优化后的方案，进行施工交底、施工模拟，提高施工质量，同时也提高了与业主沟通的能力。

2. 模拟施工，有效协同三维可视化功能再加上时间维度，可以进行进度模拟施工。随时随地直观快速地将施工计划与实际进展进行对比，同时进行有效协同，施工方、监理方、甚至非工程行业出身的业主、领导都能对工程项目的各种问题和情况了如指掌。这样通过 BIM 技术结合施工方案、施工模拟和现场视频监测，减少建筑质量问题、安全问题，减少返工和整改。利用 BIM 技术进行协同，可更加高效信息交互，加快反馈和决策后传达地周转效率。利用模块化的方式，在一个项目的 BIM 信息建立后，下一个项目可类同的引用，达到知识积累，同样工作只做一次的"标准化"。

3. 三维渲染，宣传展示三维渲染动画，可通过虚拟现实让客户有代入感，给人以真实感和直接的视觉冲击，配合投标演示及施工阶段调整实施方案。建好的 BIM 模型可以作为二次渲染开发的模型基础，大大提高了三维渲染效果的精度与效率，给业主更为直观的宣传介绍，提升中标几率。

4. 积累经验，保存信息模拟过程可以获取施工中不易被积累的知识和技能。

5. 可以把模拟的模型及数据卖给运营、维护方。因为建筑过程的数据对后面几十年的运营管理都是最有价值的数据。

6. 通过 BIM 方法，增加信息传递和分发效率，让经济管理、风险管理的数据源收集更高效；通过集中的信息处理方法，让管理的分析过程，部分标准化后实现"电算化"，提高决策效率。

在项目施工前，项目经理编制总进度计划是第一步，项目经理与各分包项目经理必须共同编制二级进度计划，然后由各施工班组长起草周进度计划。第二步是各计划编制方通过 BIM 平台进行交流和协调，相应的调整进度计划，并确定最后的工作计划。整个计划需要得到建设单位、施工单位和监理单位的认同，并承诺在限定的工期内完成。

在进行施工进度模拟之前，首先要进行施工信息的采集，采集的类别包括几何信息、材料信息、类型信息、进度信息、质量信息、安全信息、其他属性信息等，业主方、设计方、施工方、材料设备供应商等可作为信息的来源。将采集的信息进行信息编码、信息归类、信息存储、信息建模，组成一个信息组织系统。

将制定好的工程进度计划和采集的信息一同导入到 Navisworks 中进行 4D 施工模拟（图 2-6），制定好目标计划后开始施工。如江苏某项目的施工模拟包含混凝土施工、钢结构吊装、机械设备辅助装置安装、机械设备位置调整等内容。一些在施工阶段会出现的问题可以在 4D 模拟中提前预知，项目管理员根据出现的问题一一修改，可以事先制定好相

图 2-6

应措施，保证最优化进度计划和施工方案，以此来指导具体项目施工，确保顺利完成施工任务。同时进度计划通过实体模型的对应表示，可有利于发现施工差距，及时采取措施进行纠偏调整，即使遇到设计变更、施工图更改，也可以很快速的联动修改进度计划。另外，为不断地改进项目计划，应积累计划执行过程中的工作经验，各施工班组长按照工作计划要求做好及时汇报，无论工作任务是不是按照计划要求完成的，都应该总结并上报执行计划中所遇到的问题和挫折。即便任务在规定的工期内完成，也会有检验不过关的情况，与之相关部分的处理仍然需要重新安排施工计划。

计划执行中，可利用 4D 功能动态跟踪施工过程，便于与实际情况比对，促进相关方交流，及时解决施工中存在的问题。当项目在施工一段时间后出现目标进度和实际进度之间有较大的偏差时，需要重新计算和调整目标计划（图 2-7）。

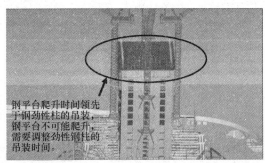

图 2-7

7. 工序模拟，在一些结构形式相对复杂的建筑施工过程中，对结构形式、构造做法、特殊工艺等的把握要求较高，光看蓝图有时难免会出现理解错误、少看、漏看的现象，对工人的技术交底也不能够直观化、可视化，在掌握了基本做法后还需要想象拟建物的具体形状，BIM 模型恰好可以解决这一问题，可以把某一复杂结构部位做成具体模型，施工人员可以很直观地看到这一部位的最终效果和做法，用虚拟的真实效果图进行交底，最大程度的降低技术失误，提高工作效率。

由于 BIM 技术是真实的拟建建筑物的模型，可以很直观的分析出哪些部位是安全施工控制重点，并采取何种安全措施，在进行安全交底时，针对模型中的安全控制要点可以形象、直观的进行重点说明。

8. 校核现场施工进度

在开工前，已经完成了施工进度模型的制作，进度模拟中科学地反映了各工序之间、建筑物之间、设备之间的各种关系并很好地体现了建筑物的形象进度，在施工阶段，以施工进度计划为中心，做好以下两方面的工作。

（1）以进度计划体现的各工序作为指导，工序开始前将所需的材料、人员等资源准备充足，保证工序的正常开始，在施工过程中要及时地校核工序所消耗的时间与进度模型中工序耗时的偏差，及时发现造成偏差的原因，采取措施及时解决，保证工序的按时完成，由于进度模型中可以模拟建筑物的形象进度，施工一段时间就应将实际的形象进度与模型中相应时间点上的形象进度进行对比，观察偏差情况，以保证工期按时完成。

（2）要根据实际进度情况对模型模拟情况的合理性进行效验，如果有因为工序顺序不合理、持续时间不合理或是计划时考虑不周而出现了实际与计划有较大偏差的情况，应该对模型的计划进度及时进行调整，真正起到指导施工的作用。

9. 文明施工管理

BIM 数据平台不仅可以反映出拟建建筑物的各种信息，还可以对现场安全及文明施工起到有效地指导作用。施工阶段是一个动态的过程，各种安全措施也可能随着工程的进展而不断地变化，根据模型中事先设计好的安全措施，不断地对现场的安全情况进行检查和对比，保证施工安全。在开工前的平面布置中，通过 BIM 模型将道路、临建、设备、工具棚、线路等均进行了统一的布置，不论在尺寸、颜色、标识等方面都进行了详细的说明，对于企业形象宣传、工器具标准化、安全措施合理化等文明施工要求都起到了很好的指导作用，施工中只要按照模型中的要求布置，文明施工的目标实现就更容易一些。

10. 辅助现场协调管理

随着工程的不断推进，有可能会出现相互制约、施工不流畅、效率降低的情况，BIM 通过数据平台可以合理地规划各专业材料进场时间、堆放位置、运料路径，平衡各方资源，使施工的各个阶段整洁、有序。

11. BIM 技术在施工阶段的应用现状

实际操作中，在施工阶段 BIM 技术的应用技术路线正发生着重要的变革。应用技术路线的选择是指确定具体使用哪些 BIM 软件来整合完成企业各岗位的工程工作。

施工专业选择 BIM 软件难度大：因为首先公众繁多，需要的软件类别也多；再者，不如设计领域的技术成熟。选择这个技术路线时，应从技术和商务两种角度出发，技术包含土建，安装等部门，商务包含成本，人力等部门。两类部门各成一套体系，分别从不同角度出发选用不同软件进行适应自身需要的模型建设。之所以产生这样的情况是因为设计，施工，造价的 BIM 各自的规范不同对模型要求也不一致。

可以说，BIM 技术路线的改革应该是将各阶段各部门有机结合，为了更有效地建立基础，在 BIM 设计阶段考虑下游施工 BIM 和成本 BIM 的后期延伸，将真正有效实效项目全生命周期一体化 BIM 的应用。

12. BIM 技术在施工阶段的应用障碍分析及解决对策

BIM 技术自引入我国建筑业以来，结合我国实际情况遭遇了诸多的应用障碍，具体分析如下：

（1）BIM 将成为施工企业下一代主流技术，但应用的大环境还不够成熟。我国现有的建筑行业体制不统一，缺乏较完善的 BIM 应用标准，加之业界对于 BIM 的法律责任界限不明，导致建筑行业推广 BIM 应用大环境不够成熟。

（2）项目全寿命周期统筹管理不足，使 BIM 技术的价值发挥不足。我国建筑业内对

BIM 技术的应用明显的分段现象，各阶段各参与方自成一派建立 BIM 模型，形成了大量的重复工作的浪费以及模型的不统一性使得全寿命统一管理失去可能。

（3）以设计方为主不足以实现 BIM 的全面应用。施工单位对 BIM 技术的使用往往流于表面，为了在投标过程中充门面而在中标后并不会实际运用 BIM 技术对施工过程进行管控。也有的情况是：施工单位缺乏 BIM 技术专业人才，对相关模型的建立和运用 BIM 进行动态控制的实施心有余而力不足，实际操作下来效果与期望值相差甚远。针对上述应用障碍，结合我国国情和行业发展现状提出下列建议：

① 针对我国现有的建筑行业体制不统一，缺乏较完善的建筑行业体制。

BIM 应用标准的情况：政府和行业应整体推进推广 BIM 应用工作。BIM 是工程项目管理信息化的重要发展方向，实现信息集成与共享，政府应积极提倡并参与制定 BIM 应用标准，积极完善并统一建筑业行业体制。

② 针对项目全寿命周期统筹管理不足，使 BIM 技术的价值发挥不足的现象：加强项目全过程各参与方之间的协同工作，推动 BIM 应用技术路线的一致性改革，减少重复工作，实现全寿命周期的统一的 BIM 模型应用，进而实现 BIM 技术的价值的充分发挥。

③ 针对建筑业产业链各参与方对 BIM 积极性不同的现象，应由政府和行业协会等部门加强 BIM 技术的应用推广，效仿西方国家确立相关法律法规或者管理条例，实现科学合理的 BIM 应用体系建设，进而真正实现建筑业 BIM 应用的最大效益。

2.3.4 BIM 在运维管理中的应用

商业地产项目在后期运维管理阶段可分为多项系统工作，主要涉及设施维护管理、物业租赁管理、设备应急管理以及运营评估等。

设备的运行监控：该系统可以实现对建筑物设备的搜索、定位、信息查询等功能。在运维 BIM 模型中，通过对设备信息集成的前提下，运用计算机对 BIM 模型中的设备进行操作可以快速查询设备的所有信息，如生产厂商、使用寿命期限、联系方式、运行维护情况以及设备所在位置等。通过对设备运行周期的预警管理，可以有效地防止事故的发生，利用终端设备和二维码、RFID 技术迅速的对发生故障的设备进行检修。

能源运行管理：对于商业地产项目有效地进行能源的运行管理是业主在运营管理中提高收益的一个主要方面。基于该系统通过 BIM 模型可以更方便地对租户的能源使用情况进行监控与管理，赋予每个能源使用记录表以传感功能，在管理系统中及时做好信息的收集处理，通过能源管理系统对能源消耗情况自动进行统计分析，并且可以对异常使用情况进行警告。

建筑空间管理：大型商业地产对空间的有效利用和租售是业主实现经济效益的有效手段，也是充分实现商业地产经济价值的表现。基于本系统业主通过三维可视化直观的查询定位到每个租户的空间位置以及租户的信息，如租户名称、建筑面积、租约区间、租金情况、物业管理情况；还可以实现租户的各种信息的提醒功能。同时根据租户信息的变化，实现对数据的及时地调整和更新。

运维管理的定义：运维管理是在传统的房屋管理基础上演变而来的新兴行业。近年来，随着我国国民经济和城市化建设的快速发展，特别是随着人们生活和工作环境水平的不断提高，建筑实体功能多样化的不断发展，使得运维管理成为一门科学，其内涵已经超出了传统定性描述和评价的范畴，发展成为整合人员、设施以及技术等关键资源的管理系统工程。

关于建筑运维管理，国内目前没有完整的定义，只有针对 IT 行业的定义"帮助企业建立快速响应并适应企业的业务环境及业务发展的 IT 运维模式，实现基于 ITIL 的流程框架、运维自动化"。很明显，这一定义并不适合于建筑行业，那么建筑运维管理到底是什么，本文认为，运维管理是整合人员、设施和技术，对人员工作、生活空间进行规划、整合和维护管理，满足人员在工作中的基本需求，支持公司的基本活动过程，增加投资收益。

1. 运维管理的意义

美国国家标准与技术协会（NIST）于 2004 年进行了一次研究，目的是预估美国重要设施行业（如商业建筑、公共设施建筑和工业设施）中的效率损失。

该研究报告显示，业主和运营商在运维管理方面耗费的成本几乎占总成本的 2/3。上述统计数字反映了设施管理人员的日常工作：使用修正笔手动更新住房报告；通过计算天花板的数量，计算收费空间的面积；通过查找大量建筑文档，找到关于热水器的维护手册；搜索竣工平面图，但是毫无结果，最后才发现他们从一开始就没收到该平面图。不难看出，一幢建筑在其生命周期的费用消耗中，约 80% 的部分是发生在其使用阶段，其中主要的费用构成因素有：抵押贷款的利息支出、租金、重新使用的投入、保险、税金、能源消耗、服务费用、维修、建筑维护和清洁等等。在建筑物的平均使用年限达到 7 年以后，这些使用阶段发生的费用就会超过该建筑物最初的建筑安装的造价，然后，这些费用总额就以一种不均匀的抬高比例增长，在一幢建筑物的使用年限达到 50 年以后，建筑物的造价和使用阶段的总的维护费用两者之间的比例可以达到 1∶9。因此，职业化的运维管理将会给业主和运营商带来极大的经济效益。

2. 运维管理的范畴

运维管理的范畴主要包括以下五个方面：空间管理、资产管理、维护管理、公共安全管理、能耗管理。传统运维管理模式目前通用的运维管理系统有类似于计算机维修管理系统（CMMS）、计算机辅助设施管理（CAFM）、电子文档管理系统（EDMS）、能源管理系统（EMS）以及楼宇自动化系统（BAS）等。尽管这些设施管理系统独立地支撑设施管理系统，但是各个系统信息相互独立，无法达到资源共享和业务协同。另外，在建筑物交付使用后，各个独立子系统的信息数据采集需要耗费大量的时间和人力资源。

3. 数据集成与共享

建筑信息模型（BIM）集成了从设计、建设施工、运维直至使用周期终结的全寿命周期内各种相关信息，包含勘察设计信息、规划条件信息、招投标和采购信息、建筑物几何信息、结构尺寸和受力信息、管道布置信息、建筑材料与构造等信息，将规划、设计、施工、运维等各阶段包含项目信息、模型信息和构件参数信息的数据，全部集中于 BIM 数据库中，为 CMMS、CAFM、EDMS、EMS 以及 BAS 等常用运维管理系统提供信息数据，使得信息相互独立的各个系统达到资源共享和业务协同。

4. 运维管理可视化

在调试、预防和故障检修时，运维管理人员经常需要定位建筑构件（包括设备、材料和装饰等）在空间中的位置，并同时查询到其检修所需要的相关信息。一般来说，现场运维管理人员依赖纸质蓝图或者其实践经验、直觉和辨别力来确定空调系统、电力、煤气以及水管等建筑设备的位置。这些设备一般在天篷之上、墙壁里面或者地板下面等看不到的位置。从维修工程师和设备管理者的角度来看，设备的定位工作是重复的、耗费时间和劳动力的、低效的任务。在紧急情况下或外包运维管理公司接手运维管理时或者在没有运维人员在场并替换或删除设备时，定位工作变得尤其重要。运用竣工三维 BIM 模型则可以确定机电、暖通、给排水和强弱电等建筑设施设备在建筑物中的位置，使得运维现场定位管理成为可能，同时能够传送或显示运维管理的相关内容。

5. 应急管理决策与模拟

应急管理所需要的数据都是具有空间性质的，它存储于 BIM 中，并且可从其中搜索到。通过 BIM 提供实时的数据访问，在没有获取足够信息的情况下，同样可以做出应急响应的决策。建筑信息模型可以协助应急响应人员定位和识别潜在的突发事件，并且通过图形界面准确确定其危险发生的位置。此外，BIM 中的空间信息也可以用于识别疏散线路和环境危险之间的隐藏关系，从而降低应急决策制定的不确定性。根据 BIM 在运维管理中的应用，BIM 可以在应急人员到达之前，向其提供详细的信息。在应急响应方面，BIM 不仅可以用来培养紧急情况下运维管理人员的应急响应能力，也可以作为一个模拟工具，来评估突发事件导致的损失，并且对响应计划进行讨论和测试。

6. BIM 在运维管理中的关键技术

BIM 在运维管理中的应用，首先制定 BIM 应用达到的目标，在确定目标之后，参考国家相关标准、行业标准以及国外成熟应用经验，确定应用内容，在此基础上，编制数据标准，然后对数据按建筑项目全生命周期阶段进行划分，得出每个阶段需要采集的数据以及对象。其中，BIM 在运维管理中的数据标准是关键，国内相关结构联盟（如中国 BIM 发展联盟）开始着手相关研究。在此之前，可以参考 IFC、COBIE 等国外标准。IFC 标准是由国际协作联盟（IAI）专为建筑行业制订的建筑产品数据描述标准，COBIE 是美国国家 BIM 标准（NBIMS）的一部分，其用途是改善设计和施工阶段信息的收集能力并将信息提供给运营、维护和资产管理阶段。上述两个标准对运维管理 BIM 数据标准具有极大的参考价值。

2.4 江苏省 BIM 应用推广概况

信息化是建筑产业现代化的主要特征之一，BIM 应用作为建筑业信息化的重要组成部分，必将极大地促进建筑领域生产方式的变革。目前，BIM 在建筑领域的推广应用还存在着政策法规和标准不完善、发展不平衡、本土应用软件不成熟、技术人才不足等问题。针对以上问题，2015 年 6 月住建部印发了《关于推进建筑信息模型应用指导意见的通知》，该通知规定，到 2020 年末，建筑行业甲级勘察、设计单位以及特级、一级房屋建筑工程施工企业应掌握并实现 BIM 与企业管理系统和其他信息技术的一体化集成应用，并提出了具体要求；到 2020 年末，以国有资金投资为主的大中型建筑；申报绿色建筑的公共建筑和绿色生态示范小区等新立项项目勘察设计、施工、运营维护中，集成应用 BIM 的项目比率达到 90%。

2016 年 8 月 11 日，江苏省政府发布了《关于进一步加强城市规划建设管理工作的实施意见》。意见中提出：在绿色建筑、智慧城市、海绵城市、综合管廊、BIM 技术应用等新兴领域，培育一大批综合实力较强的设计企业，将江苏打造成为全国建筑设计产业高地。发展新型建造方式，积极推进以"标准化设计、工厂化生产、装配化施工、成品化装修、信息化管理"为特征的建筑产业现代化，到 2025 年全省装配式建筑占新建建筑的比例超过 50%，新建成品住房比例达到 50%以上。江苏省作为建筑业大省，在大力提升城市规划建设管理水平，促进经济社会发展、城乡布局调整的同时，对于城市建筑质量水平和城市综合管理水平上，都提出更高的要求，BIM 技术作为发展推进的重要技术，此次发文对江苏省建筑行业的发展具有重要意义。

2016 年 9 月，江苏省住房和城乡建设厅颁布了江苏省工程建设标准《民用建筑信息模型设计应用标准》，用于指导 BIM 在民用建筑设计当中的应用。

练 习 题

1. 什么是 BIM?
2. BIM 应用的范围有哪些?
3. 在建筑施工中，应用方向有哪些?
4. 我国 BIM 应用存在哪些问题?
5. BIM 的技术优势是什么?
6. BIM 在进度管理中如何应用?
7. BIM 在成本管理中如何应用?
8. BIM 在安全管理中如何应用?
9. BIM 在建筑设计阶段的价值主要体现在哪几个方面?
10. BIM 在施工阶段的应用体现在哪几个方面?

第3章 绿 色 建 筑

3.1 绿色建筑概论

3.1.1 绿色建筑概念

20世纪60年代以后，大部分建筑设计者在建筑发展方向上都有了更深一步的思索，对于建筑发展的方向也在进行寻找。在这样的历史背景下，产生绿色的生态建筑是历史发展中的一个必然的条件。就是在同样的时代背景下，意大利的建筑师保罗把建筑学与生态学进行了有效的结合，形成了生态建筑学。也就是通过生态方面来对建筑有了新的认识，把生态学的理论应用到建筑设计的过程中，以此才能达到与自然的和谐感。具体包括气候、水流、地势以及空气等，使这些条件都能与人类居住的条件相符合，同时，还能把每一种不利的环境因素降下来。做到不破坏环境，并且还能时行重复的使用，这样才能保证生态体系的健全以及顺利的运行。生态建筑一定要把节能的特点突出出来，并且，还要对每一种绿色的能源的使用进行充分的考虑，再就是对可再生利用的材料进行重复的使用，在环境保护方面要不断的加强，向着可以持续性的发展的方向进行。

绿色建筑中的绿色指的不是一般的立体绿化，它是一种概念的代表或象征，建筑不会影响到环境，并且能把自然资源充分地利用起来，在不影响环境的前提下建筑的一种建筑，也叫做可持续发展建筑、回归大自然建筑、生态建筑以及节能环保建筑等。绿色建筑评价体系的指标一共有6种。绿色建筑的室内具有非常合理的布局，这样可以减少使用合成的材料，能对阳光进行充分的利用，有效地节省能源，给居住者带来接近自然的感觉。把人、自然环境以及建筑作为发展的目标，对天然条件以及人工手段进行充分的利用，不但可以有效控制对自然环境的破坏，而且可以把向大自然的回报充分体现出来。为了把科学发展的观念落实下去，对城乡建设的模式以及建筑业发展的方式加以转变，把资源利用的效率提高起来，实现节能减排的效果，节约建设资源，把生态文明水平提高一个档次，使人们的生活质量得到改善。

绿色建筑又称节能建筑或生态建筑，其基本目标是在建造和使用过程中，使建筑物自然资源的损耗（材料和能源）和环境污染降到最低，形成一个健康、舒适、无害的空间，使建筑的质量、功能和性能与目的相统一，使环保性能、费用和经济性能相平衡，拆除时能够做到与自然界相融合。也就是说，绿色建筑最终目标是要实现建筑业可持续发展。

推行绿色建筑理念是可持续发展理论的具体体现，发展绿色建筑是建筑业由高能耗、高污染型发展模式转向高效生态型发展模式的必由之路，也是当今世界建筑业发展的必然趋势。绿色建筑也是中国建筑业发展的长期目标，为更好地引导绿色建筑的发展，实现建筑产业的可持续发展，中国应在借鉴成功经验的基础上，开发建设适合自己国情的"绿色建筑"，达到可持续发展的理想模式。

可持续发展是全人类共同的理想，生活在地球上的每一个人、每一个经济部门都有责任为维护人类的生存环境而奋斗。绿色建筑体系正是国际建筑界为了实现人类可持续发展战略所采取的重大举措，是建筑师们对国际潮流的积极回应。建筑业的根本任务就是要改造自然环境，为人类建造能满足物质生活和精神生活需要的人工环境。但传统的建筑活动在为人们提供生产和生活用房之外，却像其他行业一样过度消耗自然资源，建筑垃圾、建筑灰尘、城市废热等造成了严重的环境污染。正是由于人们认识到传统城市发展模式、传统建筑体系是不可持续的体系，是污染环境、造成生活质量下降的体系，因此，在绿色文化的影响下，思想敏锐的建筑师改弦更张，开始探索建筑发展的"绿色"道路。绿色建筑与绿色文化、可持续发展理论是一种互动关系，绿色文化、可持续发展理论推动了绿色建筑体系的创造；而绿色建筑又丰富了绿色文化的内容，为人类实现可持续发展将做出重要的贡献。目前，作为发展中国家，我国正处于经济快速增长时期，建筑业发展尤为迅猛，但其所带来的资源、环境、生态问题日益凸显，严重制约了我国经济的可持续发展。作为国民经济支柱产业的建筑业，在生态环境日益恶化的趋势尚未得到有效控制的情况下，实现其可持续发展是非常必要的。只有我们大力践行绿色建筑理念，切实全面实现建筑业的"绿色革命"，将建筑业的高能耗、高污染模式转到绿色发展的道路上，才能真正实现建筑业的可持续发展，达到人与自然的和谐，进而推进我国的社会与经济发展进程。

3.1.2 绿色建筑的发展

21世纪给我们带来了时代性的转变，从此走向上信息时代。在建筑业有权威性的人员曾经说过，在21世纪高消费的目标就是向大自然的回归，绿色建筑在我们国家的发展过程中，越来越受到人们的认可与关注，但是，在这片绿色的浪潮当中，我们也必须要时刻保持清醒，这也是我们国家目前所面临的困难，需要进一步寻找与国情相符合的发展方向。

首先，绿色的建筑设计要与国情相符合。我们国家的经济发展经历了农业经济与工业经济，然后进行知识经济，在实现了工业经济的发展目标以后，就出现了更高的目标，就是现代化的发展方向。这也是我们所面临的一具非常具有挑战性的问题，并且，具有一定的特性，而且，也决定了不能对发达国家的经验进行照搬，更不是对绿色技术与产品的简单的引用，也不能等到国家的经济到了发达的阶段再对绿色与节能进行考虑，而是在现代化的发展过程中融入信息化以及生态化的水平，在城市化的进程中推进绿色建筑。

其次，确定在发展中的核心。我们国家的绿色建筑在实际发展中的核心就是低耗，就是要先把正确的建设观念树立起来，把浪费降低到最低，还要高度重视投资分配的合理性。把在装饰方面的投资转到对品质性能的提高上来，进而减少总造价的增加，或者在不增加的条件下达到绿色概念。除此之外，在建筑全寿命周期的跨度中降低耗损。

最后，通过科技的方法使设计更加精细化。建筑师的核心责任就是走可持续的发展道路。在进行建设的发展过程中，建设设计是其中非常重要的环节，尤其是在目前的国情之下，建筑设计在绿色建筑的发展过程中起着不可替代的作用。再就是在设计措施上要合理。把现代化的科技成果充分运用到建筑的创作中去，在实现绿色建筑的目标就要通过建筑语言以及本体的设备与材料才能实现，这也是一个不小的挑战。目前，我们国家的城市化发展非常迅速，怎样才能在城市化发展的进程中把我国的国情与走持续发展道路结合起来，并能使绿色建筑得到大力的推进，是时代摆在我们面前的一个难题。

目前已有的建筑模式与传统的设计方法、传统的设计理论都面临着这个挑战。本土化、低消耗、精细化的设计是目前我们国家发展绿色建筑的一个方向。它的内涵也会伴随着越来越多的实践活动而不断增加，变得更加的充实，与此同时，随着经济的不断发展，可以探索的途径也会变得越来越丰富。

绿色建筑是将可持续发展理念引入建筑领域的结果。绿色建筑是指：在建筑的全寿命周期内，最大限度地节约资源（节能、节地、节水、节材）、保护环境和减少污染，为人们提供健康、适用和高效的使用空间，与自然和谐共生的建筑。简单地说，绿色建筑评价体系就是为了衡量建筑"绿色度"的一种标准。而绿色建筑评价体系是应用在绿色建筑整体寿命周期内的一套明确的评价及认证系统，它通过确立一系列的指标体系来衡量建筑在整个阶段达到的"绿色"程度。绿色建筑是一个高度复杂的系统工程。绿色建筑评价是针对这一复杂系统的决策思维、规划设计、实施建设、管理使用等全过程的系统化、模型化、数量化，是一种定性问题的定量分析、定性与定量相结合的决策方法。

近十多年来，围绕推广和规范绿色建筑，许多国家相继推出了各自不同的绿色建筑标准和评估体系。例如，美国绿色建筑协会制定的 LEED《绿色建筑评估体系》、英国建筑研究中心制定的 BREEAM《生态建筑环境评估》、多个国家在加拿大商定的《绿色建筑挑战 2000》、日本环保省的 CASBEE《建筑环境效益综合评估》、德国的《生态建筑导则》NLB、澳大利亚的《建筑环境评价体系》NABERS、荷兰的 CQOuantum、挪威的 Eeo-Profile、法国的 ESCALE 等。这些评估体系的制定及推广应用对各个国家在城市建设中倡导"绿色"概念，引导建造者注重绿色和可持续发展起到了重要的作用。我国于 2001 年 9 月，由建设部科技司组织，建设部发展促进中心、中国建筑科学研究院、清华大学等单位参与编写了《中国生态住宅技术评估手册》（第一版），并作为国家标准推广，随后又分别于 2002 年和 2003 年发布了《中国生态住宅技术评估手册》（2002 版）和《中国生态住宅技术评估手册》（2003 版）。2005 年，国家环保总局环境发展中心与全国工商联住宅产业商会等组织成立了"中国环境标志生态住宅示范项目"认证专家组，制订了《生态住宅（住区）环境标志产品认证标准》（简称《住宅标准》）。2007 年 11 月该标准已启动实施。2006 年 6 月 1 日，我国颁布了由中国建筑科学研究院、上海市建筑科学研究院会同中国城市规划设计研究院、清华大学等单位共同编制的《绿色建筑评价标准》GB/T 50378—2006（简称《建筑评价标准》）。该标准主要用于评价住宅建筑和办公建筑、商场、宾馆等公共建筑。

由于绿色建筑在节能上的巨大优势，很多国家已开始对其进行大力推广，并取得经济发展和能耗持续下降的突出成就。在西方发达国家，绿色建筑已经有几十年的成功发展史。英国对绿色建筑的研究和工程实践一直都处于世界的前列，并已在可持续建筑领域取得了较大的进展。德国的绿色生态建筑发展也十分迅速，其研发的新型节能材料及技术近来在国外专业媒体和博览会上频频露面，引起了广泛关注。美国的绿色建筑起步早且发展快，美国绿色建筑协会颁布的绿色建筑行业标准成为世界上绿色建筑评定的标尺。加拿大的"绿色建筑挑战"（Green Building Challenge）行动，采用新技术、新材料、新工艺，实行综合优化设计，使建筑在满足使用需要的基础上所消耗的资源、能源最少。绿色建筑在法国、瑞典、日本也取得了很大的进展。相对于西方发达国家，我国绿色建筑起步较晚，但我国对发展绿色建筑非常重视。绿色建筑在我国的发展将迎来春天，《十二五绿色建筑和绿色生态城区发展规划》要求："'十二五'期间要完成绿色建筑 10 亿 m^2，到 2015 年要有 20% 城市新建建筑达到绿色建筑标准。选择 100 个城市新建区域（规划新区、经济技术开发区、高新技术产业开发区、生态工业示范园区等）按照绿色生态城区标准规划、建设和运行。"

建筑从最初的规划设计，到随后的施工、运行及最终的拆除、报废，形成了一个完整的寿命周期。除规划、设计阶段外，在建筑的施工、运行、最终拆除的各阶段均存在资源、能源的输入及各种废水、废气、废弃物等废物的排放问题。从寿命周期的角度看，绿色建筑的基本原理和目的为：

1. 建筑在寿命周期内自然资源和能源的消耗最小化；
2. 减少建筑寿命周期内污染排放；
3. 保护生态（自然）环境；
4. 形成一个健康、舒适和无害的室内空间；
5. 建筑的质量、功能、性能与环保性统一。

所谓"绿色建筑"应指规划、设计时充分考虑并利用了环境因素，施工过程中对环境的影响最少，运行阶段能为人们提供健康、舒适、低耗、无害空间，拆除后又对环境危害降到最少的建筑。因此，"绿色建筑"可以理解为在建筑寿命周期内，通过降低资源和能源的消耗，减少各种废物的产生，实现与自然共生的建筑。

3.2 绿色建筑技术集成

BIM 是一种技术理念，倡导共享知识资源分享建筑各方面信息，为建筑从概念到拆除的全生命周期中的所有决策提供可靠依据的过程。绿色建筑和 BIM 均注重建筑的全寿命周期，一个强调寿命周期的建筑各项性能，另一个尽力为建筑性能优劣的判断提供可靠数据信息支持，二者不谋而合。可以认为，绿色建筑为 BIM 提供了宽阔的展示舞台，而 BIM 则为绿色建筑的实现提供强大的技术支撑。当前，可以从以下几方面来探索 BIM 对绿色建筑的技术支持。

室外环境主要包括风环境、日照、热环境、声环境，这四方面的内容对建筑的性能有着非常重要的影响，《绿色建筑评价标准》GB/T 50378—2014 对这四方面的内容均作了相应的要求。高层建筑和超高层建筑的出现使得再生风和环境、二次风环境问题逐渐凸显出来，不仅如此，室内空气质量的好坏以及室内自然通风效果的优劣，也与室外风环境密切相关，因此改善室外风环境，降低其空气龄，合理控制室外风速、风压的意义十分重要。日照与人类生存有着密切的关系，特别是在严寒的冬季，人们希望获得更多的日照，《绿色建筑评价标准》GB/T 50378—2014 明确要求建筑总平面设计有利于冬季日照，《民用建筑绿色设计规范》JGJ/T 229—2010 更是明确要求使用日照模拟软件进行日照分析计算。随着生活水平的日益提高，人们对住宅小区品质的要求也越来越高，创造良好的热环境是提升住宅小区整体质量、提高人们生活舒适性的一个重要方面，而且小区热环境对空调系统的能耗也有着重要影响，这样营造良好的小区热环境也显得非常重要，《绿色建筑评价标准》GB/T 50378—2014 要求住区室外日平均热岛强度不高于 1.5℃。室外声环境是绿色建筑的评价重点之一,绿色建筑评价标准要求对场地周边的噪声进行检测,并对规划实施后的环境噪声进行预测。

节能与能源利用是绿色建筑评价标准的重要内容,将 BIM 技术所建立的建筑三维可视化模型导入能耗分析软件或者转为相应格式导入能耗分析软件,根据相关规范标准,结合项目所在地的气象数据,完成建筑能耗分析模型的完善工作、分析数据生成、建筑能耗分析结果数据的处理与直观可视化模拟,根据模拟计算结果调整优化围护结构方案以及相关参数的设置,实现对设计过程中节能标准的预期控制。利用 BIM 模型进行室外太阳辐射分析,分析太阳辐射强度及其分布,用于各太阳能设备的方案设计与优化,实现可再生能源的最大化合理 利用,同时还可以优化室外植被的配置比如合理确定喜阳植物、喜阴植物、中性植物的种植位置。此外还可进行室内自然 采光分析,充分利用自然采光,降低人工照明能耗。

根据 BIM 所建三维信息模型,结合各地的暴雨强度系数以及当地的暴雨强度计算公式,建立一个完整的数据库,作为雨水采集计算的重要依据,然后根据各种雨水采集方式中不同地貌和不同材质对确定径流系数的影响关系以及建筑,道路以及绿地等面积来计算集雨量,并进行适时调整优化设计方案。

全装修住宅技术作为绿色建筑技术体系的一个重要组成部分,通过以下的绿色建筑技术集成得到了很好的体现。

1. 房型建筑设计结合装修设计模数化、标准化

体形系数合理,单位面积利用率提高,符合节能和节地的绿色理念。住宅全装修在技术方面首先就是土建设计和装修设计一体化考虑,在房型建筑设计时装修设计就提前参与,结合装修排版的模数化要求,对主要功能空间进行标准化设计。

厨房装修设计采用橱柜整体设计理念,对水槽、灶具、脱排、消毒柜等嵌入式设备和橱柜台面、上柜以及下柜之间的关系合理化考虑,对冰箱、微波炉、电饭煲等设备的位置提前合理预留空间,并对燃气管道、烟道、给水排水接口等位置进行明确,对所有设备设施的电源接口进行明确,使得房型建筑设计时所有专业设计都一次性考虑到位,基本上实现了厨房平面设计模数化和标准化。卫生间装修设计按照不同类型进行了研究和分析,对干湿分离卫生间、三件套卫生间、四件套卫生间等典型卫生间平面进行合理化设计,淋浴房的合理尺寸、马桶的空间尺度、台盆的合理长度、浴缸的定型化设计等等,根据不同的组合实现平面布置的最优化和空间利用最大化,基本上实现了卫生间平面设计模数化和标准化。客厅、餐厅和起居室等功能空间结合家具的布置对房间的开间和进深尺寸进行模数化和标准化研究,同时对开关插座等设备设施的接口位置一次性设计到位,在公寓类型的住宅产品方面基本上实现了房型建筑设计的模数化和标准化。

通过建筑设计与装修设计一体化考虑,实现房型建筑设计模数化和标准化,从设计技术层面最大程度解决了建筑平面的体形不规则和不合理问题,使得建筑体形系数尽量合理,减少住宅的耗能指标,达到节能目的;同时内部功能空间的合理优化设计,使得单位面积的利用率大大提高,间接地提高了单位面积的土地利用率,达到节地目的。

2. 老年公寓装修采用

CSI 技术体系,实现住宅全寿命周期的最大化,真正实现住宅建筑的可持续发展。

CSI住宅系统是国家重点推进的住宅产业化技术。CSI是ChinaSkelton-Infill的缩写，直观理解也即"中国的结构支撑体－填充体住宅体系"。这个体系有以下几个特点：

CSI住宅的结构体寿命可以达到百年以上，填充体与主体部分分离设计，具有一定的可更换、可维修性。CSI住宅采用整体式的厨房和卫生间，内隔墙采用轻钢龙骨石膏板，地面采用架空设计，所有管线均可从架空地面或吊顶内的架空层进行布置，从而解决了日后管线维修更换时不用破坏主体结构的问题。提高了住宅部品的集成度和工业化水平，改善住宅综合品质，增加住宅的科技含量，满足居民对功能舒适度和户型多样性的要求，有效延长了住宅寿命，极大地提升了住宅的可持续居住性，有效避免了住宅重复建设，减少了建筑垃圾的产生，减轻资源短缺的压力。推广省地节能环保住宅，为住宅产业的发展提供了平台，也是未来住宅的主要发展方向之一。我们在示范工程中的老年公寓项目内部装修全面引进这个产业化技术体系，为本系统技术的进一步推广奠定了良好的基础。

3. 采用成品板分隔墙技术，取消传统墙体砌筑和粉刷，符合节材的绿色理念，同时也符合绿色施工的绿色理念。传统建筑的建造方式主要分为主体结构和二次结构，其中墙体砌筑和粉刷就是二次结构的主要工作内容，通过采用工厂成品化生产的墙板来取代传统的墙体施工方式，大大节约墙体材料，同时通过高效的现场安装方式，对工程现场的用水用电等施工能耗降低都带来革命性的变化，最大化实现了绿色施工的理念。

4. 住宅装修设计采用楼层隔音和分户隔音设计技术，通过在楼面装修面层下面增加隔音垫，减少楼层上下的噪声干扰，符合环境保护的绿色理念。

5. 住宅装修设计采用管道隔音设计技术，通过采用超级静音管道作为排水管材，减少竖向排水管道对横向楼层的噪声干扰，符合环境保护的绿色理念。

6. 浮筑地板设计技术，避免固定传声，环境保护。

7. 装修设计整合考虑了空调采暖和制冷成套技术，采用高能效比的空调技术系统，对设备平台位置、管线走向、末端系统等结合装修设计一体化考虑，使得成套技术的采用通过全装修技术整合进来，确保住宅主动节能技术得到实现。

8. 装修设计整合考虑了新风成套技术，采用全热交换的新风系统，对设备平台位置、管线走向、末端系统等结合装修设计一体化考虑，使得成套技术的采用通过全装修技术整合进来，确保住宅主动节能技术得到实现，同时极大地改善了室内空气环境质量。

9. 装修设计整合考虑了地暖成套技术，采用循环热水地板采暖系统，对设备平台位置、管线走向、末端系统等结合装修设计一体化考虑，使得成套技术的采用通过全装修技术整合进来，确保住宅主动节能技术得到实现，同时实现住宅的舒适性要求，实现了环境保护的绿色理念。

10. 厨房采用橱柜整体设计技术，一方面解决了建筑设计的模数化和标准化，同时通过整体橱柜的工厂化生产，实现了材料回收利用的绿色理念，通过现场的机械化和标准化安装，实现了绿色施工，节约施工用水用电以及环境保护。

11. 卫生间采用整体设计技术，一方面解决了建筑设计的模数化和标准化，同时通过台盆柜、淋浴房等主要部品的工厂化生产，实现了材料回收利用的绿色理念，通过现场的机械化和标准化安装，实现了绿色施工，节约施工用水用电以及环境保护。

3.3 绿色建筑施工管理

随着我国经济水平的提高，社会建设的步伐不断加快，建筑工程的施工建设项目也不断增多，而在建设过程中，建筑施工管理发挥着重要作用，如何科学有效地进行建筑施工管理是保证建筑工程质量的重要前提，也是提高建筑施工效益的重要因素。绿色建筑施工管理是一种新型的施工管理模式，它是在绿色节约的原则下，降低建设成本，避免资源的浪费以及对周边环境的破坏及污染，从而实现在建设过程中低成本、高效率与高质量的要求。本文将着重对如何促进绿色建筑施工管理理念的应用措施上进行探讨，促进建筑业的可持续发展。

1. 绿色施工管理理念

绿色施工管理理念指在绿色环保理念指导下，借助绿色环保技术和管理方法实现节约能源、保护环境的目的的管理思想。绿色施工管理理念是节能、环保理念在施工领域的体现，也是施工管理贯彻、执行可持续政策的表现。绿色施工管理理念倡导在安全生产、保证工程质量的前提下，以绿色管理方法、措施为基础，最大限度地减少资源浪费和环境污染，以降低能耗、实现能源的可循环利用推动社会经济发展。绿色施工管理的意义在于，在市场竞争日趋激烈的今天，创新是行业快速、健康发展的必由之路。对于建筑行业来说，同样如此。绿色施工就是建筑施工管理的一个创新突破点，在绿色环保理念已经成为社会共识的当下，绿色施工无疑符合了时代发展主题。再则，长期以来，在建筑施工管理中，许多企业都存在环保意识薄弱、污染浪费严重等问题。绿色施工管理能有效缓解施工浪费、污染等现象，也可以为客户提供更加绿色、环保、洁净的生活环境，这也必然会提高建筑产品的受欢迎度，继而增强企业的市场优势。因此，可以说，对于企业和客户而言，绿色施工管理创新都是极其必要而有利的。

（1）能源管理

节约能源是绿色建筑施工理念所体现的主旨之一，想要在施工过程中节约能源，首先就要在施工的工艺及技术上下功夫。在施工过程中，要选择能源消耗低，工艺成熟，绿色环保的建筑设施，相关的操作人员要深入了解该建筑设备的操作方式，来达到最节约、不浪费的目的，实现节约能源。

（2）材料管理

建筑材料在整个建筑工程的成本中占有了一半及以上的比重，因此，管理好建筑材料不仅能减少污染而且也能提高工程效率，还能提高建筑项目的经济效益。所以对于材料管理这一方面，首先要设立专门的工程材料的回收点，对建筑材料进行分类回收，除此之外，还要对建筑材料妥善地储存好，以备不时之需。要确定好施工的成本范围，仔细核算材料成本，减少对复杂材料的使用，在施工过程中尽量选用可再生成本的材料，避免材料的浪费。

（3）水资源管理

水是建筑工程中不能缺少的资源，合理安排施工过程中水资源的运用是减少资源浪费，保护环境的手段。在施工过程中，可以购进节水型的流水设备，同时应该定期对施工现场的水管进行检查。发现问题时，应及时处理，对其进行调整和维修，减少水资源的浪费。在施工现场，要建立污水集中池，对污水进行处理，处理后，将水运用到其他需要用水的地方。

2. 绿色施工管理创新路径

（1）树立创新施工理念，制定绿色管理方案制定施工管理方案，是施工管理的第一步，也是确保施工管理有序进行的根本和前提。在绿色施工管理中，施工管理单位要秉承绿色、环保、节能、加派理念，制定科学的施工管理方案，明确绿色施工管理目标，以确保施工管理的安全性、可操作性。具体来说，施工管理部门要以行业主管部门颁布的《建筑施工现场环境与卫生标准》，《绿色施工管理规程》为依据，编制绿色施工组织设计，明确绿色施工环境保护、能源消耗、资源利用与施工人员健康保护措施完善施工现场绿色施工管理制度和管理体系，确保绿色施工管理责任到人，职责分明。在此基础上，施工管理部门要根据工程实际，就绿色施工管理措施落实情况做好监督、检查和考核工作，并制定施工现场安全与健康应急预案，由专人负责绿色施工法律、法规、防护措施知识培训。以最大限度降低建筑施工队给周边居民带来的不利影响，提高建筑职工整体质量。

（2）加强建筑施工材料创新建筑施工材料是施工的物质基础，从建筑围护结构和采暖制冷系统来看，建筑行业属于高耗能行业。这也决定了建筑施工材料和材料管理在建筑施工中的重要地位。国家环保局统计数据显示，建筑耗能占我国碳排放总量近 1/3，为此，政府在有关文件中一再强调在建筑施工方面采购质量过硬、节能环保的材料的重要性。这也要求设计人员在建筑设计中，要将节能环保理念融入其中，加大节能环保、可循环利用材料的使用比例，避免因为有害气体排放、重复保温拆除给环境带来的不良影响。在绿色施工管理理念指导下，施工管理部门要尽量在力所能及的情况下购买那些整体质量、性能较好而又不含有害物质的环保材料。如在外墙板建筑保温方面，过去采用的大多是复合泡沫塑料保温材料，这种材料不仅隔热性能差，而且防火抗震效果不佳。如今，本着节能环保的目的，施工单位可以利用面层由高密度泡沫混凝土、芯层由低密度发泡水泥构成的，具有防火、抗震、环保功能的发泡水泥夹心复合自保温墙板，以降低能耗、提高建筑品质。同样，在墙面、幕墙、门窗、外围护材料选择和使用上，施工单位也要充分考虑建筑节能要求，做好节能监测，大力推广和使用新型节能材料，以实现建筑节能目标。

（3）加强建筑施工技术创新

技术创新是提高经济效益的重要手段，也是确保建筑企业在激烈的市场竞争中立于不败之地的法宝。我国建筑施工企业的技术创新活动主要围绕新技术、新材料、新设备和新工艺来进行的，建筑创新研发项目涵盖研发理想、实施、结题等方面的内容。在市场经济大背景下，建筑企业要以技术创新为导向，构建战略发展目标，成立专门的研发机构，由其负责具有发展潜力的技术创新项目研究工作，开发更多新的服务产品，以完善施工技术创新的应用模式，满足建筑施工要求。建筑设计和管理人员则要秉承发展创新理念，处理好建筑设计与施工方面的技术问题。如在外墙施工缝处理上，混凝土导墙施工很容易出现偏差，施工人员可以取消混凝土导墙，采用在外墙楼层部位安装铁板模板的创新施工方式来提高工程施工质量。在砌体管线预埋上，传统工艺方法是，在砌体砌筑结束后，根据安装点，在墙面走线走管进行切割开槽，埋好管线。然后用细石混凝土找补，并对找补部位挂丝网抹灰。由于在施工过程中选择的材料不同，砌体管线容易出现开裂、空鼓现象。为了避免这些问题，施工单位可先用小型切割机在墙面切割转槽，然后清理干净将线管敷设其中，再用碎石和砂浆将洞穴填平，这样不仅减少了施工流程，还节约了材料。

（4）选用新工艺提高工程效益

建筑施工是一个复杂的过程，在建筑施工过程中，常常要用到多种工艺和材料，也会产生各种废弃物，给环境带来污染。以可持续发展理念为基础，建筑施工单位在施工过程和施工管理中要充分考虑建筑与环境的关系，在采光、保温工艺中突出生态、节能和环保特性，以最大限度地节约资源，减少污染，促进社会与自然的和谐发展。这就要求建筑施工企业在施工管理中坚决贯彻执行党中央节能、节地、节水、节材和环保政策，优先使用国家制定的高效节能设施利用新技术、新工艺、新设备实现节能减排、提高经济效益的目的。如在外幕墙石材铝板组合选择和使用上，建筑企业可以选用由坚硬轻型板符合材料和石材薄片组成的超薄型石材蜂窝铝板，并结合适合建筑所在地条件的石材蜂窝铝板组合，通过实验论证拟定超薄型石材蜂窝版的施工工艺。在实验论证中，针对如何控制石材的整体平整度、避免再次施工等问题，建筑企业首先要认真研究各种组合元素在特定温度下的变形特征，确定石材最佳组合方案，严把测量放线、角钢连接件安装、立柱安装、铝塑板龙骨安装质量关，处理好不锈钢和石材粘结工艺，以解决石板受冷受热变形、脱胶等问题，提高工程效益。

3. 建筑施工管理的重要环节

（1）进度管理环节

在施工前，首先应该制定进度计划。工程承包商要根据现场的施工条件及所签订的合同中所规定的工期，严格编制出详细的进度计划。

在计划中，首先应该做好施工前所有的准备工作，选择适合的施工方法，组织流水作业，协调各工种在施工过程中的搭接及配合，安排好物资的提供及劳动力的供应，在规定的工期内，实现完工。在制定进度计划的过程中，要考虑多种因素对其的影响，如工程量的变化，自然条件的影响，工程设计的变更以及材料供应方面的变化等因素。进度计划制定完以后，要严格按照计划实施，承包商要与监理及业主之间保持密切的联系，并定期向监理及业主报告工作进度，对监理及业主所提出的意见、赶工要求作出及时的反应。在施工过程中，合理分配人力、物力、财力、确保工程进度。

（2）质量管理环节

在工程开工前，要根据实际情况编制施工组织设计，编制好质量保证措施。要严格按照施工程序施工，对于任何一道工程程序，必须在工程师的确认及签字下，才能继续进行下一道工序。在工程的施工过程中，除了对工程按照质量标准规定的检查内容进行严格的检查监督外，还要对工程的关键部分进行严格的复检。除此之外，要坚持三检制度，所谓的三检制度就是在每道施工工序完成后，首先应该由此道工序的作业团队对其作业进行自检，其次，应该由施工员项目经理组织相关的施工人员，质检员及其技术人员对其进行质检，运用三检制度，对验收过程中发生的问题进行修整，确保在施工过程中，每一项工作都能落实到位。

4. 绿色建筑施工管理理念的发展趋势

绿色建筑施工管理理念的环境效益与社会效益是众所周知的，有利于促进社会经济的持续发展。由于绿色建筑前期的投资成本要比传统的建筑成本高，因此受益率较低，对于追求利益的开发商来说，很难下定决心投资绿色建筑，这样的状况不利于绿色建筑的发展。但是实际上，绿色建筑所采取的生态节能技术能使得绿色建筑的运行费用及能源消耗费用及维修费用、报废拆除费用都低于传统建筑，因此证明，绿色建筑是有投资价值的。在建筑业上实施国家的可持续发展战略，除了要重视建设项目的投资方案外，还应加强对可持续技术的投资和应用，在施工过程中，如何把绿色建筑施工管理理念运用在建设过程中也十分重要。

5. 如何促进绿色建筑施工管理理念在施工过程中的措施

（1）选择能源消耗较低，工艺发展成熟且绿色环保建筑的机器设备，要设置相关的操作人员，让他们深度了解该项技术或者设备的使用方法及操作方式，从而达到不浪费及勤俭节约的目的。在设备的使用过程中，施工相关的部门要组织现管的技术定期对机械设备进行维修和保养，确保在建设过程中设备的正常运转，降低能源的消耗。在技术不断发展及条件允许的情况下，要逐步消耗那些能源消耗大的及严重影响环境卫生的设备，促进节约资源，保护环境。由于在施工过程中，下班及节假日会影响到施工，使施工暂停，因此施工的相关部门要设立相关的部门，组织专门的负责人，及时关闭设施设备的电源及电器。

（2）管理好建筑材料，不仅能有效地减少污染，还能提高工程效率，从而提高建筑项目的经济效益。因此，在施工场所，要设立专门的工程材料的回收站点，对建筑材料进行分类回收，储存好建筑材料，以备不时之需。确定建设过程中的成本范围，仔细核算材料成本，减少对一些包装复杂的材料的运用，选用可再生的材料，但同时应将成本控制在预算范围之内，避免浪费。

（3）水资源在施工过程中是至关重要的，可合理安排及利用水资源是绿色建筑施工理念的一大要点。防止施工过程中水的漏、滴、冒等各种现象，减少施工过程中的水资源的浪费现象。必要时，可以购进节水型的设备，减少水资源的浪费。安排专业人员，定期对施工现场的水管进行检修及处理。除此之外，还可以设置污水处理池及雨水集中池，对污水及雨水进行处理后，可以将水运用在其他的地方，杜绝浪费，坚持水资源的循环使用。在一般情况下，很多水资源都是人类自己破坏的，因此除了在设备上加强改进更新以外，施工现场的施工人员要提高思想水平，强化绿化意识，从而营造出各个阶层都节约用水，保护环境的良好氛围。

（4）施工现场往往会出现许多污染，除了水污染、噪声污染、固体废弃物污染等都会影响周围居民的生活质量及居住环境。因此在施工过程中，减少在休息时间施工的情形，尽量降低噪声污染的破坏及影响。

3.4 绿色建筑运营管理

我国正处于工业化、城镇化快速发展的关键阶段，坚持可持续发展，大力推动建筑节能，妥善应对气候变化，事关我国经济社会的发展全局和人民群众的根本利益，是国家经济社会发展的重大战略。绿色建筑体现了人与自然和谐共存，顺应时代发展的潮流和社会民生的需要，是建筑节能和建筑业可持续发展的迫切需要，不仅涉及人民的生活质量，而且也是关系国计民生的大事，落实这一战略措施将会不断引导我国城镇建设向科学、重节约、重效益、重质量、健康协调的方向发展。

我国绿色建筑目前已进入规模化发展时代，随着《绿色建筑评价标准》（GB/T 50378—2014）的正式实施，越来越多的房地产商、设计院及咨询行业加入进来，共同为绿色建筑的发展添砖加瓦。截止至 2015 年 1 月，全国已评出 2538 项绿色建筑标识项目，总建筑面积达到 2.92 亿 m^2，其中设计标识 2379 项，建筑面积为 2.72 亿 m^2；运行标识 159 项，建筑面积 0.2 亿 m^2。然而，在这些参与评价的项目中，发现有不少项目在设计阶段获得了高星级评价，而到运营阶段，由于缺乏有效的运营能力和真实的运行数据，往往达不到预期的绿色目标。这就需要我们思考：投入大量的精力和资金建造的绿色建筑，为什么达不到预期目标？如何让绿色建筑做到名副其实？

世上的人工设施和组织机构都需要通过精心的规划与执行，去谋求实现当初立意的目标——功能、经济收益、非经济的效果和收益。这就是"运营管理"。大到一个国家、一座城市、一个行业，小到一幢建筑、一个企业乃至一个家庭，运营管理都是不可缺失的。人工设施和组织机构大多都是长期存在的，因此运营管理必然在其生命期相伴而行。运营管理是一项长期的工作与活动，不仅需要持续的人力与资金的投入，还需要有周详的策划与有力的执行。如果运营管理存在缺陷，那么人工设施和组织机构的建设目标是不可能实现的。遗憾的是，我们十分注重建设宏伟的人工设施，热心于构建各类举世闻名的组织机构，但是并没有同时关注运营管理。中国大地上耸立了众多的政绩工程，有相当数量处于"烂尾"状态，细细分辨其中不乏立意为民、设置科学的项目，但是由于在建成后的运行机制中缺乏有效的运营管理，使得项目不仅不能取得预期的效益，甚至因无法延续使用而被废弃，导致大量的财力和人力付之东流。自从绿色建筑的理念进入中国，因其符合可持续发展的国策，而得到快速的发展。绿色建筑的技术和产品层出不穷，绿色建筑的工程项目蓬勃兴起，相关的标准及政策不断地推出。按绿色建筑的理念推进建设，采用绿色技术实施建设，取得绿色建筑的标识认证，已经成为中国建设业的主流。然而，在笔者参与绿色建筑标识认证的工作中，发现有不少项目在设计阶段获得了高星级评价，到了运营阶段评价时，由于缺乏有效的运营能力和真实的运行数据，往往达不到预期的绿色目标。这就需要我们思考：投入了大量的精力和资金建造出的绿色建筑，为什么达不到预期的目标？2013 年 1 月 1 日国务院办公厅（国办发 1 号文）转发发展改革委与住房城乡建设部的《绿色建筑行动方案》中强调"树立全寿命期理念"和"建设运营"，这两条关键词语切中了目前绿色建筑的工作缺陷，需要业内人士给予高度的重视。我们的建设是为了发展，如何使得建设成果得到可持续发展，需要有科学发展的思路。

1. 运营管理的概念

运营管理（Operations Management）是确保能够成功地向用户提供和传递产品与服务的一门科学。有效的运营管理必须准确把握人、流程、技术和资金，将这些要素整合在运营系统中创造价值。任何人工设施和组织机构都有利益相关方，如服务对象（市民、顾客、游客、住户等）、从业人员、投资者和社会，而运营管理要提供高质量的产品和服务，要激发从业人员的积极性，要为获得适当的投资回报并保护环境去有效运营。这是管理人员向各利益相关方创造价值的唯一方式。运营管理是一个投入、转换、产出的过程，也是一个价值增值的过程。运营必须考虑对运营活动进行计划、组织和控制。运营系统是上述变换过程得以实现的手段，运营管理要控制的目标是质量、成本、时间和适应性，这些目标的达成是人工设施和组织机构竞争力的根本。现代运营管理日益重视运营战略，广泛应用先进的运营方式（如网络营销、柔性运营等）和信息技术，注重环境问题（如绿色制造、低碳运营、生态物流等），坚持道德标准和社会责任。这些都是人工设施和组织机构在日常活动中应当遵循的基本规律。绿色建筑的运营管理同样也是一个投入、转换、产出的过程，并实现价值增值。通过运营管理来控制建筑物的服务质量、运行成本和生态目标。

绿色运营是指企业适应社会经济可持续发展的要求，把节约资源、保护和改善生态与环境、有益于消费者和公众身心健康的理念，贯穿于经营管理的全过程和各个方面，以实现可持续增长，达到经济效益、社会效益和环保效益的有机统一。

世界上的人工设施需要通过精心的规划与执行，去谋求实现当初立意的目标与功能、经济收益、非经济的效果和收益，这就是运营管理。运营管理是确保能成功地向用户提供和传递产品与服务的科学。绿色建筑有一个投入、转换、产出的过程，来实现价值增值。

绿色建筑理念因符合中国可持续发展的国策而得到快速发展。绿色技术和产品层出不穷，绿色建筑的工程项目蓬勃兴起，相关的标准及政策不断推出。实施绿色技术，取得绿色建筑的标识认证，已经成为中国建筑业的主流。

绿色建筑运营管理的概念是由物业管理的概念发展而来，物业管理起源于19世纪60年代的英国，最初是为了系统管理各类房屋及其附属的设备、设施和相关场地。国际设施管理协IFMA（International Facility Management Association）将FM（Facility Management）定义为：以保持业务空间高品质的生活和提高投资效益为目的，以最新的技术对人类有效的生活环境进行规划、整备和维护管理的工作。早期的物业管理关注点集中在不动产的维护、养护等方面，很好地维护了不动产的经济价值。随着社会的发展，人们对生活品质和人居环境要求越来越高，绿色建筑理念深入人心，建筑的绿色化变革急需一套与之相匹配的物业管理理念的变革与创新，绿色建筑运营管理应运而生。刘睿在《绿色建筑管理》一书中指出：绿色建筑运营管理是在传统物业服务的基础上进行提升，在给排水、燃气、电力、电信、安保、绿化等的管理以及日常维护工作中，坚持"以人为本"和可持续发展的理念，从建筑全寿命周期出发，通过有效应用适宜的高新技术，实现节地、节能、节水、节材和保护环境的目标，从绿色、生态的角度对绿色建筑运营管理进行了深刻剖析。程大章则从管理学的角度出发，尝试管理理念在绿色建筑运营中的实际应用，指出运营管理是确保能成功地向用户提供和传递产品与服务的科学，有效的运营管理必须准确把人、流程、技术和资金等要素整合在运营系统中创造价值。绿色建筑运营管理同样也是投入、转换、产出的过程，并且实现价值的增值，通过运营管理来控制建筑的服务质量、运行成本和生态目标的实现。绿色建筑运营管理从传统物业管理中发展而来，在传统物业管理的基础上，引入可持续发展理念，将低碳、环保、绿色的思想融入其中，开启了对物业管理研究的新方向。综合考虑绿色建筑运营管理的理念、阶段、方法、目标等因素，本文认为绿色建筑运营管理是：依据"四节一环保"的理念，在绿色建筑运行阶段，采取先进、适用的管理手段和技术措施，确保绿色建筑预期目标实现的各项管理活动的总和。

绿色建筑是指在建筑的全寿命周期内，最大限度地节约资源（节能、节地、节水、节材）、保护环境和减少污染，保障职工健康，为生产、科研和人员提供适用、健康、安全和高效的使用空间，与自然和谐共生的建筑。发展绿色建筑的过程本质上是一个生态文明建设和学习实践科学发展观的过程。其目的和作用在于实现与促进人、建筑和自然三者之间的高度和谐统一；经济效益、社会效益和环境效益三者之间充分地协调一致；国民经济、人类社会和生态环境又好又快地可持续发展。绿色建筑的内涵主要包含以下四点，一是节约资源，包含了上面所提到的"四节"。众所周知，在建筑的建造和使用过程中，需要消耗大量的自然资源，而资源的储量却是有限的，所以就要减少各种资源的浪费；二是保护环境和减少污染，强调的是减少环境污染，减少二氧化碳等温室气体的排放；三是满足人们使用上的要求，为人们提供"健康"、"适用"和"高效"的使用空间。一切的建筑设施都是为了人们更好地生活，绿色建筑同样也不例外。可以说，这三个词就是绿色建筑概念的缩影："健康"代表以人为本，满足人们的使用需求，节约不能以牺牲人的健康为代价；"适用"则代表节约资源，不奢侈浪费，提倡一个适度原则；"高效"则代表着资源能源的合理利用，同时减少二氧化碳等温室气体的排放和环境污染。这就要求实现绿色建筑技术的创新，提高绿色建筑的技术含量；四是与自然和谐共生。发展绿色建筑的最终目的就是实现人、建筑与自然的协调统一，这也是绿色建筑的价值理念。绿色建筑在规划、设计时应充分考虑并利用环境因素，在建筑物建造和使用过程中，依照有关法律、法规的规定，使用节能型的材料、器具、产品和技术，在保证对环境造成的影响大幅度减小的前提下，提高建筑物的保温隔热性能，减少供暖、制冷、照明等能耗问题；在满足人们对建筑物舒适性需求的前提下，达到在建筑物使用过程中，能源利用率得以提高的目的；在拆除后也能对环境的危害降到最低。因此，绿色建筑也可以理解为在建筑寿命周期内，通过采用相关的绿色建筑技术，降低资源和能源的消耗，减少各种废物的产生，实现与自然共生的建筑。

2. 绿色建筑的运营管理涉及内容

绿色建筑技术分为两大类：被动技术和主动技术。所谓被动绿色技术，就是不使用机械电气设备干预建筑物运行的技术，如建筑物围护结构的保温隔热、固定遮阳、隔声降噪、朝向和窗墙比的选择、使用透水地面材料等。而主动绿色技术则使用机械电气设备来改变建筑物的运行状态与条件，如暖通空调、雨污水的处理与回用、智能化系统应用、垃圾处理、绿化无公害养护、可再生能源应用等。被动绿色技术所使用的材料与设施，在建筑物的运行中一般养护的工作量很少，但也存在一些日常的加固与修补工作。而主动绿色技术所使用的材料与设施，则需要在日常运行中使用能源、人力、材料资源等，以维持有效功能，并且在一定的使用期后，必须进行更换或升级。表3-1列出了与《绿色建筑评价标准》GB/T 50378—2014相关的绿色建筑运营管理内容，描述了运行措施、运行成本和收益。

《绿色建筑评价标准》绿色建筑运营管理内容　　　　　　　　　　表 3-1

	标准涉及的内容	运行措施	运行成本	收　益
1	合理设置停车场所	设置停车库/场管理系统	管理人员费、停车库/场管理系统维护费	方便用户，获取停车费
2	合理选择绿化方式，合理配置绿化植物	绿化园地日常养护	绿化园地养护费用	提供优美环境
3	集中采暖或集中空调的居住建筑，分室（户）温度调节、控制及分户热计量（分户热分摊）	设置分室（户）温度调节、控制装置及分户热计量装置或设施。	控制系统维护费	方便用户，节省能耗，降低用能成本

	标准涉及的内容	运行措施	运行成本	收 益
4	冷热源、输配系统和照明等能耗进行独立分项计量	设置能耗分项计量系统	计量仪表/传感器和能耗分项计量系统维护费	为设备诊断和系统性节能提供数据
5	照明系统分区、定时、照度调节等节能控制	设置照明控制装置	检测器和照明控制系统维护费	方便用户，节省能耗，降低用能成本
6	排风能量回收系统设计合理并运行可靠	排风口设置能量回收装置	轮转式能量回收器维护费	节省能耗，降低用能成本
7	合理采用蓄冷蓄热系统	设置蓄冷蓄热设备	蓄冷蓄热设备维护费	降低用能成本
8	合理采用分布式热电冷联供技术	设置热电冷联供设备及其输配管线	管理人员费、燃料费、设备及管线维护费	提高能效，降低用能成本
9	合理利用可再生能源	设置太阳能光伏发电、太阳能热水、风力发电、地源/水源热泵设备及其输配管线	设备及管线维护费	节省能耗，降低用能成本
10	绿化灌溉采用高效节水灌溉方式	设置喷灌/微灌设备、管道及控制设备	设备及管道维护费	节省水耗，降低水成本
11	循环冷却水系统设置水处理措施和（或）加药措施	设置水循环和水处理设备	设备维护费及运行药剂费	节省水耗，降低水成本
12	利用水生动、植物进行水体净化	种植和投放水生动、植物	水生动、植物的养护费用	环境保护
13	采取可调节遮阳措施	设置可调节遮阳装置及控制设备	遮阳调节装置和控制系统维护费	节省能耗，降低用能成本
14	设置室内空气质量监控系统	设置室内空气质量检测器及监控设备	室内空气质量检测器和系统维护费	改善室内空气品质
15	地下空间设置与排风设备联动的一氧化碳浓度监测装置	设置一氧化碳检测器及控制设备	一氧化碳检测器和系统维护费	改善地下空间的环境
16	废弃物进行分类收集	设置废弃物分类收集容器和场所	废弃物分类收集人工费用	资源有效利用
17	节能、节水设施工作正常		同3、4、5、6、7、8、9、10、11、13、18	同3、4、5、6、7、8、9、10、11、13、18
18	设备自动监控系统工作正常	设置设备自动监控系统	设备自动监控系统的检测器、执行器和系统维护费	节省能耗，降低用能成本，提高服务质量和管理效率
19	无不达标废气、污水排放	设置废气、污水处理设施	废气、污水处理设施的检测器、执行器和系统维护费，废气和污水的检测费	环境保护

	标准涉及的内容	运行措施	运行成本	收 益
20	智能化系统的运行效果	设置信息通信、设备监控和安全防范等智能化系统	智能化系统维护费	改善生活质量，节省能耗，提高服务质量和管理效率
21	空调通风系统清洗	日常清洗过滤网等，定期清洗风管	日常清洗人工费用，风管清洗专项费用	提高室内空气品质
22	信息化手段进行物业管理	设置物业管理信息系统	物业管理信息系统维护费	节省能耗，提高服务质量和管理效率
23	无公害病虫害防治	选用无公害农药及生物除虫方法	无公害农药及生物除虫费用	环境保护
24	植物生长状态良好	绿化园地日常养护	同2	同2
25	有害垃圾单独收集	设置有害垃圾单独收集装置与工作流程	有害垃圾单独收集工作费用	环境保护
26	可生物降解垃圾的收集与垃圾处理	设置可生物降解垃圾的收集装置和可生物降解垃圾的处理设施	可生物降解垃圾的收集人员费用和可生物降解垃圾处理设施的运行维护费	环境保护和减少垃圾清运量
27	非传统水源的水质记录	设置非传统水源的水表	非传统水源的水质检测费	保证非传统水源的用水安全

表中所列的运行措施是众所周知的，但是它们的运行成本与收益，往往因项目的技术与设施特点、管理的具体情况，而有着各种说法和数据。有些运行成本尚缺少数据的积累，收益则难以按每一项措施进行微观分列或宏观效果评价。

3. 绿色建筑运营管理研究现存问题

随着低碳、绿色成为时代的主题，绿色建筑开始进入快速发展时期，针对绿色建筑的研究全面展开。目前，绿色建筑运营管理理论研究尚处在初期，通过文献梳理，可以发现问题和不足：

（1）在对绿色建筑运营管理特征体系研究方面，多局限在对传统物业管理体系特征的转型研究上，主要强调绿色概念的引入与融合，缺少深入分析，绿色建筑运营管理特征体系尚未构建。

（2）在绿色建筑运营管理模式上，尚没有进一步研究绿色建筑运营管理模式的理论框架，难以解决传统物业管理模式不适应绿色建筑运营管理的现实问题。

（3）在推进绿色建筑运营管理发展措施方面，虽然提出了可能的解决方案，但对方案的具体推进措施没有做进一步的研究。具体表现为：首先，《绿色建筑评价标准》虽包括运营管理的评价内容，但评价对象主要是处于运营管理阶段的绿色建筑，而非运营管理活动本身，绿色建筑运营管理指标体系尚未构建；其次，增量成本和效益回收期针对整栋建筑核算，没有明确各主体的成本和效益界限；再者，激励方式和激励主体尚不明确，激励机制在运营管理推进过程中难以发挥作用。

（4）BIM是以参数化三维模型为核心，整合了所有相关专业的基本信息，对工程项目设施实体与功能特性进行数字化、参数化、可视化表达，同时使建设全过程的信息保持一致，可以持续即时地提供有关项目的各种实时数据，这些数据信息完整可靠并且完全实时协调，这可以很好地满足绿色建筑在运营管理阶段对项目信息的需求。比如项目运行一段时间后需对空调通风系统进行清洗，这时候就需要知道整个空调系统的规模，空调管路的分布位置，空调系统周边空间其他专业的设备管线的布置情况，只有了解了这些信息后才能作出要投入多大的人力、物力、需要准备哪些工具的决策，而 BIM 模型可以高质量满足这些信息需求。再比如某个灯具坏了需要更换，通过 BIM 模型就可以快速查阅该灯具的安装高度、有多大的功率、接线情况怎样。在绿色建筑运营管理技术方法创新方面，虽然已经有智能物业管理系统、BIM 技术应用等方面的研究成果，但与绿色建筑运营管理自身的发展需求相比尚显不足。除管理方法创新外，采用先进适宜的技术是实现运营管理目标的关键，"技术＋管理"是绿色建筑运营管理有别于传统物业管理的显著特征之一。

4. 绿色建筑设备能耗监测及运营中出现的诸多问题

（1）能耗监测数据的分项计量系统不完善

现有的建筑普遍存在用能设备偏多、电路结构复杂、公用设备管理不善、建筑类型偏大等共有问题。这就为设计计量设备与实际的能耗监测带来极大的不便。极易出现计量设备遗漏、计量内容重复、计量结果错误等问题。同时，建筑工程师在设计图纸时出现错填、漏填，相关施工人员存在错看、漏看等现象，也致使建筑在设计建设中表现出大量的无关及无法言明的内容。再者，新型能源在建筑上得以使用，而能耗监测人员由于学习知识的陈旧，并不能对新型材料及能源有明确的认知，更谈不上可以合理利用。采用的计量方式也普遍存在陈旧、单一性。这些都是绿色建筑施工中带来的诸多不完善因素。这些因素都会对分项计量结果造成无法想象的错误，严重者，还会对施工的建筑造成难以估量的损失。

（2）能耗监测在数据传输中存在不稳定性

首先，数据监测人员在监测过程中，不按操作手册及操作流程进行数据的能耗监测，致使数据并没有形成传输标准，无法有效地将真实数据监测及时反馈回统计部门。

其次，传输过程中的网络稳定至关重要。监测数据传输过程中，难免会遇到如基站、信号源等强干扰电磁波，这会出现传输数据速度延迟或数据变更等问题。而且，若网络出现改动或故障，监测数据也无法得到很好采集，更无法进行有效的数据上传。

（3）专业人员的限定

以上阐述出能耗监测中出现的数据无法正常传输、数据的无效传输以及数据采集人员在监测数据中存在的问题。从另一角度分析，导致这些问题发生的本质原因在于是否有足够专业的监测人员。具备专业知识的专业监测人员可以从专业的角度对以上出现的问题归纳、整理出及时、准确的补救方案。对数据的无法正常传输、数据的无效传输，进行有效地重新采集和补充；对监测过程中应用到的新型材料及能源进行明确地认识与区分；对新式的监测方式与手段进行学习与总结，利用全新计量方式的多样性、专业性来弥补和改善原有监测方式的不足。

（4）能耗监测在运营管理中存在的机制、体制问题

我国在绿色建筑能耗监测方面开展工作的时间很短。很多工作的确差强人意，或者说并不完善。能耗监测系统技术没有标准化的定义，管理中缺乏规范化的制度，导致了整体绿色建筑能耗监测运行质量的下降。行业中相关人员的责任意识和专业素养缺乏，相关工

程技术部门和管理部门的工作效率低下，也使绿色建筑在建筑行业发展速度迟缓，甚至停滞不前。

5. 绿色建筑能耗监测控制方法初步解决方案

（1）完善监测分项计量系统

把能耗监测过程中在分项计量里可能出现的问题分解化。明确分工，做到各个监测流程都有专人进行操作和管理；做到各个监测流程之间环环相扣，密不可分；做到计量设备不遗漏、计量数据不重复、计量结果不出错。操作人员技术过硬，能力过硬。这样，便可使分项计量整体过程趋于完善化，使绿色建筑能耗监测趋于标准化，可极大地减少建筑过程中所带来的不必要损失，提高建筑的效率和节约建筑的成本。

（2）有效并稳定的数据传输通道

首先，在监测初期，及时观察并监测出周围环境是否有利于专业性数据的传输与发送，对能够影响传输的建筑及设备进行有效的信号干扰屏蔽，打造出适合能耗监测数据传输的绝佳环境。

其次，专门设立独有的数据传输通道，这在很大程度上保证了能耗监测数据传输的安全性、稳定性、独立性。并且在各个施工过程中还可重复循环使用，也大大降低了成本。

再次，即使使用原有的网络传输设备，也要进行定期维护和定期检查，以确保减少数据的流失及设备的故障。为数据传输整体流程缩短时间及减少错误率。

（3）专业人员的培养与聘用

进行专业监测人员的专业化培训。与国际先进的绿色建筑能耗监测机构学习新型能耗监测方法，派专业人员进入国际先进的监测机构进行实际实习与操作，并做实际应用考核，择优上岗。在绿色建筑能耗监测中，建立有效的监测规划流程，使专业人员从能耗监测初始便对监测环境、传输途径与通道以及经常出现的问题有全面整体的了解，使监测操作更加顺畅。

（4）体制、机制的改革

绿色建筑行业的健康、稳步发展，需要工程技术部门、运营管理部门、科研部门以及政府职能部门的共同努力。不仅要做到规范管理、标准技术两手一起抓，还要做到两手都要硬。先进的科研技术作为支持的同时，还需要规范的体制与良好的机制作后盾。并且，有效的管理和专业的人才也是整体过程中必不可少的。唯有如此，才能在绿色建筑节能方面起到实际的作用，也唯有如此，绿色建筑能耗监测的运行质量才会得到本质的提高。

6. 如何提高绿色建筑运营水平

对于提高我国绿色建筑运营水平，有如下几点建议：

（1）明确绿色建筑管理者的责任与地位。物业管理机构接手获得绿色设计认证的建筑，应承担其中绿色设施运行正常并达到设计目标的责任，如能获得绿色运营认证，物业管理机构应得到相对份额的奖励。建议建设部建筑节能与科技司和房地产市场监管司合作，适时颁发"绿色建筑物业管理企业"证书，以鼓励重视绿色建筑工作的企业，推进绿色建筑的运营管理工作。

（2）认定绿色建筑运行的增量成本。绿色建筑的建设有增量成本，绿色建筑的运行相应地也有增量成本，这是不争的事实。而绿色建筑在节能和节水方面的经济收益是有限的，更多的应是环境和生态的广义收益。建议凡是通过绿色运营标识认证的建筑物，可按不同星级考虑适当增加物业管理收费，以弥补绿色建筑运行的增量成本，在机制上使绿色建筑物业管理企业得到合理的工作回报。

（3）建设者须以面向成本的设计（DFC）实行绿色建筑的建设绿色建筑不能不计成本地构建亮点工程，而是在满足用户需求和绿色目标的前提下，应尽一切可能降低成本。因此，建设者须以面向成本的设计（DFC）方法来分析绿色建筑的建造过程、运行、维护、报废处置等全生命期中各阶段成本组成情况，通过评价找出影响建筑物运行成本过高的部分，优化设计来降低全生命期成本。这就意味着，建设者（项目投资方、设计方）进行的绿色建筑设计，应在完成绿色设施本身设计的同时，还须提供该设施的建设成本和运行成本分析资料，以说明该设计的合理性及可持续性。通过深入的设计和评价，可以促使建设者减少盲目行为，提高设计水平。

（4）用好智能控制和信息管理系统，以真实的数据不断完善绿色建筑的运营，绿色建筑运营时期的能耗、水耗、材耗、使用人的舒适度等，是反映绿色目标达成的重要数据。通过这些数据的分析，可以全面掌握绿色设施的实时运行状态，发现问题及时反馈控制，调整设备参数；也可以根据数据积累的统计值，比对找出设施的故障和资源消耗的异常，从而改进设施的运行，提升建筑物的能效。这些功能都需要智能控制和信息管理系统来实现。绿色建筑的智能控制和信息管理系统广泛采集环境、生态、建筑物、设备、社会、经营等信息，为控制、管理与决策提供良好的基础。绿色建筑的控制对象包括绿色能源、蓄冷蓄热设备、照明与室内环境的控制设备、智能呼吸墙、变频泵类设备、水处理设备等。在智能控制和信息管理系统的平台上，依据真实准确的数据，去实现绿色目标的综合管理与决策。经过几年的运行，所积累的运营数据、成本和收益将能正确反映绿色建筑的实际效益。

7. 发展展望

推进绿色建筑实施涉及建筑全寿命期各环节的协调发展，通过理论梳理，可以清晰研究重点和方向：

（1）构建绿色建筑运营管理理论体系

针对绿色建筑运营管理特征进行深入分析，明确其与传统物业管理的区别与联系，重点研究绿色建筑运营管理理念、目标、内容、任务、特征等，做好理论基础工作。

（2）建立绿色建筑运营管理模式模型

我国绿色建筑运营管理大多应用传统的物业管理模式，建立适用于绿色建筑的运营管理模式十分迫切，应积极推进绿色建筑运营管理模式模型构建。

（3）研究绿色建筑运营管理推进措施

针对绿色建筑运营管理实施动力不足的问题，进一步分析探索绿色建筑运营管理指标体系、运营管理主体成本效益界限、绿色建筑运营管理激励机制等重点课题，以推进绿色建筑运营管理的具体实施。

（4）开展绿色建筑运营管理技术创新与管理研究

针对绿色建筑运营管理"技术＋管理"的特征，研究在绿色建筑运营管理领域积极推进"互联网＋"的模式与方法、利用新一代信息技术提升运营管理的水平和能力；研究绿色建筑能源供应系统、采暖通风系统、给排水系统等的优化技术与方法；研究绿色建筑运营管理适宜技术评价与选择的方法；研究与绿色建筑运营管理技术创新相关的管理体制机制创新以及作为技术创新保障和前提的人员素质提升与技术培训等问题。

3.5 绿色建筑评价

1. 绿色建筑评价体系的概念

这个概念的提出，目的就是对建筑物进行"绿色程度"的标准评价，是对建筑物的整个生命周期，进行的自然、生态、资源、社会、文化等多方面的问题跟踪调查，是一种用于辅助绿色建筑项目推行的工具，为绿色建筑的各个方面提供清晰的指导，并且从生态特性、建筑决策、设计方式、管理模式等等方面，进行全过程的系统化衡量方式，定量地将建筑物的建设过程，进行科学统计，与建筑材料、室内环境、建造过程相平衡，其至也要与城市的基础建设和生态环境相适应，从而达到建筑物、自然环境和人类的共存新境界。

绿色建筑全寿命期评价涵盖所有阶段，有助于摒除绿色建筑技术的堆砌，实现真正的建筑绿色化目标。在全寿命期评价的改进与优化方面，DruryCrawley 等人指出绿色建筑评价体系改进的四个方向；有人提出通过全寿命期评价确定建筑产品或设计对环境的总体影响，将室内环境质量、居住者健康和生产力水平集成到绿色建筑全寿命期评价过程中，有助于缩小客户期望和设计解决方案之间的差距，更贴近未来绿色建筑发展；肖娟、郑世刚认为绿色建筑在运营使用阶段产生了显著的价值溢出，建议从市场化、政府政策、公众参与等方面入手建立绿色建筑后评价体系。王建廷等则通过制定运营管理标准来加强对运营管理环节的评价，以完善全寿命期评价体系，从而促进绿色建筑运营管理规范化发展。

2. 国际绿色建筑评价体系简介

由于地域、文化、风俗、生活习惯、观念以及经济水平等方面的不同，绿色建筑在各国的发展也不尽相同。从 1969 年，"生态建筑"的概念的首次提出，至今世界上已经形成了很多比较成熟的绿色建筑评价体系，例如：LEED（美）、GBTOOL（加）、DGNB（德）、CASBEE（日）等。这些绿色建筑评价体系在世界上都占有一定的地位，是很多国家都成熟的掌握了绿色建筑的相关技术。

（1）中国绿色建筑评估体系

《中国生态住宅技术评估手册》是有中华全国工商业联合会房地产商会联合建设部科技发展促进中心、中国建筑科学研究院、清华大学、哈尔滨工业大学、北京天鸿圆方建筑设计有限责任公司等单位编制的国内第一部生态住宅评估体系。

《绿色奥运建筑评估体系》是为了响应 2008 年北京奥运会所提出的"绿色奥运"、"科技奥运"和"人文奥运"的口号应运而生的。

《绿色建筑评价标准》2014 年由住房和城乡建设部颁布。

（2）英国 BREEAM 体系

全称为 Building Research Establishment Environmental Assessment Method，这个体系是对建筑环境的基准设置进行的评估，目的是降低建筑物对环境的影响因子，涵盖了建筑主体到能源场地的范围，是世界上第一个绿色建筑评价体系。

（3）美国 LEED 体系

LEED（Leadership in Energy & Environmental Design Building Rating System），该体系是由美国绿色建筑协会在对 BREEAM 和 BEPAC 进行研究后，决定在采用 BREE-

AM 分级体系，修改 BREEAM 体系以适合美国的实际情况，创造出一个独立的、适用于美国的完整的绿色建筑评估体系。

（4）加拿大绿色建筑挑战

绿色建筑挑战（Green Building Challenge），现在已经有 19 个国家加入，其目的是建议统一的性能评价指标，是各个国家多年来一直在追求的绿色建筑评价标准发展的共同目标。

（5）德国 DGNB 体系

这个 DGNB（Deutsche Gesellschaft fur Nachhaltiges Bauen）"开发部门为德国的可持续建筑委员会，协同德国政府发布的体系标准，是目前世界公认的，水平最高的第二代绿色建筑物评价体系，全面概括了建筑功能、建筑经济、社会文化，与绿色生态的多层次关系，从经济质量、生态质量、功能及社会、过程质量、技术质量以及基地质量等方面进行评估"。

（6）日本 CASBEE 体系

这个体系的全称为，建筑物综合环境性能评价体系，起源于日本，英文全称是 comprehensive assessment system for building environmental efficiency。是国际绿色建筑评价体系家族中的后起之秀，其能在短短几年内发展如此迅猛，与其国内对绿色建筑的重视程度息息相关。

（7）澳大利亚 NABERS 体系

BGRS（Australia Building Greenhouse Rating Scheme），该体系的发布区域为澳洲新南威尔士州 Sustainable Energy Development Authority（SEDA），是现阶段澳大利亚使用的主要评估方式，以建筑能耗和温室气体的排放量，作为评估指标。

（8）荷兰 Green Clac 体系

该体系是一种评价软件，开发公司为荷兰的可持续发展基金会（AUREAC），支持部门为荷兰住房空间发展与环境部，方式为以全生命周期分析方法，以环境费用的方式来定量地给出绿色建筑的发展目标。

3. 国际绿色建筑评价体系分类

绿色建筑，就是可以将建筑本身对环境的影响控制在自然环境可以承载的范围之内的建筑。绿色建筑评价体系的成立从一定意义上来说就是衡量建筑与其周边环境相互和谐共存的程度。现有的一些绿色建筑评价体系主要考虑的是对能源的节约和环境的保护方面，引入权重体系对建筑的生态特征进行分级评估，使用数学方法得到最终的评估成果。

在这种大前提下，可以将评估体系按照其侧重方向不同分为以下几个种类：

（1）设计导向型

这种类型的评估体系主要讲评估的重点方面设置在建筑的设计阶段，通过对设计方案的影响，引导设计者确定该项目的总体发展方向，针对一些主要环节提供绿色技术和管理模式的建议，从而保证，在建筑过程中，能够通过不断更新改良设计方案，最终达到建筑的绿色目标。

（2）认证导向性

这类绿色建筑评估体系主要针对已建建筑，跟上一种不同的是，它更注重既有建筑的性能，根据既有建筑对环境的影响来构建评价指标，通过对该地区建筑物的横向和纵向的比较，借鉴其他建筑的经验，对该项目进行评估。

（3）综合评价型

这种绿色建筑评价体系综合了以上两种评价体系的特点，在指标的设定和评估的过程中包括了从设计到投入使用后的所有测评点，贯彻了建筑全生命周期这一概念。

4. 绿色建筑评价标准发展的意义

为了使绿色建筑的概念具有实际的可操作性，西方发达国家相继完成了以国内实际情况为基准的建筑评价体系，需要注意的是，不同的区域有着多变的自然环境，所以对于绿色建筑的评估因素的涉及面广，不同的因素在不同的地域的评价重要程度也不同；相同因素在不同的资源、文化氛围下要求也有很大差别；不同建筑所着眼的"绿色"点也不同。因此，制定因地制宜的绿色建筑评价标准决定着绿色建筑发展的方向。统一的绿色建筑衡量标准和评价方法始终是各国研究和追求的目标。

5. 绿色建筑评估的理论基础

绿色建筑评估体系的建立，是为了衡量建筑在多大程度上与其所在的生态环境和谐相处，由此可知，绿色建筑评价体系是一种度量的工具。这种工具主要从以下两个方面展开工作：一个方向是采用"建筑环境基准代码"来评估，另一个方向是"基于自然的清单考察"。前者是现有的一些绿色建筑评价体系采用的方式，对建筑的绿色程度进行评估，注重能源节约和环境保护；后者吉林建筑大学工学硕士学位论文的主要理论是生态足迹分析法，建筑能够达到绿色建筑评估的要求，其与自然生态承载力、生态特征是息息相关的，同时其对所处的环境健康程度进行定量化，然后综合评价人类活动的影响，在此基础上结合所处的环境的承载力水平，可以确定设计的计划，以至于可以让设计来约束，对人类的建筑行为，进行可持续性的制约。

6. 绿色建筑与评价体系的关系

（1）评价体系为绿色建筑设计指明方向

绿色建筑和其他建筑物之间的区别在于，它侧重于考虑建筑全生命周期中场地选址、能源和资源消耗、污染物排放、建设环境保护等，强调建筑与自然，人与建筑，以及人与自然的平衡状态，力求良性循环。绿色建筑的建设流程，需要以相应的评估体系关联，作为设计和评估的参考平台，给建设项目的参与者提供指导和技术的支持，明确绿色建筑设计的目标。

（2）绿色建筑设计方法的改进依赖评估体系的指导

绿色建筑设计相比于传统的建筑设计，有更深刻的内涵。绿色建筑设计过程中要求每一个步骤必须从环保和健康的方面来进行决策分析，健全评估系统，将建筑决策实现更规范的设计目的，对于建筑设计也出台了更细致的标准，促使绿色建筑在设计方法上进行调整，调整出一套更符合实际情况，符合标准要求的绿色建筑设计方案。

（3）评价体系的发展完善依靠绿色建筑的实践

近年来对建筑物的绿色评价体系，一直在国内外的发展，可以看出，各种体系的标准也在持续的升级，更多地从建筑物实际情况，对绿色标准进行评估和检测，看是否符合当前的社会需求，从而完善和改进评估体系

7. 增量成本和效益回收期

绿色建筑的最大特点是早期成本投入大，后期运营中可以得到回收，同时产生相应的

社会和环境效益。陈倜勤结合我国情况进一步明确了绿色建筑全寿命期各阶段的成本和效益。从运营和维护的角度来看，运营管理的有效实施，可以真正实现建筑在能源效率、用水效率和成本效率方面性能的提高。Lau 等指出具有绿色特征的低耗能办公建筑与传统建筑相比可以节省超过 55% 的能源成本。虽然如此，开发商和运营商对早期的增量成本投入基本持谨慎态度，影响了绿色建筑开发及其运营的实施推广。此外，由于绿色建筑实施通常与地方经济条件紧密相连，开发和运营实施的不平衡性导致绿色建筑增量成本和效益回收期难符合预期。叶祖达从静态回收期分析，指出大部分项目的单位增量成本节省电费的静态回收期为 3～5 年，而节水的静态回收期为 2～7 年，经济成本回收需要付出时间成本，这对开发商和运营商的行为会有一定的消极影响。

8. 全生命期评价

生命期评价可以表述为：对一种产品及其包装物、生产工艺、原材料能源或其他某种人类活动行为的全过程，包括原料的采集、加工、生产、包装、运输、消费和回收以及最终处理等，进行资源和环境影响的分析与评价。生命期评价的主导思想是在源头上预防和减少环境问题，而不是等问题出现后再去解决，是评估一个产品或是整体活动的生命过程的环境后果的一种方法。综上所述，生命期评价是面向产品系统，对产品或服务进行"从摇篮到坟墓"的全过程的评价。生命期评价充分重视环境影响，是一种系统性的、定量化的评价方法，同时也是开放的评价体系，对经济社会运行、持续发展战略、环境管理具有重要的作用。经过多年的实践，生命期评价得到了完善与系统化，国际标准组织推出了 ISO 14040 标准《环境管理—生命期评价—原则与框架》5 个相关标准。

3.6 江苏省绿色建筑发展概况

1. 总体情况

"十二五"期间，江苏省累计新增节能建筑 79586 万 m^2（公共建筑 19567 万 m^2、居住建筑 60018 万 m^2）、新增可再生能源建筑应用面积 27958 万 m^2（太阳能热水系统应用 25734 万 m^2，地源热泵系统应用 2224 万 m^2）、对 2765 万 m^2 既有建筑进行了节能改造（公共建筑 1586 万 m^2、居住建筑 1178 万 m^2）、新增绿色建筑标识项目 10760 万 m^2、有 58 个绿色建筑区域示范正在建设之中。全省建筑节能累计节约标准煤 2191 万吨，减少二氧化碳排放 5368 万吨，超额完成"十二五"规划确立的目标任务。

到 2015 年末，全省节能建筑规模达到 143790 万 m^2，占城镇建筑总量 53%，比 2010 年末增长了 20 个百分点。绿色建筑标识项目面积达到 11003 万 m^2，超额完成《江苏省绿色建筑行动方案》确定的目标任务，取得了节能建筑规模全国最大、绿色建筑数量全国最多、国家级可再生能源建筑一体化示范项目数量全国最多的优异成绩。

2. 相关政策法规

先后印发了《关于在建设领域积极推进合同能源管理实施意见》（苏政办发〔2011〕15 号）、《关于推进全省绿色建筑发展的通知》（苏财建〔2012〕372 号）、《江苏省绿色建筑行动实施方案》（苏政办发〔2013〕103 号）等政策文件。在全国率先开展绿色建筑立法，2015 年颁布实施了《江苏省绿色建筑发展条例》，确定新建民用建筑普及一星级绿色建筑标准、推进区域基础设施绿色建设、确保既有建筑绿色运行等要求，明确容积率奖励、公积金贷款额度上浮等创新扶持政策，江苏省绿色建筑政策法规体系基本建立。2017年1月住房城乡建设厅印发了《江苏省"十三五"建筑节能与绿色建筑发展规划》。该规划总结了推荐建筑节能及绿色建筑存在的问题，如建筑节能与绿色建筑的基础数据不够完整、绿色运行管理不完善、绿色建筑推进工作有待创新等；同时提出了"十三五"建筑节能与绿色建筑发展目标。力求建筑节能深入发展、绿色建筑深层次推进、绿色生态城区建设稳步发展。

3. 相关标准

1）建筑节能标准。实施《江苏省公共建筑节能设计标准》，明确甲类公共建筑执行节能 65％标准的强制要求，稳步提高居住建筑执行节能 65％标准比例。2015 年起实施《江苏省居住建筑热环境与节能设计标准》（DGJ 32/J71—2014），居住建筑节能标准全面提升至节能 65％。

2）建筑能效测评标准。修订了《江苏省建筑能效测评标识管理实施细则》（苏建科〔2011〕816 号），培育认定了 23 家省级建筑能效测评机构。印发了《关于建筑节能分部工程质量验收中开展建筑能效测评工作的通知》（苏建质〔2012〕27 号），全面开展建筑能效测评工作。先后发布实施了《民用建筑能效测评标识标准》（DGJ/TJ 135—2012）、《太阳能热水系统建筑应用能效测评技术规程》（DGJ/TJ 170—2014）、《地源热泵建筑应用能效测评技术规程》（DGJ/TJ 171—2014）等建筑能效测评标准。

3）再生能源建筑应用标准体系。发布实施《太阳能光伏与建筑一体化工程检测规程》（DGJ32/TJ 126—2011）、《建筑太阳能热水系统运行管理规程》（DGJ32/TJ 139—2012）、《建筑太阳能热水系统应用技术规程》（DGJ 32/J 08—2015）、《地源热泵系统检测技术规程》（DGJ32/TJ130－2011）、《地源热泵系统运行管理技术规程》（DGJ32/TJ 141—2012）、《地源热泵系统工程勘察规程》（DGJ32/J 158—2013）、《太阳能光伏与建筑一体化构造》（苏 J/T 44—2013）、《太阳能热水系统与建筑一体化设计标准图集》（苏 J28—2013）等工程建设地方标准和标准设计图集。

练 习 题

1. 什么是绿色建筑？
2. 推行绿色建筑的意义是什么？
3. 推进绿色建筑在中国的发展要考虑哪些方面？
4. 绿色建筑的基本原理和目的是什么？
5. 全装修住宅技术作为绿色建筑技术体系的一个重要组成部分，有哪些特点？
6. CSI 技术体系的特点是什么？
7. 什么是成品板分隔墙技术？
8. 绿色施工管理理念是什么？
9. 绿色施工管理创新路径有哪些？
10. 如何促进绿色建筑施工管理理念在施工过程中的措施？
11. 什么是绿色运营？
12. 绿色建筑的运营管理涉及内容有哪些？

第4章 海 绵 城 市

4.1 海绵城市建设概论

目前，我国城市出现的水问题非常严峻。传统的"以排为主"，依靠加大基础设施建设和市政管网设计标准来实现雨水管理的思路和方法已经无法满足现代城市的需求了。国外许多发达国家和地区已经开始反思研究并且着手实践新型的城市雨洪管理理念和做法。通过模拟自然状态下雨水的循环过程，结合城市绿地公园景观系统，通过一定的人工手段辅助，实现雨水的自然存蓄、下渗、净化、回用和缓排，来实现"海绵城市"的建设目标。海绵城市是指通过一定的自然和人工手段将城市改造和建设成为一个可以吸水、蓄水、渗水、净水和用水的，如海绵一般的城市。雨水天气时，吸纳消解雨水，降雨结束后通过下渗和净化回用，将雨水缓慢地释放出来，如海绵一般，以实现雨水的弹性管理。海绵城市的建设以生态环境为优先考虑因素，通过自然原理与人工手段相结合，在确保城市雨水安全的情况下，实现雨水在城市的最大限度地积存、下渗和净化，实现雨水的资源化和环境资源的保护。海绵城市的建设是长期而复杂的，需要各地政府统筹多个环节，协调各个部门，建立雨水、地表水和地下水循环补给系统，统筹建设自然生态雨水调蓄与市政排水的协调运作，综合实现雨水的控制目标。

自 2014 年 10 月以来，住建部、国务院等多部委相继出台了多个有关海绵城市的政策及文件，习近平总书记与李克强总理也在多个会议上发表多个有关海绵城市建设的讲话。根据我国海绵城市的建设时间表，我国将在 2020 年全面完成海绵城市的建设，城区 20% 的土地将容纳城市 70% 的降水，实现海绵城市"自然积存、自然渗透、自然净化"的建设目标。同时应在建设中合理控制开发建设强度，预留、保护和恢复适当的自然生态空间，维持城市的生态平衡，建设绿色生态可持续发展的新型城市。

4.1.1 海绵城市概念

海绵城市（Sponge City），从海绵的水分特性上，可以简单地理解为：城市可以像海绵一样，让雨水在城市的利用与迁移过程中，更加的"便利"。更进一步的理解，可以认为，在降雨的过程中，雨水可以通过吸收、调蓄、下渗及处理净化等方式积累起来，等待需要时再将存蓄的水"释放"出来，用以灌溉、冲洗路面、补充景观水体和地下水等；从海绵的力学特性上，可以认为，城市能够像海绵一样压缩、回弹和恢复，能够很好地应对自然灾害、环境变化，从而最大限度的防洪减灾。城市的"海绵体"不仅包括小区建筑物的屋顶、植草沟、园林绿化、透水铺装等相配套的设施，同时也包含了城市的各种水系，如江、河、人工景观湖等（图 4-1）。

传统的城市，未考虑雨水的可持续开发与利用，重点强调了"排"的概念。传统城市

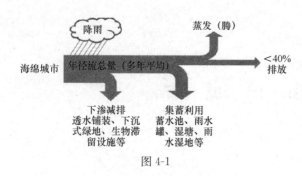

图 4-1

只是利用雨水口、雨水管道和管渠、雨水泵站等设施对雨水进行收集和快速排出。随着城市化的不断发展，道路不透水路面的增多，盲目的开发使得雨水无法及时的下渗和利用，造成了城市内涝和径流污染的频繁发生。海绵城市，可以有效地解决城市内涝问题，对于维持开发前后的水文特征，保持生态平衡，促进人与自然和谐发展也具有重要的意义。表 4-1 比较传统城市与海绵城市的特点：

传统城市与海绵城市的比较

表 4-1

传统城市	海绵城市	传统城市	海绵城市
改造大自然	顺应大自然	粗放式发展	低影响开发
重点为土地的利用	强调人与自然的和谐	雾霾加重	减轻雾霾
碳超标排放	低碳排放	地表径流改变	地表径流不变
原有生态被改变	原有生态的保持		

4.1.2 特征解析

1. 生态性

海绵城市的理念发源于自然生态的水循环过程，优先利用自然手段，通过生态处理的方法进行雨水的自然下渗、存蓄、净化和回用，达到地块开发前后水文条件不变的要求，实现低影响开发的目标。海绵城市的多项雨水设施都具有绿色生态的属性，对维护城市生态平衡，保持城市生态多样性都有着重要的意义。我们打造的不仅是一块"城市海绵"，更是一块"绿色海绵"。因此，自然生态是海绵城市的一大特征。

2. 弹性

弹性是海绵城市的一个主要特征。在雨水调蓄方面，海绵城市适用于不同降雨量的天气，强降雨时启用所有的调节容积，弱降雨时只启用普通调蓄设施，具有良好的"弹性"。当灾害来临时，能够起到一定的缓冲作用，降低灾害的破坏性；同时，当灾害衰减直至零时，城市可以自动恢复到原有状态，具有良好的弹性。

3. 离散式

海绵城市强调了分散式的源头控制的特征，雨水被分散在城市中的大大小小、形态各异的城市海绵体贮存、吸收，有效地降低了暴雨灾害的损失，并且补给了地下水。因此，海绵城市是从原先雨水集中后直排到分散式蓄留的一种理念的转变。

4.1.3 海绵城市的目标

建设海绵城市的终极目标是恢复自然的水循环系统，建立稳定的生态系统，实现健康、绿色的城市面貌。然而，要达成这个终极目标，需要设定多个分目标，各个分目标各司其职，共同实现海绵城市。

第一，保护原有的水生态系统。城市开发难免会改变当地原有的自然肌理，越是城镇化的地区，其自然面貌就越弱。因此，建设海绵城市的首要目标就是尽可能地保持一个区域建设开发前自然水系状态，立足当前，着眼长远。第二，恢复被破坏的水生态。对于已开发的地区采取补救措施，尽力恢复破坏的水生态，将负面影响降低到最低。第三，低影响开发。控制开发力度，严禁城市的肆意扩张。在西方城市发展历程中，就有建议建设卫星城市来控制核心地区的过度开发，维持整个城市资源以及生态的平衡。第四，通过减少径流，缓解强降水对城市排水的影响。内涝现象的产生主要由于硬质地面造成地表径流增加，下渗受阻，因此治本之法就是减少径流，增加绿地面积，采用透水性地面，从而有效缓解雨水受阻的现状。通过达成以上四个分目标来实现最终的总目标，提出分期建设目标，逐步推进，最终达成海绵城市的终极目标，实现高品质的生态环境和生活环境。

4.1.4 建设海绵城市的意义

1. 社会意义

海绵城市重点打造城市内的"海绵体"，使得城市道路在下雨时顺利排放雨水，绿地能加速雨水下渗，从而保证地下水储蓄，在缺水时释放存储的水缓解干旱。海绵城市建设能够有效地改善城市水文循环现状，调节城市小气候，缓解热岛效应，重塑城市生态文明，从而促进人与自然和谐发展，塑造健康的、完整的、有用的生态环境。我们并非要去建设一个新的城市，而是重塑城市的生态功能。

2. 经济意义

城市暴雨内涝造成的财产损失甚至人员伤亡有目共睹，海绵城市建设注重对天然水系的保护，以及绿地、湿地等对水的调蓄能力，减少混凝土的工程量，大大降低了市政建设、运营和维护的费用。此外，还能降低水灾的经济损失，效益显著。

4.2 国内海绵城市建设现状

1. 中国古代人的智慧

纵观中国建立城市的历史，通常选择靠近水源的高地发展城市，原因是为了防止聚居地被洪水侵袭又能方便居民用水。古人对待洪水的管理多强调顺应自然、依赖自然。在这样的思想的指引下，古代城市一般充分利用城市自然水系网络，大力开挖沟渠使城市水网联通，构成一个网络化的蓄滞雨水的大脉络。水系作为城市的血脉，有效地保护、疏通、加强不仅可以保证城市居民的用水，而且对防洪、通航、优化环境 pH 值等起到重要的作用。研究古代城市对水的管理方式，提取古人的雨洪管理的精髓，对现代建设海绵城市有着重要的借鉴意义。

中国古代城市重视利用自然条件，加强沟渠建设，利用水资源、进行雨洪管理的历史比欧美要早很多，在唐代部分城市就出现了大型的地下排水设施，唐代扬州城的排水涵洞宽 1.8 米，高 2.2 米，可允许人在其中自由穿行。我国古代城市雨水利用实践还包括建于宋代的福寿沟、新疆坎儿井、云南哈尼梯田、北京北海团城的雨水利用技术等，这些"先进"的雨洪管理技术保证城市百年不出现内涝的原因，主要是这些城市排水系统不仅仅是依靠迅速转移径流的方式来达到人水和谐相处，它们符合自然规律，有着超前的科学意识。超前的排水设施使得城市免遭内涝灾害，但现在的情况是城市排水设施的建设严重滞后于城市的发展，无法抵御已经产生了极大变化的城市径流状况。

除了排水沟渠，这些排水系统还包括调蓄设施，包括：河流、湖泊、坑塘等。遇到暴雨时，这些调蓄设施有巨大的容纳雨水的容积，有助于滞留雨水，使城市免遭内涝灾害，对于整个流域来说，这些洼地还有助于滞洪，缓解水患。

2. 古代北京城市水系规划

绕紫禁城开凿护城河、沟通水系，大力建设河网体系，水系治理使得水患次数降低至12.5 年一次。从北京城的城市发展历史中可以发现，城市从三国时期以灌溉为目的开凿车厢渠将高梁河与永定河相联系开始，经历了金代、元代分别开凿护城河、金口河、长河和金水河联通高梁河、通惠河和接白浮泉水入通惠河。通过不断的水系改造，到元大都建都于此的 83 年间，仅记载水患次数 5 次，平均 16.6 年一次。明代定都之前，由于疏于管理，河道堵塞、水系退化，平均 6.5 年一次水患，明代定都之后，根据地形铺设下水道系统，大量开挖沟渠。

到了清朝时期，北京西郊地区进行了一系列的皇家园林建设活动，建造了一系列的河湖湿地，与城区的水系联系，使整个城市的水网形成一个紧密联系的整体网络系统，清朝267 年间，北京城共记载水患 5 次，平均 53 年一次，能取得如此的效果的原因在于城市完整水系的构建，使得城市拥有与城市建设规模相当的蓄排水空间。

古代北京城的水网格局与城市规划模式有着密切的关系，从古代北京城市的水系规划可以看出古人建造思想的严谨性，充分考虑了城市系统的发展与自然系统的关系，留足了生态用地。但是即便古代的规划者再有前瞻性，也难以预料到现在的城市建设采取填河造房，一切以工程技术为手段的城市扩张方式，使得我们赖以生存的环境不断恶化，凸显越来越多诸如城市内涝一样的城市问题。

3. 紫禁城排水系统

除了古代北京城的水系规划完善，紫禁城的排水系统结合了地上地下的排水设施共同作用，发挥了极好的效果，更是值得学习的典范。

紫禁城（1403 年—1424 年）作为明清两代的皇宫，占地 72 公顷，从北到南高差约 2米，排水设施利用地形自然坡降，形成完整的排水系统，营造明暗两套系统，加之有效的维护，600 年来，鲜见暴雨积水记载，在 2012 年的"7.21"北京暴雨情况下，仍然排水良好，未出现积水。

紫禁城护城河水源于西郊玉泉山，经过积水潭流入北海，再向东过景山西墙下汇入紫禁城西北角入护城河。金水河与护城河一脉相承，有内外金水河之分，内金水河为紫禁城内河，河水从西方引入，东南方流出，蜿蜒曲折贯穿整个紫禁城，纵横交错的排水沟将雨水汇入几条干沟再注入作为宫内最大排水渠的内金水河，通过内金水河最后汇入护城河。除了排水干渠外，紫禁城内外还布置有纵横如蜘蛛网般的二级排水沟（大街两旁的沟渠），三级排水沟（偏街小巷内）。降水时，径流先顺地面坡度流入房基四周的石槽明沟，明沟若遇有台阶或建筑物，则从"沟眼"穿过，或直接通过"钱眼"状的雨水石板汇入暗沟，而后依次通过支线、干线排入内金水河。由金水河、明暗排水沟渠组成的排水网络构成了紫禁城良好的防洪排涝系统（图 4-2）。

紫禁城免遭内涝的原因主要归功于城内良好的排水系统，利用谷歌地球专业版的自动计算面积功能（通过在谷歌地球上划出每个城市的房屋覆盖，将覆盖区的面积作为建成区面积的估计值），可以估算出北京城建成区面积为 1268km²，而现在北京市六环内共有 52 条河流，总长 355.8 公里，河道密度为 28km²，不及元大都的 1/3，更不能与明清紫禁城相比。可以发现，建立完善的排水体系是保证一个区域内免遭内涝灾害的一个重要因素。

中国古都排洪河道密度与行洪断面　　表 4-2

	河道密度（km/km²）	河道行洪断面（m²）
唐代长安城	0.45	28
元大都	1	147
明清北京城	1.07	238.9
宋代东京城	1.55	372.48
明清紫禁城	8.3	312

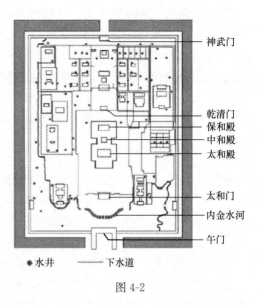

●水井　　——下水道

图 4-2

4. 海绵城市建设现状

近年来，许多城市发生了道路严重积水的现象，甚至雨水倒灌进入建筑和地铁，一旦遇到强降水，城市的排水系统就不堪重负，无法快速有效的疏导雨水，造成城市内涝。近几年北京几乎每年夏季都会发生这种现象，为原本脆弱的交通系统带来巨大的压力，也为居民生活带来很多不便。城市内大量的硬化路面导致地表径流的增加，外加环境污染，使得地表径流夹杂着很多污染物，雨水管网因长期使用而沉积的垃圾为排水情况雪上加霜，第一拥堵了排水，第二雨水排入河流、内湖等造成了再次污染。

基于城市内涝和径流污染问题越来越严重。究其原因，大致可归为以下几个方面：

（1）我国城市化进程过快，城市排水仅强调"排"字，而未考虑可持续的资源利用；

（2）城市雨水排放设施仍为传统的雨水口、雨水管道管渠及雨水泵站等"灰色"基础设施，并未考虑水文循环的自然规律；

（3）雨水径流中，携带了大量的污染物，如无机化合物、氮、磷及防冻剂等。针对这几方面的原因，我国从经济、社会和环境效益出发，制定了多方面的政策及措施。

2002 年，我国发布了《健康住宅建设设计要点》。《要点》强调，在建筑小区的雨水收集和利用的过程中，应结合当地自然地理情况，因地制宜。透水铺装应用在道路的次干道或人行道上，以达到削减洪峰流量，渗透雨水，保持水土的作用。

2005 年，中国建筑设计研究院开始对住宅小区的雨水利用进行了多方面的研究。2006 年 6 月，我国颁布了《绿色建筑评价标准》GB/T 50378—2006，标准对卫生洁具的用水量、冲厕、浇洒道路的水量水质等均作了明确的要求。同时，标准对于节能环保，注重资源的可持续利用方面做出了规定，为海绵城市理念的提出做了铺垫。2007 年 4 月，建设部发布了《建筑与小区雨水利用工程技术规范》GB 50400—2006。它是我国第一部关于建筑小区雨水收集利用的设计规范。规范重点对雨水的水量、水质，雨水系统的选型、收集利用方式及土壤入渗等各个方面进行了规定，提出了初步的解决办法，为从事给排水相关专业的设计人员提供了新的思路。

"十二五"规划中提出，至 2015 年，城乡饮用水安全及水质保护得到显著提高。同时，强调了低碳、环保的理念，重视雨水的管理控制及技术措施。十八大中，强调将生态文明列入首位，与政治、经济、文化及社会建设共同作用，促进国家的发展。习总书记在2013年中央城镇化工作会议中，也明确指出，太多的水泥地占用了可以保持水土的林地、草地、池塘及湖泊，破坏了正常的水文循环，致使暴雨来袭时，雨水只能从管道排出，无法收集利用、补充地下水。若想解决城市缺水问题，顺应水文循环的自然规律，一种重要的方式就是将雨水"留"下来。充分利用大自然的力量，建设能够自然存蓄、净化的"海绵城市"。

2013年，国务院发布通知，要求在2014年底，制定详尽的城市排水防涝的设计规划，将治理城市内涝列入政绩考核，争取用10年的时间形成完善的雨水排涝体系。2014年5月，中国气象局和住房城乡建设部共同发布了《城市暴雨强度公式编制和设计暴雨雨型确定技术导则》：指导各地建立雨水监测站点，收集并分析雨水的暴雨强度数据；协助当地气象部门确定降雨的时空分布特征，分析其降雨类型并研制、开发相应的暴雨强度公式推求的软件；确保雨水监测站点的周边环境不受干扰，以提供准确的实时数据。

2014年10月，住房城乡建设部编制了《海绵城市建设技术指南—低影响开发雨水系统构建（试行）》，重点介绍了海绵城市的可行性实施方案，为相关人员提供了新的视角，对指导新建、改扩建工程的设计、施工及维护运行具有重要的意义。自此，全国各地纷纷响应，北京、上海、宁波等地已进行试点，这对于引领水资源的利用，促进水环境状况的改善具有重大意义。2014年12月，水利部、建设部等三部委提出了建设海绵城市试点城市的通知。2015年1月，开展了海绵城市试点的申报工作。2016年，根据《财政部住房城乡建设部水利部关于开展中央财政支持海绵城市建设试点工作的通知》（财建〔2014〕838号），财政部、住房城乡建设部、水利部决定启动中央财政支持海绵城市建设试点工作。

4.3 城市新区海绵城市规划理论方法

4.3.1 相关概念

海绵城市，狭义上来说，即是城市低影响开发；广义则是城市整体的雨洪管理，包括生态基础设施建设，构建绿色雨水基础设施体系。它包括流域管理、雨洪资源化、城市水系空间格局、水生态系统、湿地、湖泊、河流、城市绿地、透水铺装、建筑雨水收集系统等众多具体技术和设计。

1. 雨洪管理理论

工业革命之前，人类改造自然的能力还很小，城市与水的关系主要表现为一种自发的依存关系。工业革命之后，人类开始征服自然，迅速地发展着城市生产，大量的消耗、排污成了当时大城市发展的写照。一大批的工业城市迅速发展起来，如英国的曼彻斯特，在大机器的推动下，更多的大工厂建立起来，德国鲁尔区成为欧洲重要的钢铁煤炭工业基地，形成了人口大量聚集的工业城市区。自然空间被破坏严重，不仅城市水系遭到严重的污染，还破坏了城市的生态，水空间由原本宜人休闲的区域变成了城市中脏乱差的地带。

20世纪之后，人类进入了对工业文明的反思阶段，开始认识到片面的发展严重破坏了人类赖以生存的环境。环境危机使得人们的价值取向开始转变。全球范围内频繁的洪涝灾害、水资源短缺及严重的水资源污染唤醒了人类对雨水资源的重视。

从 19 世纪初开始直到 20 世纪 70 年代，欧洲国家的城市雨洪管理主要以管道排水为主，各国建立了比较完善的管道排水系统。进入 20 世纪 70 年代，雨洪的综合管理开始在各国迅速发展起来，可持续的雨洪管理方式是整体的发展趋势。

1982 年在夏威夷召开了第一届国际雨水集流会议。针对雨洪管理的国际学术交流，促进了雨洪管理的发展，研究逐渐从理论走向实际。近 30 年间，各国相继开展了雨洪管理研究，发达国家技术领先，研究较深，因此相关研究理论发展较快，逐步建立起系统的、规范的体系及相关制度。

在我国提出海绵城市概念之前，不少国家已经有相关的理论或观念的传播，包括 1972 年美国提出的最佳雨洪管理实践（Best Management Practices，BMPs）、1980 年日本的雨水储留渗透计划、1990 年澳大利亚就将水敏性城市设计（Water Sensitive Urban Design）应用到城市开发项目中、20 世纪 90 年代德国的自然开放式排水系统（natural drainage system）、1999 年英国的"可持续性城市排水系统"（Sustainable Urban Drainage System，SUDS）、2000 年美国提出了"低影响开发"（Low Impact Development）、2000 年底欧盟实施水框架指令（Water Framework Directive，WFD）、新加坡 2006 年推出的"活跃、美丽、洁净水项目"（Active Beautiful and Clean Waters Program）以及其他国家或地区陆续提出的各种强调雨洪管理的措施与理念，包括：更优场地设计（Better Site Design，BSD）、绿色基础设施（Green Infrastructure，GI）、精明增长（Smart Growth，SG）、保护性设计（Conservation Design，CD）等等。

这些理念都是维持城市水文条件为设计目标的，通过科学、系统地设计、建设和管理城市雨水资源，并与城市规划、水文保护、湿地利用、城市交通、市政、建筑、景观等城市管理的各个方面联系紧密。

2. 低影响开发

低影响开发理念（Low Impact Development，LID）从某种意义上说是对 BMPs 体系的补充，内容相对于 BMPs 体系更为具体和全面，是 1990 年由美国马里兰州环境资源署提出的。在自然界的水文过程中，降雨产生的雨水通过自然地表的渗透与植被截留补充地下水，实现对径流水量的控制。同时植物和土壤对于雨水的自然净化，最大限度地减少污染物对地表水和地下水的污染，达到对污染的控制。低影响开发是一种遵从自然的雨水管理方法，根据场地自然水文条件与雨水自然循环过程，通过分散规划设计一系列软质雨水管理景观设施，构建一个绿色的雨水管理网络，实现对场地雨水水量与水质的管理。

低影响开发不同于追求将雨水尽快收集，排入末端进行雨水治理的传统雨水管理策略，而是尽可能从雨水源头以及雨水传输路径上，利用绿色雨水设施模拟自然水文循环过程，通过滞留、渗透、吸收、过滤、储蓄过程，达到城市开发前后水文的平衡。

低影响开发的主要理念包括：（1）充分模拟自然水文过程，考虑对场地的水量、水质的控制及自然资源的保护与恢复；（2）从径流的源头对场地雨水加以控制，提倡应用分散的、小尺度的、相互关联的设计措施，降低下游洪涝发生几率；（3）需要充分利用土壤与植物的自然净化功能去除污染物；（4）注重景观的复合功能，在满足景观设计需求的同时实现雨水资源管理。

低影响开发通过场地规划、水文分析、综合管理措施、侵蚀和沉淀控制及公众宣传五个层面策略，综合、高效的管理城市雨水径流。具体措施主要包括生态植草沟、下凹式绿地、雨水花园、绿色屋顶、地下蓄渗、透水路面等。此外，低影响开发的应用主要针对较小的降雨事件，而非偶然的大暴雨事件，是一种可以发挥长期生态效益的可持续性的雨水资源管理方式。

3. 可持续性城市排水系统（SUDS）

20世纪80年代初期，英国意识到建立可持续的雨洪管理系统的重要性，在通过大约20年的研究和实践之后，在最佳雨水管理实践的基础上，英国根据自身的情况，提出了可持续性城市排水系统（Sustainable Drainage Systems）。该系统旨在通过规划设计将城市的各种排水系统进行统筹考虑，综合大小排水系统的作用，引入可持续发展的概念和措施。

在区域规划层面要求选址、布局与设计等方面要与可持续性城市排水系统相结合，减少新开发项目的洪水风险；地方规划部门在规划审批时要为可持续性城市排水系统赋予优先权；在环境效果评估规章中认为可持续性城市排水系统可以用于缓解环境的消极影响；建设部门的相关文件中则表明要遵守"雨水入渗优先于管网系统"的建造秩序（DCLG，2010）。

可持续排水主要是利用自然的排水方式，通过地形、溪流等创造雨水输送的渠道，它是依靠自然排水与管道排水相结合的方式，强调在流域上游建立就地下渗系统，将集水区域中各子流域内的雨水暂时存储、就地下渗、延长雨水排放路径、增加径流排放时间以达到去除污染、蓄积雨水的作用。虽然可持续性城市排水系统并不是一个强制性的措施，但是它仍被反复列为雨洪管理的最优选择。

4. 绿色基础设施理论

随着城市化进程的迅速推进，水土流失、温室效应、资源短缺、森林锐减、洪涝灾害、干旱频发、大气污染等环境问题逐渐引起人们的重视。20世纪80年代，世界环境与发展委员会（WCED）发表了报告《我们共同的未来》，提出了可持续发展的概念。其实本质是处理好人与自然之间的平衡关系，通过舆论引导、政府规范、法制约束、文化导向等规范社会、经济与环境和谐的可持续发展。世界各国开始逐渐把可持续发展作为社会经济发展的首要目标，在此背景下绿色基础设施的概念应运而生。

"绿色基础设施"不同于传统概念的"自然保护地"，它更注重协调自然保护与人类建设开发、人为设施之间的关系，如对建成区的雨水进行渗漏导流的自然处理等。从城市水文循环角度看，城市中大面积硬化的下垫面阻断了雨水的自然循环过程，增加了城市内涝发生的几率，降低了自然系统的水体净化能力以及相关联的生态包容和修复能力。城市中的废弃物、生活污水、人工化学物质等集中进入自然水体，污染超过自然净化能力，破坏了原有生态的平衡。对于城市中存在这些问题，绿色基础设施理论更强调以较为主动的方式去建设、管理、维护、恢复，甚至重建绿色空间网络，而不是被动的保留、隔绝。通过将城市中正逐渐收缩的国家公园、自然保护区、周边的乡野等点状或片状绿地自然的连贯起来，形成一个完整的绿色基础设施生态网络体系，对恢复城市自然水文循环、保护生态环境都有着重大意义。

在城市中孤立存在的绿地往往无法发挥其生态作用，在解决城市雨洪问题上也具有局限性，因为雨洪问题与生态过程是同样需要网络体系支撑的一个系统问题，现在城市中的公园绿地、防护绿地、居住区附属绿地等往往独立存在，在水循环中没有或者很少有联系，这种缺乏协同的状况不利于利用城市绿地解决雨洪问题的效果。城市中的绿地往往承担着多种职责，美化环境，为居民提供游憩休闲以及防灾避险等作用，现在的城市绿地所承担的作用已经不能有效满足居民的需求，在现有局限的绿地中，再从中开辟出大量的绿地兼顾雨洪排放的功能，恐怕会使城市绿地原有的功能布局更加局促。

解决城市雨洪问题，往往是一个动态的过程，这就要求解决措施和设施具有较强的连续性，因此，当前城市中孤立的城市绿地对雨洪问题的解决能力不足，要建设有效率的海绵城市，就需要将零散的城市绿地联系起来，形成一个整体，有一个城市雨洪的绿色通道框架才能在有限的功能绿地条件下高效发挥其消纳雨水的能力。

5. 水敏性城市设计

水敏性城市设计（WSUD）是2009年来自澳大利亚水利部门的专家考察欧洲和新加坡之后提出了水敏性城市的概念，旨在回应长期干旱下日益严重的城市雨水问题。强调将城市水循环融入城市规划设计中，形成一个城市综合水管理系统，最终为解决城市水问题提供一个完善、有效的方案。WSUD目标是将城市设计与可持续的雨水管理相结合，通过对城市水资源供给的有效管理，如提高雨水资源利用率，减少污水排放量，节约水源等途径降低城市开发建设对自然水文过程的破坏，并达到开发前后的水文平衡。

水敏感城市设计涵盖了五项基本原则：（1）保护与恢复自然系统，充分发挥自然水系的水循环功能，保持生态平衡；（2）充分发挥城市景观设计的可持续雨水管理功能，实现景观的自然效益；（3）保护水质与控制水体污染，在雨水径流发生过程中利用自然水体的净化功能去除污染物质；（4）控制城市开发，减少径流和峰值流量，通过合理、有效的土地利用来调蓄城市雨洪；（5）在满足各个功能的同时最大限度地降低建造成本，使景观得到改善，提升区域土地的价值。

在上述海绵城市理论认识下，对于海绵城市的建设，在不同程度下的含义是不同的，需要统筹低影响开发雨水系统、绿色基础设施理论及超标雨水径流排放系统之间的规划关系，如图4-3所示。

由于我国现阶段的经济社会状况决定了海绵城市建设不能只在小区域施行海绵城市措施，我们的城市建设现状要求在建设海绵城市时必须在流域及区域水系尺度上整体考虑设计及管理，流域的总体设计包括了产业和城市空间布局、土地利用性质的转变等诸多因素，是对传统的雨洪管理理念的发展和创新，是更符合我国国情的雨洪管理理念。

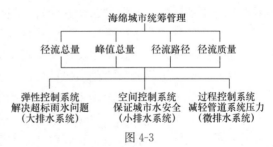

图 4-3

从解决问题的效用上来讲，要强调和重视大尺度的流域范围内的宏观规划，因为细化、明确、落实在宏观层面上的规划和设计更有助于海绵城市建设的可持续和稳定发展。在构建大排水系统的基础上，我们要完善小排水系统，鼓励建设微排水系统，将海绵城市的建设融入我们生活、建设的各个方面。

城市在发展过程中侵占河流的状况比比皆是，对城市水系的保护和合理规划首先要做好开发前流域内的土地适宜性分析，明确城市水系规划责任，合理规划土地利用类型。

在自然的土地上，地表径流汇集成一系列细小的水流，小水流彼此融合，形成小溪。小溪汇集成小河，而小河又汇集为大江。这种由河流彼此联络构成体系的水道系统，就如同树上的枝条一样，被称为排水网络，为排水网络供给水源的区域则被称为流域。流域是分水线包围的区域，包括河系及周边的坡地，河系由大大小小的河流汇合而成，是流域的水域部分；坡地是流域的陆域部分，具有一定的地质、土壤、植被条件。大多数流域都由三个相互联系的部分构成的：外围高地、集水区和输导区。根据流域特征，以及土地利用方式的分析，可对各区域的水文特征进行土地适宜性分析：

在降雨的条件下，外围高地的水流通常小而分散，因此高地区内场地尺度的暴雨管理相对容易，但是，分散且小的支流聚少成多，很容易在汇聚的过程中迅速聚集，当到达下游地区造成灾难性的灾害，因此，上游高地区域可以进行适当的建设，并对雨洪管理采取一定的措施，将雨水截留在当地或疏散到周围非城市区域，减少汇入主城区的水量，是缓解城市地区内涝的一个重要举措。集水区通常是低洼区域。汇集来源于高地的径流，由于汇集来自高地以及自身的大量径流，这一区域很容易产生"内涝"，因此，不宜进行过度建设，对该区域，应该留足空间，形成接纳雨水的通道。集水区以城市河流为主要组成部分，加上坑塘等组成城市水网。

当降雨量过大，集水区不堪重负时，需要把集水区的水流输送到高一等级的水道中形成中心输导区，就是把城市中不能疏解的雨水引排河中，缓解城市内部雨洪压力。疏导区一般是城市河流主干道、下游湿地等，并在安全地带保留蓄水湖面，在雨季结束后反补城区水系，促进城市水体的生态功能。

4.3.2 城市雨洪管理方式及现状分析

19世纪开始，伦敦开始建设世界上最早的现代城市排水系统，特别是1915年蒸汽水聚发明后，解决了工业化的排水问题，由于水利设施有能力将低地的雨水通过泵站抽取排放到海拔更低的区域，所以城市快速向近郊发展，甚至向原本不适宜建设开发的低洼地、沼泽地区扩张。以"集中处理"和"快速排放"为主流思想的雨洪管理思路在全世界推广开来。理论上，雨水径流量小于城市雨水管网的排放能力时，城市不会发生内涝现象。但是，我国目前雨水管网的排水能力较低，已经无法满足城市雨洪排放要求。

而且，发达国家的建设经验表明：自然的水文循环被人工的水转移工程、人工蓄水工程和城市管道系统给缩短了，但是工程措施并没有构建一个随着迅速扩张的城市共同发展的完善系统，超标雨水排放系统没有被建立起来。只将城市雨洪问题寄希望于快速收集与排放的传统雨水管网系统，是不能解决高度发展的城市的雨洪问题，并有可能引发一系列次生灾害。

城市发展硬化路面并建造强大的排水管网，这种城市建设思维最早源于西方，但是20世纪中叶开始，西方国家开始进行反思。德国从20世纪60年代就开始在道路铺装上使用透水材料，并致力于不透水路面的改造，雨水零排放的思想也影响了不少国家的雨洪管理理念；美国很多城市对新开发区径流量用立法的方式加以限制，控制径流量实际上就是控制硬质下垫面的面积；日本从80年代开始推行雨水贮留渗透计划，随着雨水渗透措施的推广和应用，相关领域的法律和技术管理体系也逐渐完善。

城市建设选址一般趋利避害，人们自古以来虽然依水而居，但却要避开洪水频繁侵害的区域，选择临水高地建立城市，古代城市的选址也揭示出一个道理，即是人类对水的需求和敬畏，面对变幻莫测的气候，城市需要抵御各种自然灾害，当发生极端降雨事件时，需要对雨水进行管理，采取疏解措施，防止洪水灾害对城市造成伤害。由于对土地的需求，城市建设占用的大量的河滩土地，导致城市排水系统压力增大，以"快排"，为主导的城市地下管网系统已经捉襟见肘。

4.3.3 雨洪管理实践

不少欧美国家提倡运用生态的雨洪管理措施来指导城市的改造和新区域的建设，由此进行了一系列的雨洪管理实践，对在这方面做出创新贡献的也有奖励性措施。比如由美国绿色建筑协会建立并于 2003 年开始推行的绿色能源与环境设计先锋奖（Leadership in Energy and Environmental Design，LEED）以及可持续场地倡议（Sustainable Sites Initiative）。

LEED 作为一个评价绿色建筑的工具，旨在鼓励在环境方面做出榜样的建筑和住区，大部分是关于先进有效的雨洪管理技术的。SITES 包括了 9 个一级评分项，其中关于水设计的部分主要涉及 4 核心内容，包括：场地雨洪管理、减少灌溉用水、恢复水生生态系统和雨水设施的景观化处理。

2010 年在旧金山举行的 LID 国际会议上，英国谢菲尔德大学教授理查德·阿什利提出按照人类对水的态度可以将城市划分为六个阶段：供水城市、下水道城市、排水城市、水道城市、水循环城市。雨洪管理的方式在不断地发展与进步。

4.3.4 保护城市天然水系

城市的防治洪涝灾害是一个庞大的系统工程，其中一个事半功倍的做法就是有效利用天然水系以及人为地沟通河渠，建立完善的水网体系能够起到很好的防洪排热效果。在城市发展过程中，对于没有合理地处理人与水的关系，不少国家和地区付出了沉重代价。

发达国家在城市水安全方面采用的是大量建设地下管道系统代替地上排水系统的做法，这种方式导致了在城市以前所未有的速度发展过程中，水文循环被破坏，排水系统无法抵御变化迅速的城市雨洪问题。单单就对城市河流的重新生态修复，发达国家就花费了小半个世纪的时间，英国的泰晤士河流域以及日本的琵琶湖流域都有超过 20 年的生态恢复与治理历程。

4.3.5 排水系统在雨洪管理问题中的局限性

雨水管道颠覆了水文循环的过程。为了解决城市日益增加的径流排放量，单位面积空间中的传统排水管的增加，导致了暴雨负荷的增加及水质恶化。研究显示，雨水在管道中的流速远远大于地表流速，导致污染物很难被沉淀下来，加速了对受纳水体的侵蚀和污染。

径流被大量地快速排放，使得本应该被自然下垫面渗透吸收的雨水直接进入受纳水体，导致原本就在缩减的城市河流水体的瞬时流量激增，在短时间内达到峰值流量，非常容易形成内涝灾害。据研究显示，局部内涝现象是靠上游来水速度决定的，上游径流不经拦截，在下垫面概率小的通道中快速汇集到低洼地区时，管网的提标对内涝的缓解作用十分有限。

在过度依赖排水管网的情况下，当城市下垫面的状况迅速改变，造成径流量的急剧变化，一旦排水管网不能匹配变化的径流量及峰值量，就会造成排水系统的失灵。我国室外排水设计规范中只规定了雨水收集系统的低设计标准，缺乏城市整个排水系统（包括管道和地表排水通道）。从管理角度看，近几十年城市建设高速发展，应有的配套排水设施滞后，给原本超负荷工作的下游排水系统造成更大压力，有些建设项目缺乏水力评价，破坏了地表排水通道，这些不合理的建设都会使内涝频率更高，危害更重。

1. 系统改造难度大、花费高

由于排水标准较低，我们的城市不少排水管道堵塞严重，据调查数据显示，北京近8成的雨水排水管道内有沉积物，约一半的雨水排水管道内沉积物的厚度占管道直径的10％至50％，个别管道内沉积物厚度甚至占到管道直径的65％以上，直接影响了城市排水系统功能的发挥。

因为管道系统位于地下，不如地上系统的维护来的简单，同时，对不够设计标准的管网系统的提升改造是一个复杂的过程。在已经建成的老城区，建筑密度大，使用频率高的地区，大范围的改造地下系统难度大、费用高而且影响交通和日常活动。在路面坡度、管道材料等诸多因素完全一致的情况下，铺设10年重现期的管道要比1年重现期的管道每平方米至少多花费2000元，想要在城市中大范围改造将是一笔巨大的开支。并且，城市的密集开发使得地下管道扩容空间不足，对于大部分城市，在城市已建成区，要在短时间内通过提升管道标准来防止城市内涝，几乎是不现实的。

2. 各部门之间的技术与规范衔接问题

在管理城市雨洪问题的过程中，相关部门之间的协调与合作不够，往往各司其职，互不合作，这样的后果是事倍功半，基本问题没有得到解决，还加重了城市环境的恶化。城市的排水系统、雨水系统应该是一个完整的系统，但实际都是分部门管理，整体性很差，缺乏长远系统的规划。而且，在城市建设过程中，政府往往重地上、轻地下，造成涉及民生的设施得不到合理的建设。

城市对地下排水管道系统的规划赶不上城市发展的速度，目前我国的绝大部分城市排水管道系统采用的是合流制，不少城市的雨污水管道错接严重。且排水管道的设计标准过低，绝大多数城市的排水管道已经不能满足城市的正常排放要求，不少管道缺乏维护、排水不畅，城市排洪河道和排水系统的高程衔接问题突出，造成顶托、雨水口或管道堵塞等问题。

3. 地下设施规划基础资料不足

过去50多年，城市规模不断扩大，路网不断延伸，地下空间日益复杂，但是有关部门也无法肯定地告诉公众，城市地下空间的建设状况。在地下设施包括雨水、污水、自来水、通讯等八种提供城市基础服务的管线中，仅仅是排水管网已经长达3807公里，而由于各种原因，城市相关部门没有一张完整的地下城图谱。而全国大约有70％的城市地下管线没有基础性城建档案资料。这些条件的限制，使得城市地下排水系统的提升改造难度越来越大。

4.4 国内海绵城市建设规划

4.4.1 国内海绵城市建设存在的问题

我们当前的雨洪管理思想是以"快排"为主要的保证水安全的方略，"快排"的思想是寄希望于通过管道系统快速将雨水转移到下游地区，殊不知这样的措施虽然在发展的前期起到一定的作用，但是它是一种转移风险的措施，并不能从根本上解决实际的问题。当只强调排，不注重滞，与城市发展不匹配的管网排放标准以及河网低地等蓄水空间的减少，忽视自然的水文循环，就会造成在现代工程手段的介入下，城市陷入雨季弃水，旱季求水的恶性循环中。

1. 管理陈旧——部门间缺乏合作

城市在建设过程中，各建设部门各司其职，互不沟通，由于缺乏整体的城市规划的协调，是造成雨洪问题越来越突出的一个关键性原因。

我国对水资源的分部门管理导致规划建设缺乏沟通与协作。这种分部门管理的体制不利于水资源的有效利用。对城市雨洪控制有责任的部门牵扯很多，诸如市政、水利、园林、建筑等部门，但是各部门间缺少联系沟通，使得在雨水调蓄的衔接关系上缺乏沟通，不构成整体。

雨洪管理包含的子系统包括：城市排水与洪涝控制系统、城市雨水利用系统、城市径流污染控制系统、环境生态系统、建筑景观园林系统、城市道路系统等其他相关系统。这些子系统之间也缺乏联系。目前我国多数城市的防洪由水利部门负责，排涝由市政部门负责，城市水空间规划与建设由城建部门负责，环境与生态由环保部门负责，景观由园林部门负责，城市道路由市政部门负责。各部门之间形成了一种"各自为政"的状态，相互之间的关系更多的是冲突而不是互补。如在雨洪管理上可以形成一个源头控制、过程调蓄、末端收纳的线性系统，能有效保证水质、控制峰值，达到缓解城市内涝，实现海绵城市的目的，但是这些子系统分别属于不同的部门，沟通缺乏导致系统性缺失。

2. 技术制约——缺乏系统规划

城市在发展过程中，不合理的城市开发模式与城市增长状态导致城市硬化面积激增、区域内的雨水径流系数变大，单一功能的土地利用模式都是城市在规划管理方面的弊端。包括各专业之间的缺乏沟通与协作，使得现有的灰色基础设施仅仅依靠工程技术的支持，没有将绿色基础设施与灰色基础设施合理结合，加上固有的"快排"观念的阻碍，一系列的原因叠加使得城市的良性水文循环在缺乏沟通的各部门间加速了破坏的进程。

针对城市内涝的防治，不少城市在探索的过程中进行了大量的调蓄设施的规划与实践，但是这些调蓄设施往往独立设计，针对某一单一目的建造设计，缺乏多目标控制，局限于缓解局部雨洪过量的情况，多采用末端控制，缺乏综合利用效果且投资巨大，收益甚微。

当我们认识到单靠管网不能解决城市雨洪问题的同时，开始探索更广泛的解决办法，包括一些恢复城市自然系统的低成本工程措施，如：开敞废水渠道，开敞下水道、蓄洪池以及混凝土河道成为城市结构中明显的元素。这是解决内涝的一种方式，但是若只是单纯地让地下设施"重见天日"，那么就只会让那些地面上的基础设施成为城市中令人讨厌地受污染且存在种种危险的地方。城市的规划、建设、园林、环保、水务、水利、市政等部门所管理的要素都实质性的参与和影响到了自然水循环系统。因此，建设海绵城市是一个需要城市规划、市政基础建设、园林绿化与生态建设等各方面共同合作的过程。

3. 功能错位——水系破坏严重

城市在建设过程中，不仅以不合理的规划模式增长着城市的范围，同时还错误的改造城市水系，将河流、湖泊、沟渠填埋造地，修路盖房。不少城市河道、明渠变成暗沟甚至被建设用地挤占后填埋消失，原来相互沟通的水系变得支离破碎，不少城市自然水系被截流，成为污水沟。

为了扩张建设用地，开发商大量向政府要地，由于河漫滩的土地是国有资产，被大量卖给开发商将这些具有生态价值的土地变成了居住区、商业区，使得城市的海绵体大量丧失。河道空间被挤占，为了保证城市水安全，这些河渠变成了单纯的防洪工程，被截弯取直，工程硬化，干扰了河道原来的综合功能。原本防洪为目的的排洪河道也因为城市整体的生态环境的变化（如综合径流系数增加、径流量加大、峰值的改变、污染物增加等因素）使得洪水水位也越来越高，下游河道被侵蚀严重等一系列的问题。

最近 30 年，我国城市建设用地大幅增加，城市径流量加大、排水条件发生变化，城市水系的排水功能被地下排水管道所替代，但是，随着发展的膨胀，传统城市排水系统及过低的排水管道标准所存在的各种弊端暴露出来：无法满足排水需求、提升改造成本巨大、雨污混合污染问题严重，致使城市内涝、水污染等问题日益加剧。

4. 规划不足—忽视绿色基础设施

我们现代城市的雨洪管理模式是基于集中处理且大部分位于地下的基础设施系统将雨水和污水传送到远离城市发展密集区域之外。这种方法不能彻底解决雨洪问题，甚至会导致一系列的后续灾害。可以发现传统城市建设模式在应对内涝灾害和水安全问题上所表现出的能力存在明显不足，这主要归咎于传统的城市雨洪管理理念是"快排"为主的灰色排水基础设施为主，加之城市的防洪和排水工程规划落后，城市雨水基础设施不完善，以及居民的雨水资源再利用意识薄弱所造成的。

由于建设有助于海绵城市所规划的土地空间需要在城市整体规划中得以体现，就要求调整一些土地的使用性质。但是在整体规划过程中，往往将城市雨洪管理的责任交付给市政排水系统，因此对城市绿色雨水基础设施建设的忽视使得此类建设用地得不到落实和重视。

不仅在规划中的绿色基础设施得不到重视，城市中原本的自然调蓄用地也在城市的开发过程中被破坏，失去了原有的调蓄能力。

城市中的现有绿地具有巨大的调蓄雨洪的能力，但是几乎所有的城市绿地都为了保证植物的健康生长，将绿地设计高于周围硬质铺装高程，使绿地无法发挥调蓄的功能，不少公园绿地有不少造景水体，但由于缺乏雨水利用的思想，没有把这些潜在的雨水调蓄设施利用起来，在遭遇强降水时发挥吸纳雨洪、减少径流的作用。

4.4.2 雨洪管理系统的改进方法

面对我国日益严重的内涝灾害，我们需要思考一下在城市发展进程中对雨洪的管理措施的问题，总结利弊，发展有效的方式规划城市水系。城市排水系统有两个方面：一个是地下的管网，另一个是河湖水系。

在没有现代地下排水设施以前，人们依靠的是自然的排水系统，它包括沟渠、坑塘、湿地，雨水汇集到小沟渠中，小沟渠再汇成河溪，在汇集的过程中通过软质的下垫面的入渗，回灌地下水，最后汇入河湖，存储在城市的水域中，参与自然的循环，下渗、蒸发，是一个完整的循环系统。

现代城市高度利用的土地，将地表沟渠改成了地下管网，将城市产生的径流全部汇入管网进行快排，径流快速汇集，夹杂着污染物直接进入湖河水系，再通过河湖水系排到城外。这种方式带来的弊端已经在每次的雨季造成了巨大的损失。因此，我们在对雨洪管理的探索中提出了海绵城市概念，企图通过合理的海绵城市建设恢复城市的水文循环。

4.4.3 连云港市海绵城市建设案例介绍

连云港是沂、沭、泗河等入海的"洪水走廊"，汛期要承接上游 7.8 万平方公里的汇水入海，同时也是淡水资源的供给末端。长期以来，连云港市人民政府在水利工程方面投入了大量的资金，为流域内其他地区的水资源保障和防洪安全作出了很大贡献。局限的自然地域条件在一定程度上制约了连云港市的经济发展。因此，连云港需要更科学的解决方案，合理运用城市建设投资，来解决城市水生态环境方面的民生问题。

连云港市根据本地的研究分析和评估，确定海绵城市建设目的在于更新理念和技术，优化城市管理决策机制和技术体系，综合前期规划成果，充分评估城市开发对生态环境和水资源的需求和影响，通过优化协调，避免传统开发导致的洪涝频发和水环境恶化，实现健康优美的城市水环境，提升城市环境质量。连云港海绵城市建设的技术路线首先需要调查城市的本底情况，掌握支撑城市建设管理的基础信息；其次在本底调研、分析评估的基础上，确定海绵城市建设的目标与指标；再次通过规划协调、建设实施，由点到面、系统推进海绵城市的建设。

1. 海绵管理分区

根据建城区排水分区和城市建设特征，划分了 24 个海绵城市管理分区，如图 4-4 所示。考虑生态要素、内涝问题和城市发展特征，确定每区的海绵城市建设控制指标。综合

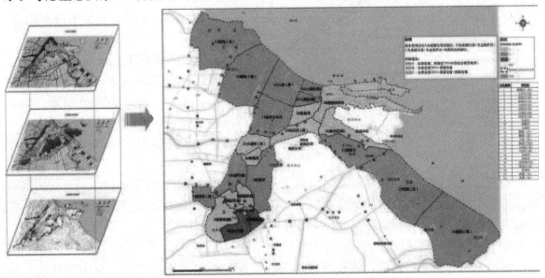

图 4-4　连云港主城区海绵管理分区图

分析连云港海绵建设24个管理分区的硬地率、绿地率、水面率、未开发率，从生态、水环境、水安全综合因素筛选出龙尾河（北）片区作为连云港海绵城市建设试点区。

2. 试点区工程体系

结合试点区域的水文、地质、水资源、建筑密度、绿地率、土地利用布局、汇水区特征和LID设施的功能、经济性、适用性、景观效果等因素，具体提出"渗、滞、蓄、净、用、排"等工程总体布局，包括四大工程体系（水生态修复、内涝风险防治、合流制溢流污染控制、雨水径流源头LID工程）。

3. 试点区特色工程

（1）河道水生态修复及绿廊整治

对龙尾河两岸的绿化带进行改造，将绿带宽度大于10m的进行驳岸和绿化带改造，

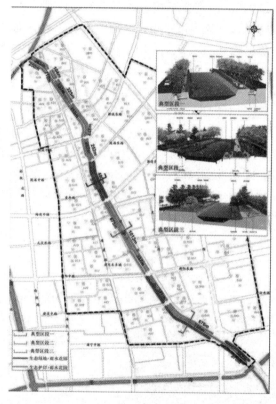

图4-5　试点龙尾河沿岸生态护岸
与雨水花园布局

处理河岸两侧雨水径流，为超标雨洪提供入河行泄路径，在局部区域打开驳岸生态处理，改善水生态环境，提高景观价值，改造长度约5.94km，面积59400m²；对绿带宽度小于10m的，保留原有河岸，改造绿化带，增加生物滞留带，净化周边道路雨水径流，改善区域生态微环境，建设长度约2.84km，面积14200m²，如图4-5所示。

（2）骨干雨洪滞蓄工程

试点区为老城区，如图4-6所示。地势平坦、低洼易涝点多，建设密度高、可利用空间有限，排水管线大多为雨污合流系统且标准低。考虑现状内涝点分布以及公共空间的布局，利用2个公园内的调蓄水面，增加区域涝水调蓄能力，减少风险。

郁洲公园新建泄流闸门和排水管道，在获悉灾害性暴雨预报时，与周围河道预降水位联动，将湖泊水位预降0.5m，腾出调蓄库容，容纳周边管网系统无法及时排出的地面积涝，降低郁洲北路解放路积涝风险。

苍梧公园三面环水，新建泄流闸门和排水管道，在获悉灾害性暴雨预报时，与周围河道预降水位联动，将湖泊水位预降0.5m，腾出调蓄库容，容纳周边管网系统无法及时排出的地面积涝，降低郁洲路绿园路和东方花园的积涝风险。

（3）扁担河日光化改造

扁担河原有的天然河道，连接龙尾河与西盐河。在城市化进程中，扁担河被埋入地下，仅剩余约320m长的河段被加盖为暗渠。扁担河原有的汇流区被管网化后，文昌路大

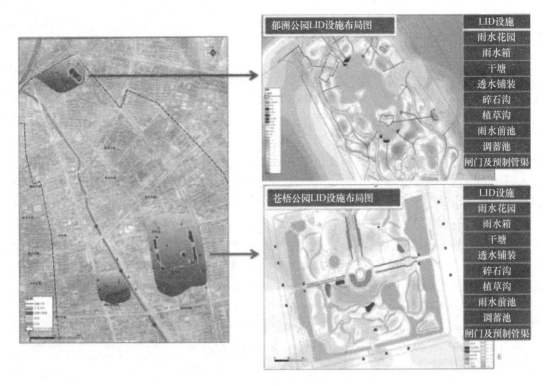

图 4-6　骨干雨洪滞蓄工程分布图

庆路等区域的道路需绕道接入龙尾河，造成积水内涝、雨污溢流污染问题突出。将 320m 长，均宽 15m 的扁担河进行生态改造，拆除通灌南路至龙尾河一段的 3 孔 2m×2.5m 暗涵，重新铺设 2 孔 2m×1m 暗涵。上面做成下凹式绿化开放空间，拆除扁担河暗涵两侧的临时建筑，修建地下雨水箱 2m×1.5m×100m，收集周边地块的雨水径流，用于绿地灌溉和杂用水。扁担河日光化改造景观效果图（暴雨期）如图 4-7 所示。

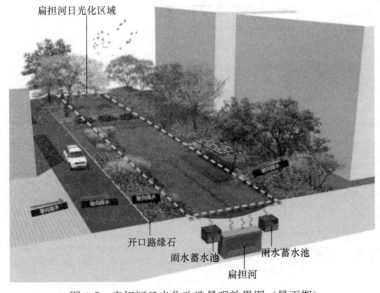

图 4-7　扁担河日光化改造景观效果图（暴雨期）

4.5 江苏推广海绵城市建设概况

2015 年 12 月江苏省政府办公厅印发了《关于推进海绵城市建设的实施意见》，以修复城市水生态，涵养水资源，增强城市防涝能力，提升城市规划建设管理水平和新型城镇化质量，促进人与自然和谐发展为目标。

江苏省《关于进一步加强城市规划建设管理工作的实施意见》中明确规定：要推进海绵城市建设。通过绿色生态方法和灰色基础设施的有效结合，建设自然积存、自然渗透、自然净化的海绵城市。从我省境内水网密集、城市与水关系密切的实际出发，充分发挥河湖水系、自然山体、生态湿地、园林绿地系统调蓄净化雨水功能。引导建立与流域、区域水利相协调，与城镇功能定位相适应的现代城市水利工程体系。加强城市防洪排涝设施建设，加大易淹易涝地区改造力度，提高城镇排水系统建设标准。大幅度减少城市硬质铺装，推广透水技术，因地制宜建设植草沟、下凹式绿地、雨水花园、屋顶绿化等雨水滞留设施，建设海绵型公园、绿地、道路、广场、建筑和小区。城市新建项目要按照海绵城市要求系统实施，既有建成区要结合旧城改造、城市黑臭水体整治等有序推进，到 2020 年全省城市建成区 20％以上的面积要达到海绵城市建设要求。

2016 年上半年，江苏确定了常州、昆山等 9 个海绵城市建设试点城市以及 15 个海绵城市建设示范项目。以江苏省镇江市为例，截至 2016 年年底，镇江市共实施海绵项目 178 个，总投资 35.98 亿元。建成 35 个海绵小区、5 个中小学海绵校园。此外，出台了《镇江市海绵城市设施运行维护管理暂行办法》、《镇江市海绵城市建设（LID）规划管理办法（试行）》等 14 个制度和技术规范。《镇江市海绵城市专项规划》和《镇江市海绵城市管理办法》已通过专家评审。根据计划安排，2017 年 PPP 公司需完成 19 个项目，完成投资 13.22 亿元；城建主体和社会主体开工 275 个项目，其中今年完工 229 个（含续建项目），完成投资 35.16 亿元。

练 习 题

1. 什么是海绵城市？
2. 传统城市与海绵城市的比较，有哪些优势？
3. 海绵城市的特征有哪些？
4. 海绵城市的目标是什么？
5. 建设海绵城市的意义有哪些？
6. 城市内涝和径流污染问题越来越严重的原因有哪几个方面？
7. 低影响开发理念包括哪几方面内容？
8. 可持续性城市排水系统（SUDS）原理是什么？
9. 什么是水敏性城市设计？
10. 水敏感城市设计涵盖哪些基本原则？
11. 国内海绵城市建设存在的问题有哪些？

第 5 章 城市地下综合管廊建设

5.1 城市地下综合管廊概述

综合管廊，也称"共同沟"，顾名思义就是城市地下管线的综合走廊，即在城市地下建设一个隧道空间，将水、电、气、热、通信等各类市政管线集于一体，并设有专门的检修口、吊装口和监测系统，人和小型机械可以进入廊内作业。目标是对市政基础设施实现统一规划、统一建设、统一管理。欧洲在第一次工业革命初期，快速的城市化导致城市人口大量增加，原有的城市基础设施无法适应城市化水平的迅速提高，因此，在工业化较早的伦敦和巴黎等城市开始了世界最早的综合管廊建设，用于解决城市发展过程中地下公共基础设施管网引发的问题。我国的综合管廊建设最早可追溯到 1958 年，但真正意义上的综合管廊建设是从 1994 年上海浦东新区修建的张杨路综合管廊开始的。之后，北京、天津、广州、昆明等城市也在城市建设过程中修建了小部分综合管廊，但总体规模都不大，没形成气候。

综合管廊作为解决城市地下管网问题的有效方式，代表了城市基础设施发展的必要方向和全新模式，其发展前景是毋庸置疑的。建设部地下管线管理委员会于 2005 年在北京召开了关于综合管廊的建设和推广问题的专题研讨会，各方一致认为在经济条件和施工条件允许的前提下，应大力推广综合管廊的建设应用。但相比于综合管廊的广阔发展前景，其在建设、管理和运营等方面的立法、制度制定、体制机制保障、运营模式建立等工作还非常滞后，甚至目前国家对综合管廊的设计、建设还缺乏比较系统的规范标准可供参照。广州、南宁、厦门等一些城市对综合管廊的建设、管理和运营制定了一些相关管理办法，但总的来说目前在国内综合管廊的建设、管理和运营还没有形成一套较完整、较成熟的制度体系，目前还处于摸索阶段。目前情况下，较完善的设计建设规范标准，较成熟的管理制度和合理可行的运营模式对今后以综合管廊为核心的城市基础设施体系的长期、健康、可持续发展意义重大。

5.1.1 专业术语

综合管廊（日本称"共同沟"、我国台湾地区称"共同管道"），就是地下城市管道综合走廊。即在城市地下建造一个隧道空间，将电力、通信，燃气、供热、给排水等各种工程管线集于一体，设有专门的检修口、吊装口和监测系统，实施统一规划、统一设计、统一建设和管理，是保障城市运行的重要基础设施和"生命线"。它是实施统一规划、设计、施工和维护，建于城市地下，用于铺设市政公用管线的市政公用设施。以下将介绍一些关于综合管廊的相关专业术语：

1. 综合管廊（municipal tunnel）

2. 干线综合管廊（trunk municipal tunnel）

3. 支线综合管廊（branch municipal tunnel）

4. 电缆沟（cable trench）

5. 现浇混凝土综合管廊（cast-in-site municipal tunnel）

6. 预制拼装综合管廊（precast municipal tunnel）

7. 排管（cable duct）

8. 投料口（manhole）

9. 通风口（air vent）

10. 管线分支口（junction for pipe or cable）

11. 集水坑（sump pit）

12. 安全标识（safety mark）

13. 电缆支架（cantilever bracket）

14. 电缆桥架（cable tray）

15. 防火分区（fire compartment）

16. 阻火包（fire protection pillows）

5.1.2 国外和国内城市地下管线综合管廊的概况

1. 国外综合管廊的发展历程、现状和规划

在城市中建设地下管线综合管廊的概念，起源于 19 世纪的欧洲，它的第一次出现还是在法国。自从 1833 的巴黎诞生了世界上第一条地下管线综合管廊系统后，至今已经有将近 175 年的发展历程了。经过 100 多年的探索、研究、改良和实践，它的技术水平已完全成熟，并在国外的许多城市得到了极大的发展，它已经成为国外发达城市市政建设管理的现代化象征，也已经成为城市公共管理的一部分。国外地下管线综合管廊的发展历程、现状和规划概括如下：

（1）法国

法国由于 1832 年发生了霍乱，当时的研究发现城市的公共卫生系统的建设对于抑制流行病的发生与传播至关重要，于是，在第二年，巴黎市着手规划市区下水道系统网络。并在管道中收容自来水（包括饮用水及清洗用的两类自来水）、电信电缆、压缩空气管及交通信号电缆等五种管线，这是历史上最早规划建设的综合管廊形式，如图 5-1 所示。

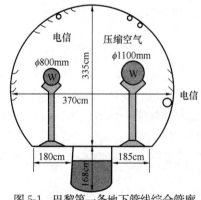

图 5-1 巴黎第一条地下管线综合管廊

近代以来，巴黎市逐步地推动综合管廊规划建设，在 19 世纪 60 年代末，为配合巴黎市副中心 LA Defense 的开发，规划了完整的综合管廊系统，收容自来水、电力、电信、冷热水管及集尘配管等，并且为适应现代城市管线的种类多和敷设要求高等特点，而把综合管廊的断面修改成了矩形形式，如图 5-2 所示。迄今为止，巴黎市区及郊区的综合管廊总长已达 2100 公里，堪称世界城市里程之首。法国已制定了在所有有条件的大城市中建设综合管廊的长远规划，为综合管廊在全世界的推广树立了良好的榜样。法国

现代综合管廊内的管线布置如图 5-3 所示。

形　状	收容物件	备考
  （E图 W T 等管线布置图）	W:自来水 （~300mm~） C:冷水 （~700mm~） H:高温水 （~400mm~） C:集座配管 （~600mm~） E:电力 T:电话	覆土约2.0m于共同管道之下部，铺设污水管也有与此形状不同的。

图 5-2

图 5-3

（2）德国

1893 年原德国在前西德的汉堡市的 Kaiser-Wilheim 街，两侧人行道下方兴建 450 米的综合管廊收容暖气管、自来水管、电力、电信缆线及煤气管，但不含下水道，如图 5-4 所示。在德国第一条综合管廊兴建完成后发生了使用上的困扰，自来水管破裂使综合管廊内积水，当时因设计不佳，热水管的绝缘材料，使用后无法全面更换。沿街建筑物的配管需要以及横越管路的设置仍发生常挖马路的情况，同时因沿街用户的增加，规划断面未预估口后的需求容量，而使

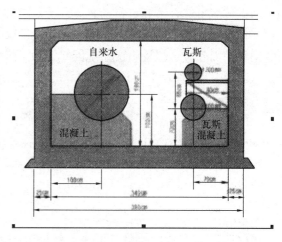

图 5-4

原兴建的综合管廊断面空间不足，为了新增用户，不得在原共同沟外之道路地面下再增设直埋管线，尽管有这些缺失，但在当时评价仍很高，故在 1959 年在布白鲁他市又兴建了 300 米的综合管廊用以收容瓦斯管和自来水管。1964 年前东德的苏尔市（Suhl）及哈利市（Halle）开始兴建综合管廊的实验计划，至 1970 年共完成 15 公里以上的综合管廊，并开始营运，同时也拟定推广综合管廊的网络系统计划于全国。前东德共收容的管线包括雨水管、污水管、饮用水管、热水管、工业用水干管、电力、电缆、通讯电缆、路灯用电缆及瓦斯管等。

（3）西班牙

西班牙在 1933 年开始计划建设综合管廊，1953 年马德里市首先开始进行综合管廊的规划与建设，当时称为服务综合管廊计划（Plan for Service Galleries），而后演变成目前广泛使用的综合管廊管道系统。经市政府官员调查结果发现，建设综合管廊的道路，路面开挖的次数大幅减少，路面塌陷与交通阻塞的现象也得以消除，道路寿命也比其他道路显著延长，在技术和经济上都收到了满意的效果，于是，综合管廊逐步得以推广，到 1970 年止，已完成总长 51 公里。

马德里的综合管廊分为槽（crib）与井（shaft）二种，前者为供给管，埋深较浅，后者为干线综合管廊，设置在道路底下较深处且规模较大，它收容除煤气管外的其他所有管

线。另外有一家私人自来水公司拥有 41 公里长的综合管廊，也是收容除煤气管外的其他所有管线。历经 40 年的论证马德里市政官员对综合管廊的技术与经济效益均感满意。马德里的综合管廊内所敷设的电力缆线原被限制在 15kV 以内，主要是为预防火灾或爆炸，但随着电缆材料的不断改进，目前已允许电压增至 138kV，至今没有发生任何事故。

（4）美国

美国自 1960 年起，即开始了综合管廊的研究，在当时看来，传统的直埋管线和架空缆线所能占用的土地日益减少而且成本愈来愈高，随着管线种类的日益增多，因道路开挖而影响城市交通，破坏城市景观。研究结果认为，在技术上、管理上，城市发展上，社会成本上建设综合管廊都是可行且必要的，只有建设成本的分摊难以形成定论。因此，1971年美国公共工程协会（American Public Works Association）和交通部联邦高速公路管理局赞助进行城市综合管廊可行性研究，针对美国独特的城市形态，评估其可行性。

1970 年，美国在 WhitePlains 市中心建设综合管廊，其他如大学校园内，军事机关或为特别目的而建设，但均不成系统网络，除了煤气管外，几乎所有管线均收容在综合管廊内。如图 5-5。此外，美国较具代表性的还有纽约市从束河下穿越并连接 Astoria 和 Hell Gate Generatio Plants 的隧道（Consolidated Edison Tunnel），该隧道长约 1554m，高约67m，收容有 345kV 输配电力缆线、电信缆线、污水管和自来水干线。而阿拉斯加的 Fairbanks 和 Nome 建设的政府所有的综合管廊系统，是为防止自来水和污水受到冰冻。Faizhanks 系统长约有六个廊区，而 Nome 系统是唯一将整个城市市区的供水和污水系统纳入综合管廊，沟体长约 4022m，如图 5-6 所示。

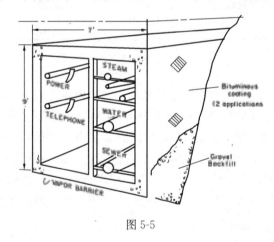

图 5-5

图 5-6

（5）日本

日本是目前世界上共同沟建设速度最快、法规最完善、技术最先进的国家，在 20 世纪 20 年代，日本首都东京建成了第一条地下综合管廊，1992 年全国共同沟总长达310km，目前已经在 80 多个城市都修建了综合管廊，总长度约 2057km，并仍在不断扩建中。

2. 国内综合管廊运营管理的先进经验

目前国内市政综合管廊的运营管理模式主要有以下几种：

第一种是全资国有企业运营模式。由地方政府出资组建或直接由已成立的政府直属国有投资公司负责融资建设，项目建设资金主要来源于地方财政投资、政策性开发贷款、商业银行贷款、组织运营商联合共建等多种方式。项目建成后由国有企业为主导通过组建项目公司等具体模式实施项目的运营管理。目前这种模式较为常见，天津、杭州、顺德等城市采取此种运作模式，青岛高新区采取的也是类似的国有企业主导的运营管理模式，在下文中将详细讲述。

第二种是股份合作运营模式。由政府授权的国有资产管理公司代表政府以地下空间资源或部分带资入股并通过招商引资引入社会投资商，共同组建股份制项目公司。以股份公司制的运作方式进行项目的投资建设以及后期运营管理。这种模式有利于解决政府财政的建设资金困难，同时政府与企业互惠互利，实现政府社会效益和社会资金经济效益的双赢。柳州、南昌等城市采取的是这种运作模式。

第三种是政府享有政府授予特许经营权的社会投资商独资管理运营模式。这种模式下政府不承担综合管廊的具体投资、建设以及后期运营管理工作，所有这些工作都由被授权委托的社会投资商负责。政府通过授权特许经营的方式给予投资商综合管廊的相应运营权及收费权，具体收费标准由政府在通盘考虑社会效益以及企业合理合法的收益率等前提下确定，同时可以辅以通过土地补偿以及其他政策倾斜等方式给予投资运营商补偿，使运营商实现合理的收益。运营商可以通过政府竞标等形式进行选择。这种模式政府节省了成本，但为了确保社会效益的有效发挥，政府必须加强监管。佳木斯、南京、抚州等城市采取的是这种运作模式。以这几种模式为基础，各地根据自身的实际衍生出多种具体的操作方式。

（1）我国台湾地区综合管廊运营管理的先进经验

台湾是国内实施综合管廊建设较早的地区。台湾综合管廊的快速发展主要得益于政府的政策支持。台湾综合管廊的相关政策法律法规相比于日本和欧洲显得更加进步，主要表现在台湾利用法律的方式规定了各主体的费用分摊方式。台湾的综合管廊主要由政府部门和管线单位共同出资建设，管线单位通常以其直埋管线的成本为基础分摊综合管廊的建设成本，这种方式不会给管线单位造成额外的成本负担，较为公平合理。剩余的建设成本通常由政府负担，粗略计算管线单位相比于政府要承担更多的综合管廊建设成本。管廊建成后的使用期内产生的管廊主体维护费用同样由双方共同负担，管线单位按照管线使用的频率和占用的管廊空间等按比例分担管廊的日常维护费用，政府有专门的主管部门负责管廊的管理和协调工作，并负担相应的开支。政府和管线单位都可以享受政策上的资金支持。

（2）昆明综合管廊运营管理的先进经验

昆明市的综合管廊自 2003 年开始建设，经过 4 年时间建成三条主干线综合管廊总长度约 43 公里，总投资约 12 亿元。昆明综合管廊的项目建设单位是昆明城市管网设施综合开发有限责任公司，建成后的综合管廊也由该公司进行运营和维护管理。昆明城市管网设施综合开发有限责任公司注册资本金 1000 万元，其中国有股占 70%，民营资本占 30%。公司融资完全采用市场化运作，通过银行贷款、发行企业债券等方式筹集建设资金，4 年时间完成 12 亿元建设投资。昆明综合管廊建成后仍由昆明城市管网设施综合开发有限责任公司负责运营，回收的资金用于偿还银行贷款和赎回企业债券。经营方式主要是引入电力、给水、弱电等管线，收取入廊费用。收费标准通过综合以下三条原则进行加权平衡确定：一是新建直埋管线的土建费用；二是管线在综合管廊内占用的空间面积的比例；三是管线在管廊内安全运行所需要的配套设施设备的成本，对沿线已建成的电力或弱电线路重新改线进入综合管廊的情况不收费。对沿线新建的符合入廊条件的管线均要求进入综合管廊，按照上述收费标准进行收费。

《昆明市道路管理条例》规定对道路开挖的审批进行限制，新建或改建完工后使用未满 5 年的和道路大修竣工后未满 3 年的城市道路若要进行挖掘的，将按照规定标准的 5 倍收取城市道路挖掘修复费。同时政府部门通过规划审批限制新建管线的选址和走向，尽可能使周边地块所需管线经过综合管廊进入地块。政府行政支持和协调的方式对保证管廊的使用效率创造了良好条件。

综合管廊按照使用寿命 50 年计算，管廊内空间应考虑至少 30 年内各类管线入廊及扩容的需求。只有管廊内的建成管线达到一定的规模才能产生效益。昆明市综合管廊按照进入管廊内的管线数量和长度进行收费，目前管廊内的管线容量约为总容量的 50%，收取管线入廊费大约 5 亿元，其中大部分是电力部门缴纳。由于电力行业处于行业垄断的强势地位，电力管线入廊谈判的推动较为困难，昆明城投公司依托昆明市政府通过和昆明电力公司进行谈判，论证在电力管线入管廊建设成本核算、技术可行性和可靠的安全运行保障等方面电力线路在综合管廊内的优势，并积极争取南方电网公司乃至国家电网公司的支持才得以促成双方的合作。昆明通过电力架空线下地入廊节约了电力走廊占用土地和空间，因此使管廊周边的土地价格和城市环境得到有效改善和提升。由于电力管线入廊好处明显，之后昆明电力公司主动委托昆明城市管网设施综合开发有限责任公司建设新线路的电力管廊。昆明城市管网设施综合开发有限责任公司也借电力资金优势，同时争取给水和通信等管线运营主体的建设资金，合作建设新的联建综合管廊。

昆明综合管廊的经营架构：昆明市综合管廊的投融资、建设和经营管理由昆明城投的全资子公司昆明城市管网设施综合开发有限责任公司负责；公司领导层设执行董事兼总经理一名，副总经理三名，总工程师一名；部门设置为综合部、总工办、市场部、技术部和管理部等职能部门；市场部负责联系协调电力等各专业运营商进行市场拓展和商业谈判；总工办、技术部负责工程设计方案、成本造价、建设工期的审核和管理同时在与运营商谈判过程中提供技术支持；管理部负责建成工程的维护管理。

管廊产权、使用权界定及其产生的影响：昆明城市管网设施综合开发有限责任公司成立之初为昆明城投和民营资本合资成立的股份制公司，之后昆明城投的管理权由昆明建委划归至国资委管理后，政府收购民营股份成为全国资企业。因此，昆明市的综合管廊在管线入廊前产权属国有。在收取入廊管线入廊费后管廊的产权界定涉及管廊运行和维护管理费用的收取问题。管廊业主昆明城市管网设施综合开发有限责任公司认为综合管廊产权国有，运营商缴纳入廊费后只拥有管廊内特定局部空间的使用权。运营商认为缴纳入廊费与管线直埋的土建成本基本持平甚至略高，却没有得到管廊的产权，政策有失公平。另外只有管廊使用权，管廊的运行维护费该不该由运营商负担需要进一步讨论通过政策层面加以界定。这些产权政策的不明确都会在管廊业主与管线单位等利益相关方之间造成争议，从而给管廊运营管理的顺利实施造成障碍。

已建成管廊的维护和巡检管理。昆明城市管网设施综合开发有限责任公司开设的管理部负责管廊的日常维护管理，管理现场设综合管廊控制中心，控制中心已由维修部、线路巡检部、网络维护三部门组成，同时建立与城市执法和公安机关实时联动机制。

从昆明综合管廊的运营管理经验看，一是政府应委托全资国有企业作为产权单位拥有综合管廊的产权。二是政府应从政策制定和行政领域确保综合管廊的合理使用及效率。三是综合管廊的运营，尤其是收费必以政府政策倾斜和支持为前提。

（3）国内有代表性的其他综合管廊运用管理模式

广西南宁自 2003 年起开始研究并计划实施综合管廊工程，起草了《南宁市市政管廊建设总体方案》、《南宁市市政管廊建设管理暂行办法》等文件并于 2005 年起实行试点。南宁综合管廊建设采取的是政企合作的股份制公司模式。政府指定一家国有资产管理公司以地下空间资源入股，与投资商合作组建综合管廊公司。该国有资产管理公司代表政府与投资商签订有关合同，共同开展项目的建设和建成后的维护及运营管理工作。政府授予该股份制合作公司综合管廊特许经营权，作为其日后管理运营的政策基础。2006 年，南宁市人民政府下发《关于授予市政管廊建设项目特许经营权的批复》，成立了南宁创宁市政管廊投资建设管理有限公司，并授予该公司市政管廊 30 年特许经营权。该公司全面负责实施全市的管廊建设及运营管理。但目前南宁建设的多为弱电管线走廊，与综合管廊在总体规模上还有较大差距。但南宁市给市政管廊建设和运营管理的模式建立提供了一定的借鉴，即政府与企业公私合营的运作模式。这种模式可以有效动员社会资金，在很大程度上缓解政府建设资金的压力，实现企业经济效益和政府社会效益的双赢。同时，这种模式也可以进一步向 BT，BOT 等模式演变，为综合管廊的开发提供更多更灵活的模式选择。

南京实施的是南京市鸿宇市政设施投资管理公司创建的"鸿宇市政管廊"的新模式，这种模式是以政府为主导并提供政策支持，民营资本承接并具体运作的模式。南京市自 2002 年起开始吸引民营资本参与市政设施的建设和运营，走出一条政企合作开发建设市政基础设施的新路子。作为民营企业的南京鸿宇市政设施管理公司自筹资金 1 亿多元，在南京市多条新建改建主干道上与道路同步施工埋设"鸿宇市政管廊"总长达 45 公里，并将地下天然气，自来水，排污水，强电，弱电等五大类管线一次性预埋在"鸿宇市政管廊"里，确保至少 10～20 年不再重复开挖。在政府统一协调前提下，投资方通过将管廊以及管廊内的建成管线等设施通过出售、出租、合作经营等方式获得投资回报。这一全新模式有效地解决了过去由煤气、供水、排水、强电、弱电等五大类数十个部门单位的重复开挖、重复建设的难题，杜绝了重复投资造成的浪费和"拉链马路"频繁开膛破肚对生产生活造成的影响。"鸿宇市政管廊"的新模式正在南通、合肥、佳木斯等各地被借鉴并推广应用。

5.2 综合管廊敷设与传统直埋敷设比较

随着城镇化水平的不断提高，市政基础设施的建设要求也在不断提高。城市中的各类市政管线，比如给水、燃气、热力等管线是城市基础设施的重要组成部分，是发挥城市功能和保证人民健康生活的基础。为了满足日益增长的城镇人口需求，市政管线增容扩容迫在眉睫。但是，原来"直埋"或者"架空"的建设方式已经不能满足城市的发展需要。

在管线直埋过程中形成的"马路拉链"不仅仅严重阻碍了城市的交通，给人民的生活造成了不便，影响了城市的美观，还造成了环境污染、噪声污染等一系列问题。管线在使用中普遍存在重使用、轻管理、轻维护等问题，各管线单位各自为政，对地下空间的使用杂乱无序，严重浪费了城市地下空间，阻碍了我国地下空间的综合开发利用。而且，管线直埋不利于管线的维修养护，很容易产生管线的腐蚀、变形等破坏。甚至，在我国的一些大中城市也会经常发生由暴雨引发的道路积水、由自来水管爆裂引发的停水等事故。管廊建设可以很好地避免以上问题的发生，所以，管廊建设是城市发展的必然要求。

在我国，管廊建设主要呈现出两个特点：建设时间短、发展速度慢。其建设仅有 50 多年的历史。管廊建设区域一般集中在经济发达地区的工业园区，未在全国范围内普及。综合管廊的建设长度较短，未形成完整的建设网络。2013 年以前，已建长度不足 200 公里，建设发展速度缓慢。除此之外，其在管理上也存在很大问题：管线入廊率低，管廊空置现象严重，综合管廊建成后的运营管理不成功。管廊的效益未得到充分的发挥。

2013 年开始，国家出台了一系列政策法规来推动管廊建设。管廊建设的试点工作也如火如荼地开展起来，在 2013 年提出，到 2015 年终于有了实质性的进展。2015 年我国确定了苏州、海口等 10 个试点城市，2016 年又确定了四平、青岛在内的 16 个综合管廊建设试点城市，由此可见，我国的综合管廊建设力度在不断加大。

综合管廊和管线传统直埋方式相比具体有以下几点优势：

1. 能较有效避免道路的反复开挖，长期看节省建设资金；

2. 在更新、扩容、维修管网时不影响交通，有利于延长道路使用寿命；

3. 根据远期规划设计建成的综合管廊，能充分利用地下空间资源，为城市发展预留空间；

4. 方便管网的维修、保养和管理，提高城市基础设施的安全性；避免交通拥堵，改善市容，提高城市环境质量，提升城市的形象的诸多优势。

同时，综合管廊相较传统直埋的缺点也有不少：综合管廊建设一次性投资大，建设费用高，其建设面临巨大的资金压力。综合管廊所容纳的管线隶属于不同的机构，他们各自为政，沟通、合作能力不足。若要改变管理方式，实现合作协同管理有一定难度。综合管廊只有足够规模才能更好地发挥其优势与作用，所以管廊的规划要与城市总规划相适应，并且有足够的远瞻性，如果管廊规模过小，在未来的发展中很可能又要直埋管线。如果规模过大，就会造成管廊空间浪费。准确的预测与规划也是一个难点。管廊在老城区的建设，可能会出现原有管线与规划管线相交叉的情况，这在很大程度上会提高施工的难度，增加工程建设费用。

因此，在综合管廊取代传统直埋还有很长的路要走。由于城市中各管线单位已建成使用的各自的管网系统，如果要修建综合管廊替代直埋，牵一发而动全身，所以在成熟的城区修建综合管廊的难度很大，这也是目前综合管廊作为解决城市管网问题较有效的方式却未能大规模实施的主要原因。相比之下，在新城区建设中进行综合管廊建设相对比较容易操作，值得推广。

5.3 综合管廊建设的技术难点

5.3.1 综合管廊的管线引出问题

1. 给水管线。给水管道传统敷设方式为直埋，均为压力管。入综合管廊的给水管道要着重考虑管道的检修与安装措施，以及管道配件的安装控件和调度空间，给水管道进入综合管廊没有技术问题。但是部分供水管口径较大，如原水管和管径 DN1200 以上的输水管，将这类管线纳入管廊，会使管廊断面尺寸过大，导致造价成本增加，经济效益较差。这类管线入廊需经济技术比较，方案论证后确定是否入廊。

进入综合管廊的给水管道要考虑管道的检修安装与防腐措施以及管道配件的安装空间。与传统的直埋方式相比，将给水管道纳入综合管廊可以依靠先进的管理与维护，克服管线的漏水问题，并避免了因外界因素引起的给水管道爆裂，也避免了由于管线维修而引起的交通阻塞。所以一般情况下综合管廊内均纳入给水管道。

给水管在综合管廊内通常采用支墩安装，为保证顺利施工和维修，除保证给水管与相邻管线或综合管廊内壁保持一定间距外，综合管廊还应保证给水管的阀门及三通弯头等部件的足够空间。给水管应按常规设置隔离检修阀和排气阀，为快速处置爆管事故后的大流量漏水，隔离检修阀要求采用电动蝶阀并与综合管廊监控系统连接。

2. 排水管线。排水管线按照规范可以进入管廊。排水管线分为雨水管线和污水管线两种。在一般情况下两者均为重力流，管线按一定坡度埋设，埋深一般较深，其对管材的要求一般较低。雨水管线管径较大，基本就近排入水体，且雨水管道使用和维护频率低，因此，雨水管一般不进入综合管廊，进入综合管廊的排水管线一般是污水管线。污水管线入廊可以防止污水或地下水渗漏，同时可以提高污水管线运营维护水平，并且为解决雨污混接问题提供契机。污水入廊的主要问题在于，污水管道是重力管线，随管道敷设埋深加大，若与综合管廊主体一起敷设，容易造成综合管廊主体埋深加大，投资增加。但可考虑采用污水单独设舱的做法，主体管廊与污水管廊采用不同坡度，并适当调整污水管线规划，以解决由于污水管线入廊造成管廊埋深加大的问题。污水入廊还需考虑污水会产生硫化氢和甲烷等有毒、易燃、易爆气体，故每隔一定距离需要设置通风管以维持空气正常流通，需配套硫化氢和甲烷气体监测与防护设备，这就要求改变污水管线管理方式，同时为提供污水管线运营维护水平提供契机。此外入廊的污水管线需采用密封、防腐性能都较好的管材，这将增加管廊造价。

3. 电力管线。随着城市经济综合实力的提升及对城市环境整治的严格要求，目前在国内许多大中城市都建有不同规模的电力隧道和电缆沟。电力管线纳入综合管廊采用立柱和支架的形式进行敷设，为解决电力电缆通风降温、防火防灾等主要问题，管网内配备有高温报警、通风以及消防等附属系统。从技术和维护角度而言，电力管线纳入综合管廊已经没有障碍。电力管线纳入综合管廊主要需要解决的问题是通风降温及防火防灾。在工程中当电力电缆数量较多时，一般将电力电缆单独设置为一个舱位，实际就是分隔成为一个电力专用隧道。通过感温电缆、自然通风辅助机械通风、防火分区及监控系统来保证电力电缆的安全运行。根据相关规范及工程实践经验，电力电缆可以与通信管线、给水管线、排水管线共舱，但是严禁与燃气管线共舱。

电力电缆必须选用具有阻燃防水功能的型号，并在安放空间上保证与其他管线有一定间距。电力电缆采用支架安装，支架长 600mm，水平间隔间距 800～1000mm，支架上下间距为 300mm，最上层电缆支架与顶板的间距应≥350mm，最下层电缆支架与底板的间距应≥150mm。支架采用玻璃钢制品，综合管廊内预留安装活动支架的立柱。电缆 3～5 孔一个支架。

4. 通信管线。通信管线进入综合管廊可采用立柱和桥架的形式进行敷设，解决通信电缆防火防灾的方法同电力电缆。电力通信管线在综合管廊内具有可变形、布置灵活、不易受综合管廊纵断面变化限制的优点，而且传统的埋设方式受维修及扩容的影响造成挖掘道路的频率较高。另一方面，根据对国内管线的调查研究，电力通信管线是最容易受到外界破坏的城市管线，在信息时代这两种管线的破坏所引起的损失也越来越大。通信管线纳入综合管廊虽然需要解决信号干扰等技术问题，但随着光纤通信技术的普及以及物理屏蔽措施的采用，可以避免此类问题的发生。因此通信管线可以进入综合管廊通信电缆主要应考虑电力电缆的电磁干扰两者同室敷设应尽量分两侧敷设，若同侧敷设则应遵循通讯电缆在上，电力电缆在下的原则，并保证一定间距，而近年来发展的光纤通信则可以极大地避免电力电缆的干扰，若有部分采用同轴电缆的信息管线进入，则将其置于信息缆架最靠侧壁最上层位置，以确保其与电力电缆保持足够安全距离。

通信电缆按照管线单位的多少和管线的多少，设置多层，按支架安装考虑，预留安装桥架的可能性，支架长 600mm，上下间距为 300mm，间隔间距 1000mm，每家管线单位可根据线缆数量申请占用支架面积。

5. 燃气管道。燃气管道在综合管廊内不易受外界因素的干扰而破坏，提高了供气安全性。依靠综合管廊内的监控设备可随时掌握管线状况，发生泄漏时可及时采取补救措施，最大程度降低灾害的发生和造成的损失，并且避免了直埋铺设时管线维修引起的道路开挖和景观破坏。但是燃气管道进入综合管廊全线需设置燃气泄漏报警装置以及温度感应报警装置，对综合管廊进行实时监控，燃气管道需设置专用密闭廊道，加大综合管廊断面尺寸，从而增加了成本造价。

6. 集中供热管道。供热管道维修比较频繁，国外大多数情况下将供热管道集中放置在综合管廊内。供热管道进入综合管廊没有技术问题，但是这类管道的外包尺寸较大，管道外设置约 1 倍管道直径的保温层，进入综合管廊时要占用较大空间，对综合管廊工程的造价影响明显。

7. 预留管线。预留管线主要包括再生水管、直饮水管、垃圾输送管等。这类管线多为压力管，密封性好，且管径较小，又不需要一定的坡度，完全可以纳入综合管廊。

5.3.2 雨污水管道纳入综合管廊建设的处理

雨污水管道入廊后由原来的埋在地下看不见，变为安装在管廊内看得见，且可以利用管廊通风、排水、电气、监控、照明等附属设施，较传统铺设方式有以下显著优势：

（1）有效避免传统敷设方式的管道地基沉降、施工及管材质量难以控制、雨污错接等问题。

（2）能对排水管道的渗漏、破损及变形等进行实时监测，及时进行维修，规避因污水管道漏损导致的地陷等问题，并且避免了雨水或地下水通过检查井或管道接口渗入污水管内，有效提高污水处理厂水质浓度，进而降低污水处理成本。

（3）雨污水管道入廊可与雨水、供水、中水、通信、电力等管线共舱，共用公共检修通道，提高管廊空间利用率，廊外不需另埋设市政污水管道，节约地下空间。

（4）路面检查井盖减少，道路景观较好，对路面行车影响小。

（5）管道维修、更换均在管廊内完成，不影响地面交通，且可为远期扩容预留空间。

（6）雨污水管道入廊后运行环境得到很大改善，可有效延长管道使用寿命。

（7）为智慧水务提供载体和平台支撑。雨污水管道入廊可借助管廊综合信息管理平台，实现雨污水系统智慧化管理；实现雨污水系统运营质量和管理方式的升级，同时，管廊也为智慧水务控制系统提供空间通道。

1. 雨污水管道入廊需重点解决的问题

结合雨污水管道的特性和综合管廊的构造特点，雨污水管道入廊后的管廊设计应重点解决以下问题：

（1）廊内安装维修更换需求。管廊空间及口部设施设计时，应满足污水管道在管廊内的安装、维修、更换要求。

（2）过流能力需求。入廊后污水管道的过流能力不应减小，即入廊后污水管道的坡度不应被改变，至少不应被减小；或者坡度减小，而管径增大，并应校核管道不淤流速。

（3）重力自流排放需求。入廊后污水管道应仍按一定坡度敷设，不应额外增加污水倒虹段，从而增加污水管堵塞风险。

（4）与街区雨污水管的接驳需求。雨污水管每隔一定距离（一般约120m）需设置街区污水管的接驳井和接驳支管，管廊竖向上应与之避让。

（5）与市政污水管的接驳需求。在交叉路口处，或管廊交叉处，存在两条路上市政雨污水管的连接，管廊设置不应影响其正常接驳，即应满足自流重力接驳的需求。

（6）通风需求。雨污水管网中由于通风不畅，氧气浓度较低，雨污水中有机物在输送过程中逐渐被厌氧微生物分解并产生有机挥发性气体和无机爆炸气体，当雨污水管道中爆炸性气体浓度达到爆炸极限，遇明火极易发生爆炸。因此，雨污水入廊后，应满足管道正常通风需求，避免有害气体的积累。

（7）清疏需求：雨污水管道因污水水质、水量变化及系统运行不合理（如污水泵站长期高水位运行等）导致的流速过低等原因，不可避免地存在淤积问题。目前市政污水管建设时一般根据管径不同，隔一定距离设置污水检查井（如 DN800 以下污水管，检查井最大间距为60m），并通过带高压冲洗水枪的冲洗车进行逐段水力冲洗或人工清疏养护。而雨污水入廊之后，再像直埋管道那样隔一定距离设置检查井并直通地面，已显得很不合理，一方面雨污水检查井会增加管廊空间断面面积，另一方面，露出地面的井盖也让管廊改善地面景观的功能大打折扣。因此，入廊雨污水管的检查检修设施和清疏方式均应特别考虑。

2. 污水管道入廊技术对策

结合上文提出的入廊污水管的需求要素，下文即从管廊断面布置、平面位置选取、竖向设计、管廊交叉节点处理、污水出舱井设计及廊内污水管通风、清疏方案等方面进行分析，并提出解决方案。

（1）管廊断面布置方案

1）从提高管廊空间利用率，降低污水管道入廊成本及各管线兼容性方面考虑，污水管道不宜单独成舱，宜与给水、通信、热力、电力等共舱。具体安装尺寸需求按《城市综合管廊工程技术规范》CUB 50838—2015 相关要求执行。

2）考虑到污水支管接驳要求，若管廊单侧有接驳需求，可考虑将污水管所在舱室布置靠近接驳需求的一侧，以降低管廊埋深。

3）若双侧都有雨污水接驳需求，则雨污水管所在舱室没有特别要求。

4）管廊断面应考虑雨污水管的通风、清疏设施所占的空间。

（2）管廊平面位置方案

一般而言，综合管廊确定平面位置时，主要考虑管廊吊装、逃生、通风等口部设施的布置需求，而纳入污水管的管廊，为了方便雨污水检查井（出舱井）、通风、冲洗设施布置，雨污水管宜布置在绿化带下，并以此确定管廊平面位置，即管廊平面位置决定因素需要同时兼顾管廊吊装、逃生、通风等口部设施及雨污水管道的检查井（出舱井）、通风、冲洗设施布置需求。

（3）管廊竖向布置方案

常规综合管廊入廊管线均为非重力流，为降低管廊埋深，管廊竖向设计时一般依道路坡度顺势敷设，而污水管为重力流管，因此，纳入污水管的综合管廊，其竖向设计坡度需要满足污水管线敷设坡度的要求，管廊埋深应满足街区污水支管（接户管）自流接驳至廊内雨污水管的要求。

（4）与街区雨污水管的接驳方案

雨污水管道入廊后仍需按直埋铺设，每隔一定距离（一般间隔2个检查井，约120m）设置接户井以满足街区污水管道接入的需求，考虑在有污水接户需求处设置污水出舱井，该出舱井需兼顾污水管检修、通风、清疏等功能。如上文对管廊平面位置的布置要求，污水出舱井均位于绿化带下，从而避免了对路面交通和美观的影响。街区污水管经污水接户井、连接支管、污水出舱井接至廊内污水管。雨污水接户井内设置必要的拦污设施，以降低廊内污水管堵塞风险。

（5）与市政污水管（廊内污水管）的接驳方案（管廊交叉处理）

丁字形和十字形交叉是综合管廊建设中很常见的2种交叉类型，2条管廊在交叉处的设计方案是管廊设计的难点。污水管道入廊后，管廊交叉方案除了要考虑各舱室管线的连接、人员的通行、防火分区的隔断外，还需要特别考虑2条污水管的接驳及管廊埋深增加问题。

如常规管廊在交叉处的做法一般采用上下交叉，即下层管廊在交叉处先下弯，满足上层管廊覆土及未入廊管线交叉需求，之后再上弯至设计覆土随道路坡度敷设，以降低下游管廊埋深。而污水管道入廊后，该种交叉方式将会导致下层管廊内的污水管出现倒虹段，增加了污水管堵塞风险。

因此，污水管道入廊后，管廊的交叉方案应结合污水管接驳要求进行调整，即由常规的上下层交叉，改为平行交叉。以丁字形交叉为例介绍污水管道入廊后的管廊交叉处理设计要点：

1）两条管廊的污水管所在舱室平交，满足污水管重力自流接驳需求；

2）其他舱室（均为非重力管线）通过上弯或下弯避让污水管所在舱室实现连接，考虑到投资因素，宜采用上弯形式以降低管廊交叉处的埋深，覆土不满足要求时，可考虑将管线并排布置以降低上弯处的管廊断面高度。

（6）廊内污水管通风方案

传统直埋敷设时，污水管每隔一定距离设置检查井，并借助检查井井盖的孔洞进行通风换气，保证管内有害气体浓度保持在爆炸下限以下。污水管道入廊后，检查井由污水出舱井代替，间距较直埋敷设增大很多，一般不小于120m，因此污水管道入廊后，应对污水管通风方案进行特别设计。根据卢金锁等对污水管道中检查井通风特性模拟研究结论，污水管内水体流动和检查井处的跌水是污水管进行通风换气的动力因素，而管道长度则是通风换气的阻力因素。在管内流速和跌水高度不变时，增加检查井井盖开孔面积可显著增大通气量，减小污水管道内的空气更新置换时间，进而减少有害性气体的浓度，即可显著增加下游管道安全长度。如检查井跌水0.9m，井盖开孔比分别为0.125％和0.5％，由跌水通风确保的下游污水管道安全长度在 DN600 污水管时分别为 164m 和 465m，DN800时分别为 246m 和 626m，DN1000 时为 327m 和 810m。按照以上研究结论，可以认为只要对本文提出的污水出舱井设置间距和井盖的开孔比进行合理设计，污水管道入廊的通风问题就可以得到有效解决。

（7）廊内污水管清疏方案

目前市政污水管清疏方式主要采用两种方式，一是管径小于等于 DN800 的管道，多采用高压清洗车进行逐段机械冲洗，一次冲洗距离一般可达 120m 以上；二是管径大于 DN800 的管道，采用人工进入管道内进行清疏。如前文所述，入廊污水管每隔一定距离（约120m）设置污水出舱井，因此，对于管径小于等于 DN800 的污水管，仍可以采用传统直埋污水管的高压清洗车清疏方式；对于管径大于 DN800 的污水管，除污水出舱井外，可考虑在污水管道上增设压力井盖的措施，为人工清疏提供条件。此外，通过在污水出舱井处的污水管上设置沉泥三通，并借助抓泥车、吸污车等机械设备，可以将清疏的淤泥、砂石进行清掏至管廊外。

5.3.3 综合管廊与其他地下设施的交叉处理问题

综合管廊与地铁、地下快速路、人防和地下综合体同期规划、设计与施工，可以极大降低综合管廊的建设成本，减少分别多次施工对邻近建（构）筑物及周围环境的影响，同时可以节约地下空间资源，具有良好的经济、社会和环境效益。

1. 结合地铁建设地下综合管廊。对地铁建设项目来说，比综合管廊合建成本会高出一些，但城市轨道交通线路主要沿城市主干路敷设，未来线网基本覆盖城市核心区域，借助轨道交通建设的绝好机遇，同步进行地下综合管廊建设，对政府来说比分别建设的费用节约很多，而且影响会更小，可达到建设成本低、社会干扰小的效果。南京下关综合管廊（图5-7）、正定新城大道综合管廊借助地铁建设机遇同步建设综合管廊，综合管廊和地铁同基坑，开挖作业面小，施工期间对周边干扰次数减少，可降低建设成本并减小社会干扰。

2. 结合地下综合体建设地下综合管廊。虽然我国城市地下空间开发的规模、速度以及个别单体开发的水平已居世界前列，但大部分建成的地下空间互不连通，彼此独立且功能单一，地上地下协调不够，没有形成统一高效的地下网络。随着经济发展，城市用地日趋紧张，地下空间的开发必须采用立体化建设，以充分利用地下空间和地上空间，节约城市用地。现阶段，我国正在积极修建城市轨道交通工程，以商业或大型综合交通枢纽为中心的地下综合体建设迅速发展，综合管廊建设应结合地下综合体一体化设计，节省地下空间。

北京中关村科技园区地下综合体一共3层：地下1层为环形车道，汽车通过连接通道可与各地块的地下车库相连；地下2层为支管廊及地下空间开发层；地下3层为主管廊

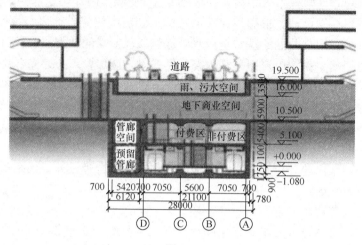

图 5-7

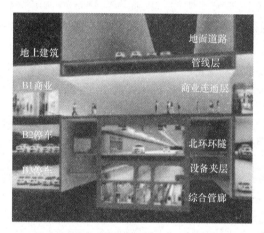

图 5-8

层。北京通州运河核心区综合管廊（图 5-8）建设也与地下空间开发相结合：地下 1 层为商业街及交通联系通道；地下 2 层为北环交通环形隧道及地下停车场；地下 3 层则为综合管廊和停车场。

广州金融城项目也设计了集约化的地下空间，如图 5-9 所示，其在道路下方建设了地下商业街、道路、有轨电车和综合管廊等设施。

3. 结合地下道路建设地下综合管廊。地下快速路以大型隧道为主体，综合管廊与大型隧道同规划、同设计、同实施，可以充分利用结构空间，省去综合管廊独立围护结构费用，减少投资；同时两者采光、通风、人员进出结合考虑，布局集中有序，建成后可集约化利用地下空间，对地面环境影响小。

郑东新区 CBD 副中心地下综合管廊则是与地下道路合建的成功案例，如图 5-10 所示。

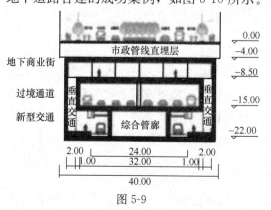

图 5-9

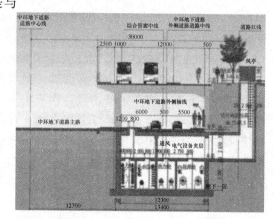

图 5-10

4. 结合海绵城市建设地下综合管廊。结合地表透水路面、生物滞留设施、中央景观绿化带等低影响开发设计设施，在综合管廊内设置独立雨水舱、排放舱，通过渗透、滞留、调蓄和净化利用等措施可排放地面雨水。因此，结合海绵城市建设综合管廊可在一定程度上缓解城市内涝，促进城市健康水循环。南京江北新区拟结合海绵城市建设综合管廊，综合管廊排水布置如图5-11所示。

5. 结合人防工程建设地下综合管廊。金华市金义都市新区综合管廊工程（图5-12）在紧急状况下可成为临时应急疏散通道，与新区地下通道一起构成地下防灾系统网络，该设计理念全面提升了综合管廊在平时和战时的综合防灾能力。

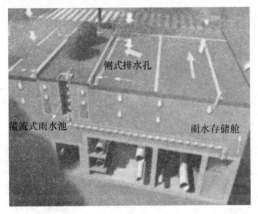

图 5-11

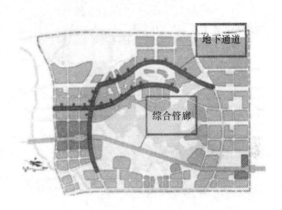

图 5-12

5.4 综合管廊施工

5.4.1 施工方法简介

综合管廊施工常用的方法有明挖法、矿山法、盾构法和顶管法，明挖法适用于新城区施工，矿山法、盾构法和顶管法适用于老城区施工。从国内已建成的综合管廊来看，多以明挖现浇法为主。

1. 明挖现浇法：利用支护结构支挡条件下，在地表进行地下基坑开挖，在基坑内施工做内部结构的施工方法。其具有简单、施工方便、工程造价低的特点，适用于新建城市的管网建设，如图5-13所示。

2. 明挖预制拼装法：是一种较为先进的施工方法，要求有较大规模的预制厂和大吨位的运输及起吊设备，施工技术要求、工程造价较高。特点是施工速度快，施工质量易于控制，如图5-14所示。

青岛蓝色硅谷道路下综合管廊（图5-15）和沈阳浑南新城综合管廊均采用了矩形预制综合管廊，厦门则采用了圆形、异形（图5-16）断面预制综合管廊。

在夏短冬长的寒冷地区，施工工期紧张，综合管廊的建设需要一种工期短、整体性好、断面易变化的修建方法。装配整体式综合管廊是利用装配整体式混凝土技术将预制混凝土构件或部件通过可靠的方式进行连接，现场浇筑混凝土或水泥基灌浆料形成整体的综合管廊。其中各部分预制、叠合构件均可根据情况采用现场浇筑构件任意替换。装配整体式混凝土技术的应用成功解决了高寒地区综合管廊建设的难题，大大缩短了综合管廊的施工工期。装配整体式综合管廊断面如图 5-17 所示。

图 5-13   图 5-14

图 5-15   图 5-16

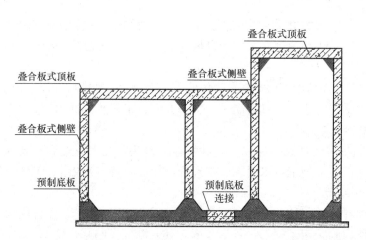

图 5-17

3. 浅埋暗挖法：是在距离地表较近的地下进行各类地下洞室暗挖的一种施工方法。具有埋深浅，适应地层岩性差，存在地下水，周围环境复杂等复杂条件。在明挖法和盾构法不适应的条件下，浅埋暗挖法显示了巨大的优越性。它具有灵活多变，道路、地下管线和路面环境影响性小，拆迁占地小，不扰民的特点，适用于已建城市的改造。

4. 顶管法：当管廊穿越铁路、道路、河流或建筑物等各种障碍物时，采用的一种暗挖式施工方法。在施工时，通过传力顶铁和导向轨道，用支撑于基坑后座上的液压千斤顶将管线压入土层中，同时挖除并运走管正面的泥土。适用于软土或富水软土层，无需明挖土方，对地面影响小；设备少、工序简单、工期短、造价低、速度快；适用于中型管道施工，但适应管线变向能力差，纠偏困难。

2015 年 4 月 30 日，深圳地铁车公庙枢纽站附属工程 J 通道（图 5-18）顶管机顺利始发，通道顶部距高峰期车流量达 40000 辆/h 的深南大道仅 3.4m，通道底部距离每 2min 就有一列车通过的一号线仅 1.5m，历时 35 天顺利贯通。在施工过程中，顶部道路沉降量小于 5mm，地铁一号线隧道变形量为零，该工程的顺利贯通对城区综合管廊采用顶管法施工具有重要的借鉴意义。

图 5-18

5. 盾构法：使用盾构在地中推进，通过盾构外壳和管片支撑四周围岩，防止发生隧道内的坍塌，同时在开挖面前方用刀盘进行土体开挖，通过出土机械运出洞外，靠推进油缸在后部加压顶进，并拼装预制混凝土管片，形成隧道结构的一种机械化施工方法。

该法具有全过程实现自动化作业，施工劳动强度低，不影响地面交通与设施；施工中不受气候条件影响，不产生噪声和扰动；在松软含水层中修建埋深较大的长隧道往往具有技术和经济方面的优越性。其缺点是断面尺寸多变的区段适应能力差，盾构设备费昂贵，对施工区段短的工程不太经济。

日本日比谷综合管廊开工于 1989 年，该工程采用小 7.5m 的泥水式盾构。2009 年 8 月，天津市穿越海河的盾构隧道工程—海河综合管廊主体结构完工，横跨海河上空的各类管线全部从综合管廊穿过，如图 5-19 所示。

采用盾构法施工，其结构形式以圆形为主，

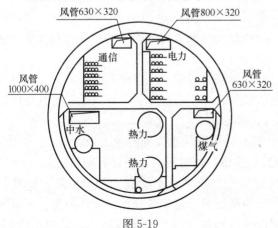

图 5-19

但圆形断面分舱会使空间利用率降低很多。2015 年 10 月 12 日，上海建工集团自主研发了宽 9.75m、高 4.95m 的超大截面矩形盾构。相比传统的圆形盾构，矩形盾构施工可使空间利用率提升 20% 以上，隧道也可以埋深更浅、坡度更小，减小了施工干扰。因此在综合管廊施工时，可以考虑采用矩形盾构技术。

6. 预衬砌法（预切槽法）。机械预切槽工法在美国、法国、日本、意大利和西班牙等国家已经得到较多的应用。国外实践表明预切槽法是一个很有效的方法，对于软弱围岩隧道每月进尺能达到近 100m。预切槽法的显著优势是具有很好的控制地层变形的能力，在城市浅埋下穿道路和既有建（构）筑物的施工中具有很大的优势。图 5-20 为我国研究的第一代轴心式预切槽机械，图 5-21 为直进式预切槽机械在进行工业化试验。

图 5-20   图 5-21

综合管廊施工方法较多，但根据环境的不同，其经济性和社会效益差别很大。在新建城区，应同步建设综合管廊，采用明挖法修建是经济的，对社会环境影响小。在老城区进行综合管廊建设，考虑环境和可能的征拆费用，盾构法、顶管法、浅埋暗挖法等优于明挖法，应根据地层条件选择合适的施工方法。

5.4.2　BIM 技术在综合管廊施工过程中的应用

1. BIM 技术在地下综合管廊的应用点

协同设计随着 BIM 技术的兴起，协同设计作为一种新型的建筑设计方式越来越受到重视。协同设计是指为了完成某一设计目标，由两个或两个以上设计主体（或称专家），通过一定的信息交换和相互协同机制，分别以不同的设计任务共同完成这一设计目标。现在协同设计主要还是基于 CAD 平台，CAD 平台仅仅是对图形的描述，并没有涵盖大量的构件信息，所以专业之间的信息交流无法实现。BIM 协同设计不仅仅能够使设计方案以三维的形式进行展示，而且模型中也涵盖着构件的信息，包括材质类型、规格尺寸、生产方式等。

综合管廊由于其自身的工程特点，更需要各专业设计人员借助 BIM 技术进行协同设计。地下综合管廊中管线众多，穿插频繁，当调整某一根管线的高度时往往会对其他的管线产生影响，牵一发而动全身。

随着建筑信息化普及，工程量统计已经彻底告别了以前手工算量的时代，为工程计价人员带来了工作的便利。国内一些比较知名的建筑软件厂商在工程量计算及计价方面已经做得非常成熟，像广联达、斯维尔、鲁班、PKPM 等。

随着 BIM 技术的推广，传统的工程量计算软件的弊端也逐渐凸现出来：

（1）工程量计算软件是对 CAD 图纸的二次建模，费时费力，而且容易出错。

（2）当发生变化较大的设计变更时，往往要推倒重来，不能进行同步更新。BIM 技术一大优势就是信息无损传递，整个建造过程的模型都来自于最开始的设计模型。工程量的准确计算可以为成本估算提供可靠的证据，也可为业主进行不同方案的比选提供依据，以及施工过程中的工程预算和竣工决算。管廊本身没有较好的工程量计算软件进行选择，在建模的过程中需要将工程量计算规则考虑进去形成较为准确的工程量计算结果，不再让管廊的成本控制缺乏依据造成成本失控，进而降低建造成本。

（3）管线综合综合管廊和其他建筑工程一样，在施工过程中都要安装大量的管线，不仅仅包括功能性的给水、排水、通信等管线，还包括自身的消防、电力、通风等设备。在以往的施工过程中，工程技术人员为了避免施工中发生过多的碰撞，在施工之前往往采取叠图纸的方式，对于管线交叉部分进行调整，虽然也能在一定程度上避免碰撞问题的发生，但是叠图纸本身对于工程技术人员的专业知识要求较高，而且过程相对也比较缓慢。利用 BIM 技术，在同一个平台上构建各个专业的模型，借助虚拟施工软件进行碰撞检查，从而迅速找到管线排布中不合理的地方，从而提高管线综合的设计能力和工作效率。

（4）施工进度模拟建筑施工过程本来就是一个动态的过程，对于综合管廊这种线状工程更是如此。随着施工的进行，工程规模不断加大，复杂程度也越来越高，在这种情况下进行施工进度控制就变得十分重要。在施工过程中往往借助 Project 这种甘特图软件，但是使用横道图难以形象的表示出工程进度，各工序之间的关系也难以表达。

借助 BIM 技术，将 3DBIM 模型与时间进度进行挂接，实现 4D 施工进度模拟，随着时间的推移，模拟施工的进行。4D 施工模拟可以帮助建设者合理制定施工进度计划、配置施工资源，进而科学合理地进行施工建设目标控制。现在很多大型的工程在施工招标的过程中，都要求投标单位进行 BIM 施工模拟演示，一个好的施工进度模拟，代表的是一个企业优秀的施工管理能力和出色的科技能力，评标专家能从 4D 模型中很快了解投标单位对投标项目主要施工过程的控制方法、资源安排是否均衡、进度计划是否合理，在投标项目评审中也能为自己加分。

（5）施工工艺模拟管廊往往采用分段施工的形式，怎么协调施工过程中各施工班组、各施工过程、各项资源之间的相互关系，将关系到施工的顺利进行。BIM 技术的优势在于其过程可模拟性，对于项目中的重点和难点快速的进行模拟。BIM 技术也可以对主要的施工过程或者施工关键部位、施工现场平面布置等施工重点进行模拟和分析，可以对多个方案进行可视化比对，从而选择出最优的方案。管廊施工过程的一个重点环节就是管线吊装，通过借助 BIM 技术可以对管线吊装顺序、路径等进行模拟演示，找到阻碍吊装的地方，提前预防，有效应对。

（6）数字化建造随着在钢结构领域不断发展，BIM 软件在预制钢结构节点等方面已经得到了广泛的应用。通过 BIM 模型信息的传递，预制加工厂可以正确无误的制作管廊的每一个段节，不会出现尺寸不合适的情况。对每一个管节进行数字化编码，对现场的吊装施工也会起到很好的指引作用。在 BIM 技术出现以前，建筑行业往往借助较为成熟的物流行业的管理经验及技术方案，通过 RFID 可以把建筑物内各个设备构件贴上标签，以实现对这些物体的跟踪管理，但 RFID 本身无法进一步获取物体更详细的信息（如生产日期、生产厂家、构件尺寸等），而 BIM 模型恰好详细记录了建筑物及构件和设备的所有信息。此外 BIM 模型作为一个建筑物的多维度数据库，并不擅长记录各种构件的状态信息，而基于 RFID 技术的物流管理信息系统对物体的过程信息都有非常好的数据库记录和管理功能，这样 BIM 与 RFID 正好互补，从而可以减轻物料跟踪带来的管理压力，后期的资产管理也可以借助这种方式。

综合管廊中要安装口径较大的给排水管线，通过对 BIM 模型中每一节段的管线信息进行提取，管线加工厂根据提供的信息进行管材加工，不会产生浪费现象，而且这个过程中管线的相关信息会完全保存在模型中，不仅涵盖尺寸、材质等信息，还要包括生产厂家、使用年限等，方便后期的管理与维护。

（7）维护计划管廊在投入使用以后难免会发生设备和管线的损坏，如果没有档案留存和信息保护，往往得不到妥善的修补与维护。在施工完成之后将 BIM 模型交付给管廊运营单位，通过在模型中标记出设备或者管线损坏位置，找到设备或者管线的相关信息，比如生产厂家、联系方式等，快速地进行原装配件的购置与替换，达到快速响应，迅速抢修的目的。

国内的一些软件厂商像鲁班公司，还对设备维护提供提醒服务，通过客户端对设备的维护时间进行设定，达到该进行维护的期限，服务器会触发响应机制，发送维护邮件给设备管理人员，提前对设备可能出现的问题进行预防，保证系统的正常运行。

2.BIM 技术在地下综合管廊的应用现状

BIM 技术和管廊工程在中国同属于新兴事物，虽然中央和地方都大力推广和提倡，但是要真真正正地落到实处恐怕还是需要时间的积累。在实际应用中不乏一些技术能力雄厚的设计院、施工单位在施工过程中尝试使用，也取得了非常好的效果。

但是由于 BIM 人才的匮乏，加上旧意识、旧思想的影响，BIM 技术在管廊建设中的应用也只是停留在很初级的阶段，具体的应用情况如下：

（1）施工模拟现在越来越多的投标单位在投标的过程中都会提到 4D 施工模拟或者 5D 施工模拟，将自己的施工进度计划、施工方案、施工场地布置等通过动画模拟的方式展现出来。资源配置、施工机械进出场与安拆、复杂节点施工也可以事先在 BIM 施工模拟软件中进行演示，找到施工过程中可能会出现的问题，同时也可以预见施工过程中可能出现的安全隐患，制定解决方案。

（2）碰撞检测技术是目前 BIM 技术应用中最为成熟的一项，以至于在很多人看来 BIM 技术就只能做碰撞检测，很多软件厂商也提供了这个技术支持。碰撞检测技术确实能为多专业协调带来一定的便利，提前在 BIM 软件中将碰撞点进行调整，减少工程中的返工、窝工现象，进而缩短施工工期，减少施工成本。

碰撞检测技术的应用过程中也存在着一些问题，比如对碰撞点的处理，管线排布问题，节点挂件安装问题等。对于这些问题的解决，不能停留在表面，而是切切实实的通过专业协同或者 BIM 协调会议等，按照施工设计规范要求进行整改，让这项技术真正落地。

（3）投标演示随着 BIM 技术的推广，企业也越来越重视自己核心价值的创建，很多施工企业在投标的时候会演示自己 BIM 应用，既提高了自己企业的形象，为自己加分不少，也能更有效地说明自己的施工技术方案。事实上，施工企业往往会夸大自己的应用能力，一些并没有在工程中进行应用的 BIM 技术，也会出现在自己的宣传视频上。

目前我国工程项目对于 BIM 技术的应用还主要停留在表面，不仅市政管廊工程存在这样的问题，房屋建筑行业也是如此，唯一表现较好的就是钢结构工程。对 BIM 技术展开全生命周期应用的更是凤毛麟角，没有为 BIM 技术的应用推广提供足够的空间。建设者对于 BIM 技术的投入也是持谨慎态度，没有看到 BIM 技术带来的巨大利益，只是在眼前的高成本投入，对于投资回收不乐观。现在还没有实施 BIM 标准，各方责任不明确，造成各专业之间协调困难，阻碍 BIM 技术的发展。

3. BIM 技术在地下综合管廊的应用趋势

现在设计方的 BIM 与施工方的 BIM 完全断档，设计方的模型往往不会提供给施工方，国家也没有现行的模型标准适用于模型的传递。现在有的软件开发企业开始把发展方向放在设计-施工-体化平台的开发上，像 PKPM 设计施工管理平台、BIM 管理平台等，设计施工管理平台的建立对于 BIM 技术的推广应用有诸多好处。

（1）数据的无损传递通过设计—施工平台的使用，可以很好地避免设计方的 BIM 与施工方的 BIM 不协调的现象。从设计到施工，以至于后期的运营维护都是一个模型，这样就保证了工程信息的流转。如果在施工过程中发现问题，设计人员将更改的模型直接上传到平台，施工人员更新下载，通过将变更信息导出文档形成纸质文件，这样就完成了设计变更，省时省力。

（2）设计的实时跟踪与监督现在很多工程采取边设计边施工的模式，传统的设计方式根本无法形成有效的监督，等到提交成果的时候往往采取突击的方式，这种情况下产生的设计文件往往错误很多，对后面的施工造成很大的困扰。通过在平台中设定设计定期检查点、设计成果里程碑节点等严格控制设计进度，保证施工。

（3）各专业协调设计平台的建立在很大程度上为专业设计人员提供了设计的限制条件。通过在已经建立好的结构模型中建立自己专业的模型，自动绕开梁、柱以及其他专业的管线，还可以在设计规范允许的条件下调整净空高度，合理设置各专业管线的排布，再通过碰撞检测等技术手段找到设计中不合理的地方加以改正，这样就能保证提交给施工方的模型是较为准确的模型，为后期的施工提供了有力保障。

（4）成本估算 BIM 软件不同于以往的 CAD 二维设计平台，借助 BIM 技术进行方案设计可以很轻松的将设计成本计算出来。通过设计人员在平台中进行设计成果上传，建设单位可以提取工程量数据，进行建设成本的初步估算，通过各建设方案的多维比对，确定最后的设计方案。虽然现在 BIM 软件的计算能力不能满足我国国情，但是随着二次开发、软件本土化更新等技术手段的普及，成本肯定会越来越合理，越来越具有可参照性。

5.4.3 综合管廊施工案例

1. 厦门市

厦门市集美新城位于城市的几何中心，是厦门市中心城区之一，规划定位为以发展为以商务办公、商贸服务、文化休闲、特色旅游和生活居住为主的综合性新城，规划面积 17.5km²，城市建设面积 10.5km²，人口规模 10 万人。

集美大道位于集美新城核心区东侧，现状有 2 回 220kV，2 回 110kV 高压架空线沿道路敷设，远期规划将增加 4 回 110kV。为了提高道路周边的土地利用效率，改善片区景观效果，政府部门提出将高压架空线进行入地缆化。经测算，高压电力地缆化具有较高的直接经济效益，可为集美新城节约建设土地 25hm²。方案制定过程中，建设单位征询了各相关部门意见，经过技术经济比较后确定采用结合高压电力地缆化建设综合管廊的方案。

综合管廊起点位于集美大道与海翔大道交叉口（中科院），终点位于集美大道与得江路交叉口（原厦安地缆化终点）。其中，双舱综合管廊设计总长度为 3.178km，单舱高压电力综合管廊为 2.562km。以下对集美大道综合管廊的设计与施工要点作简要介绍。

2. 综合管廊设计要点

综合管廊的设计要点包括平面线位布置、横断面及管位、纵断面、附属设施以及关键节点设计等。

（1）平面线位布置

综合管廊线位布置考虑如下因素：①集美大道上市政管线尚未成形区域，能直接辐射周边地块区间内布置综合管廊；②结合片区内现状及规划 110kV、220kV 高压电力地缆化，在一定程度上降低建设成本；③集约利用地下空间，为远期轨道工程建设创造条件。

综合管廊路径系统方案为：集美大道南侧（中科院——高速公路连接线）布置双舱综合管廊，集美大道北侧（高速公路连接线——同集路）、集美大道与同集路交叉口——原厦安地缆化终点布置单舱高压电力综合管廊。

（2）横断面形式及管位

综合管廊的断面尺寸主要考虑如下因素：纳入管线的种类及规模、管道的安全距离、管道敷设、维护操作空间、人员通行空间等。

综合管廊纳入的管线为：①110kV 和 220kV 高压电线（单独一个舱室）；②10kV 电力；③电信通信；④给水管；⑤排水管。

方案根据道路横断面布置、规划管位的合理安排、综合费用分析等多种因素考虑综合管廊的位置。集美大道（海翔大道——田集高速公路连接线段）道路现状中央绿化分隔带为远期厦门轨道线用地范围，道路北侧人行道下为现状高压铁塔塔位，且雨水、污水、电信、给水等现状管线主要分布在道路北侧，因此将综合管廊布置于道路南侧人行道及辅道下。

（3）纵断面设计

综合管廊的最小覆土深度应满足雨污水支管、燃气支管等从综合管廊顶部横穿，以及绿化种植的要求，标准段管廊覆土深度为 2.0m 综合管廊过交叉口路段及特殊节点位置时，根据具体情况调整埋深。

（4）附属设施设计

1）吊装口。进入市政舱的市政管线吊装口按长度为 6m 的管材设计，设置间距小于 400m。吊装口上覆盖板，为减小对城市景观的影响，盖板置于地面下，不露出地面，上部覆土，需要时打开盖板。

2）人员进出口。沿线设置人员出入口 1 处，主要供维修、检修作业人员以及抢险时进出及监控管理。人员出入口与监控中心结合设置，位于集美大道南侧滨水小区退线绿化带上。出入口台阶高出人行道 0.3m，防止雨水倒灌。

3）管线引出口。标准形式的管线引出口包括电力引出口、给水管引出口、中水管引出口、信息引出口，管线接口横向穿越道路时，通过预埋管涵与周边道路或地块连接，同时在管线出入口处，综合管廊局部需进行加高拓宽处理，便于管线上升从侧面引出综合管廊。

4）防火分区及通风设计。按 200m 作为一个防火分区，全程共有 18 个防火分区，防火分区由防火墙隔开，墙上设有甲级防火门，防火门为常闭型。管线穿越防火墙时采用阻火包进行严密封堵。一个防火分区即为一个通风区域，高压舱和市政舱的防火分区及通风区域是独立的、分开的。通风系统采用机械进风、机械排风的通风方式。每个通风区域两端头各设一台通风机排风、送风，提高沟内排风效率，设计通风量按小于 6 次每小时换气次数计算。进风口和排风口均设防水百叶窗，且均设置在地面绿化带内。

5）排水系统。排水主要考虑来自通风口、吊装口、人孔的雨水以及管廊壁面渗透水，沿综合管廊通长设置排水沟，排水沟坡度与综合管廊坡度一致，且不小于 0.3‰。集水坑尺寸 $B \times H = 1000mm \times 1000mm$，槽深 1500mm。排水潜水泵单泵流量 $Q = 15 - 25m^3/h$，扬程 $H = 15m$，电机功率 $N = 2.2kW$。排水泵采用液位继电器自动控制方式，高液位开泵，低液位停泵，超高液位报警。排水出水管出综合管廊后，就近排入道路下市政雨水系统。

（5）关键节点设计

1）综合管廊穿越现状崎沟溪。由于新城对景观的要求高，综合管廊以下穿越崎沟溪，经技术、经济比较，采用在枯水季节围堰明挖施工的方案；

2）综合管廊穿越现状集美大道、杏林湾路、田集高速公路连接线、孙坂南路、天安路及同集路。以上道路交叉口交通量大，且道路下埋设众多市政干管，采用明挖施工难度极大，综合管廊穿越上述交叉口均采用顶管施工方案，顶管管道采用圆形钢筋混凝土管，管道规格有 d2200、d3000、d3200。

3. 施工要点

由于工程位于老城区，交通量大，为减小对道路交通及周边居民生产和生活的影响，标准段综合管廊采用胶接＋预应力的预制拼装工艺，借鉴了桥梁预制拼装方法，具有结构整体性好、可靠性强、施工速度快、构件质量易于控制等优点。

预制综合管廊每孔跨根据长度不同划分了 6～11 个预制节段，根据节段的构造不同，分为端节段、中间标准节段。标准节段长为 2.5m，吊重约为 37t，箱室截面采用箱形断面，全高 3.0m（3.4m），顶宽均为 5.65m 综合管廊节段预制时保证相邻节段端面尺寸及剪力键的匹配，确保预制精度。施工采用悬拼吊装法，首先在架桥机施工期间对多节段拼接，再通过端部现浇段达到对各跨综合管廊体系连续。

5.5 江苏省推广地下综合管廊概况

2016 年 5 月，江苏省政府办公厅印发《关于推进城市地下综合管廊建设的实施意见》；江苏省《关于进一步加强城市规划建设管理工作的实施意见》中明确规定：要建设地下综合管廊。抢抓国家地下综合管廊建设试点机遇，大力推进全省城市地下综合管廊建设，到 2020 年全省建设地下综合管廊 300 公里以上。编制实施城市地下综合管廊专项规划，城市新区、各类园区、成片开发区域新建道路必须同步建设地下综合管廊，老城区要结合地下空间开发利用、旧城更新、地铁建设、河道治理、道路改扩建等，逐步推进地下综合管廊建设。建有地下综合管廊并预留管线位置的区域，各类管线必须全部入廊，管廊以外区域不得新建管线。制定地下综合管廊有偿使用管理办法，鼓励各类社会资本参与管廊投资建设和运营管理。

2015 年，苏州成为国家首批 10 个地下综合管廊试点城市之一；2016 年 8 月，江苏省将南京、连云港、新沂、涟水等 4 个城市列为首批地下综合管廊省级试点城市。以苏州为例，2009 年，苏州自主规划、设计、建设并投运了江苏省第一条地下综合管廊——工业园区月亮湾综合管廊，同时配套颁布了《苏州工业园区市政综合管廊运维管理办法》。月亮湾综合管廊位于园区南部科教创新区内，管廊全长 920m，截面尺寸为 3m×3.4m，集供电、供水、供冷、通信等综合管线为一体。自 2011 年 11 月正式投入使用以来，该管廊运营良好，为 120 万 m^2 商用、住宅建筑提供服务。2015～2017 年，苏州将开工建设综合管廊 5 条，长度达到 31.2km，投资额近 40 亿元。工程结构将按 100 年使用寿命设计，防洪标准不低于 100 年一遇，抗震按照地震基本烈度 7 度设防。未来十年，苏州城区计划建成地下综合管廊 177km，下辖各县级市也将同步建设总长超过 100km 的综合管廊，届时将初步形成覆盖全市的安全、高效、智慧的地下管网系统。

练 习 题

1. 综合管廊的定义是什么？
2. 综合管廊的目标是什么？
3. 目前我国综合管廊的现状是什么？
4. 目前国内市政综合管廊的运营管理模式有哪些？
5. 台湾地区综合管廊运营管理的先进经验有哪些？
6. 南京"鸿宇市政管廊"新模式有哪些特点？
7. 综合管廊敷设与传统直埋敷设比较有哪些特点？
8. 综合管廊建设的技术难点有哪些？
9. 雨污水管道入廊需重点解决的问题有哪些？
10. 综合管廊施工有哪些方法？
11. BIM 技术在地下综合管廊的应用点有哪些？

第6章　建设工程相关法规

6.1　安全生产法相关知识

6.1.1　履行安全生产职责的重要性及途径

下面通过一个案例来提出履行安全生产职责的重要性。

【案例1】2014年12月29日8时，清华大学附属中学A栋体育馆等三项工程，在进行地下室底板钢筋施工作业时，上层钢筋突然坍塌，将进行绑扎作业的人员挤压在上下钢筋之间，塌落面积大约在 $2000m^2$，造成10人死亡4人受伤。法院认定导致本次事故发生的主要原因是施工方违规堆放钢筋，现场所用的钢筋直径与原定方案中的规格严重不符，间接原因为项目管理混乱，技术交底缺失，不具备项目管理资格和能力的杨某成为项目实际负责人，监理不到位，项目经理长期未到岗履职，施工单位使用未经培训的人员实施钢筋作业。调查组建议对建工一建公司总经理刘某等16人追究刑事责任。

法院根据相关的事实及证据认定被告人杨某、王某等15人在作业中违反有关安全管理的规定，因而发生重大伤亡事故，情节特别恶劣，其行为均构成重大责任事故罪。根据各被告人的认罪态度，同时考虑被告人杨某、王某有揭发他人犯罪并经查证属实的立功表现以及案发后对被害人进行了赔偿酌以量刑。

法院量刑：

1. 项目商务经理杨某有期徒刑6年

在施工过程中未履行安全生产的管理职责，导致施工现场安全员数量不足、现场安全措施不够，未消除劳务分包单位盲目吊运钢筋且集中码放的安全事故隐患，未督促检查安全生产工作。

2. 劳务公司法人代表张某有期徒刑6年

未履行安全生产管理职责，未对工程项目实施安全管理和安全检查，对作业人员在未接受安全技术交底的情况下违反《钢筋施工方案》施工作业管理缺失，未及时消除安全事故隐患。

3. 总监理工程师郝某有期徒刑5年

4. 执行总监李某有期徒刑4年6个月

郝某未组织安排审查劳务分包合同，与张某对施工单位长期未按照施工方案实施阀板基础钢筋作业的行为监督检查不到位，对钢筋施工的交底、专职安全员配备工作、备案项目经理长期不在岗的情况未进行监督。

5. 施工队长蔡某有期徒刑4年6个月

未履行安全生产管理职责，对阀板基础钢筋体系施工作业现场安全管理缺失，在未接受安全技术交底的情况下，盲目组织作业人员吊运钢筋、制作安放马凳，致使作业现场钢筋码放、马凳的制作和安放均不符合《钢筋施工方案》要求。

6. 项目执行经理王某有期徒刑 4 年 6 个月

未履行安全生产的管理职责，对施工现场安全管理、安全技术交底、安全员配备不足等管理缺失，未及时消除施工现场作业人员违反《钢筋施工方案》施工，盲目吊运钢筋且集中码放的安全事故隐患。

7. 项目技术负责人曹某有期徒刑 4 年

未履行安全生产的管理职责，对马凳的制作和安放不符合《钢筋施工方案》要求检查不到位，未安排人员对作业人员实施安全技术交底，导致作业人员盲目在上层钢筋网上大量集中码放钢筋。

8. 技术员赵某有期徒刑 4 年

在明知没有安全技术交底的情况下，仍安排作业人员进行施工，致使作业现场马凳的制作和安放均不符合《钢筋施工方案》要求。

9. 监理工程师兼安全员田某有期徒刑 4 年

10. 监理工程师耿某有期徒刑 3 年，缓刑 3 年

田某对施工现场《钢筋施工方案》未交底的情况未进行监督。与耿某对作业人员长期未按照方案实施阀板基础钢筋作业的行为巡视检查不到位。

11. 项目生产经理徐某有期徒刑 3 年 6 个月

未履行安全生产的管理职责，对阀板基础钢筋体系施工现场工作人员违反《钢筋施工方案》制作、安放马凳的行为监督检查不力，未督促落实安全技术交底工作。

12. 钢筋工长韩某有期徒刑 3 年 6 个月

在明知没有安全技术交底的情况下，未经审批填写钢筋翻样配料单，致使马凳规格与《钢筋施工方案》中规定不符。

13. 项目施工员荆某有期徒刑 3 年 6 个月

对现场作业人员未按照《钢筋施工方案》制作并安放马凳的施工作业监督检查不力。

14. 钢筋班长丁某有期徒刑 3 年

在明知没有安全技术交底的情况下，盲目指示塔吊信号工吊运钢筋，导致作业现场钢筋未逐根散开码放。

15. 钢筋组长钱某有期徒刑 3 年

在明知没有安全技术交底的情况下，盲目指示塔吊信号工吊运钢筋，导致作业现场钢筋未逐根散开码放。

法院根据相关的事实及证据认定被告人杨某、王某等 15 人在作业中违反有关安全管理的规定，因而发生重大伤亡事故，情节特别恶劣，其行为均构成重大责任事故罪。根据各被告人的认罪态度，同时考虑被告人杨某、王某有揭发他人犯罪并经查证属实的立功表现以及案发后对被害人进行了赔偿酌以量刑。

在本案审理中，除被告人荆某对起诉书指控的事实提出异议，辩称其只是做文案工作的资料员，不应负此次事故的责任外，其余 14 名被告人均未提出异议。法院审理后认为，荆某作为施工员，对所辖生产班组、外施队的安全生产负直接领导责任。现场作业人员未按照《钢筋施工方案》制作并安放马凳，因此荆某对施工作业监督检查存在不力，被判有期徒刑 3 年半。

据案例 1 中，项目商务经理、劳务公司法人代表、项目执行经理、项目技术负责人等 15 人均被追究刑事责任。被追究刑事责任的理由绝大多数是未履行安全生产的管理职责。

1. 履行安全生产职责能够有效防范生产安全事故的发生

案例 1 中所有与项目有关的企业项目负责人都是以未履行安全生产管理职责而入刑的。这里所指的安全生产管理职责应当是法律法规所赋予的职责，所以不履行法律法规所赋予的职责将受到法律的制裁。而履行安全生产管理职责是有效防范生产安全事故最好方法。

为了能够有效地履行安全生产管理职责，必须要有一套有效地督促履行职责的方法，这个方法就是安全能力确认。安全能力确认最核心的内容就是对确认对象是否掌握安全生产职责并能否认真有效履行的判定，以此督促项目负责人认真履行安全生产管理职责。

2. 督促履行安全生产责任的有效方法是开展安全能力确认

施工项目负责人是指受企业法定代表人委托对工程项目施工过程全面负责的项目管理者，是建筑施工企业法定代表人在工程项目上的代表人。安全能力确认是对施工项目负责人能否履行施工现场安全生产管理职责的能力进行评定或考核。

施工现场能否全面履行安全生产管理责任，项目负责人是关键。由于项目负责人是由建筑施工企业委托派往工程项目全面负责项目管理的，所以建筑施工企业必须对项目负责人履行安全生产管理职责的能力进行考核或评定，以确保其能代表企业履行安全生产管理责任。在承接工程项目的日常管理中，建筑施工企业也应对项目负责人安全能力进行动态的管理，把项目负责任人安全能力确认作为日常安全生产检查或定期责任考核一项重要的管理措施，以项目负责人安全能力的不断提高。同样，建设工程项目所在地的安全生产监督管理部门或机构也将对项目负责人的安全生产管理行为进行监督管理。因此，加强对项目负责人的安全能力进行动态考核、开展对项目负责人的安全能力确认将是一项常态化管理工作。

项目负责人安全能力确认将以问与答的形式对项目负责人安全能力确认的基本内容、要求和方法进行解答，通过解答能够基本测试出项目负责人安全能力的基本状况，其测定结果可为建筑施工企业或安全生产监督管理机构考察或考核项目负责人安全能力提供参考。

对于建设工程项目管理领导班子的其他成员以及拟定培养的项目负责人的安全能力进行考核时，亦可按照此方法进行测评。项目负责人可通过本方法进行自我测评，以便发现自身安全生产管理能力的不足，不断提高自身的安全生产管理能力。

实际上，安全能力确认并不是一项复杂工作，它是在原有企业安全生产管理基础上总结出的一项管理措施，即在上岗前或作业前对相关人员安全意识和能力再次进行确认，把好安全生产管理最后一道关口。因此，安全能力确认不是外部强制性地要求，与过去的考核发证等有很大的区别，它是企业安全生产管理内控的最基本措施，也是企业履行安全生产主体责任的自觉行动。所以，安全能力确认工作应当是简便易行的，只不过是把过去的与现在安全能力确认相关联的工作，如安全教育培训、安全技术交底等更加系统化地加以落实，形成可追溯的管理结果并实施信息化管理。

据此，根据安全能力的基本要求，对项目负责人进行安全能力测试。如，可列举若干问题对项目负责人安全能力要求进行了提问，整个测试过程顺利地回答不超过规定时间。如果能够按照要求回答，就能证明其安全能力达到了基本水准，能够满足履行安全生产管理职责的基本要求；如果回答过程比较困难，说明其在安全能力上存在一定问题，需要拾遗补缺，学习阅读《建筑企业人员安全能力确认通用指导书》以及相应的安全生产法律法规和学习材料；如果完全不能满足测试要求，就应当考虑不能在项目负责人岗位上工作，重新参加相关的安全生产教育培训。

建议在实际测评中采取多种形式或方式对提出的问题进行测试，采集判定信息，之后填写测评表，按照测评表的分值进行评分，最后做出安全能力确认判定结论，用优良、合格、基本合格和不合格等4等次表示。原则上，经测试达到不合格等次的，建议不安排其岗位工作。

进入施工现场的其他人员均可参照有关人员安全能力确认。但是必须强调的是由于建筑施工作业人员流动性大、工程进度变化大、作业环境复杂，所以安全能力确认是一个动态的管理信息，特别是在实施全员安全能力确认时更是要根据时间的变化和工作场所的变化对重要岗位、重要作业人员进行安全能力再确认。

6.1.2 项目负责人安全管理要求

【案例2】30岁的万宁人刘某某，2012年9月4日以个人名义与一家电梯工程公司签订《电梯安装协议》，约定由刘某某个人承包某房地产公司金盘项目－S2住宅小区的电梯安装工作。林某受该电梯工程公司指派，参与刘某施工队的电梯安装工作，当时刘某知道林某没有电梯安装上岗证。

2013年3月16日14时30分许，刘某组织个人施工队在S2小区7号楼电梯工地内进行电梯安装作业，林某强在工地4层楼道违规进行电梯调试作业，被突然启动的电梯轿厢卡在4～5层电梯井中，被救出后因伤势过重当场死亡。海口龙华区安监局认定，刘某对此次事故的发生负主要责任。龙华区法院认为，刘某作为安全生产主要责任人，对施工现场疏于管理，让没有上岗证的林某从事电梯安装，并未及时制止林某强的违规操作，导致事故的发生。日前，龙华区法院一审以重大责任事故罪判处刘某有期徒刑一年，缓刑二年。

【案例3】一份项目负责人的行政处罚决定书

叶某某项目负责人：

据某省住房和城乡建设厅建筑工程安全生产动态管理信息系统记录，你在担任F市S区Y一期工程的项目负责人期间，存在安全管理资料弄虚作假且与施工现场安全生产状况严重不符、对"四口"与临边防护存在的安全隐患未落实整改、对安监站发出的整改通知未落实整改和作业期间无正当理由不在施工现场等行为，违反了《建设工程安全生产管理条例》（国务院令第393号）第二十一条第二款的规定，被F市S区建设工程质量安全监督站按照《某省住房和城乡建设厅建筑工程安全生产动态管理办法》先后扣分，在一个扣分周期内被扣分值累计已超过30分。

根据《建设工程安全生产管理条例》（国务院令第393号）第五十八条规定，我厅已对你发出《行政处罚告知书》，你在收到《行政处罚告知书》之日起3日内未向我厅提出陈述、申辩，我厅决定对你（证号：略）作出在全省范围内停止担任项目负责人3个月的行政处罚，停止时间从2014年10月20日至2015年1月19日。

如不服本决定，你可以在接到本决定书之日起60日内向某省人民政府或住房和城乡建设部申请复议，也可以依法直接向人民法院起诉。

某省住房和城乡建设厅

2014年10月11日

1. 项目负责人在什么情况下承担刑事责任

案例1是较大的项目，案例2是一个较小的项目，但均因为出了伤亡事故项目负责人被追究刑事责任。

有人认为这些项目中项目负责人均未直接参与生产活动，为何被判刑呢？原因就是因为他们未履行安全生产管理职责。

而案例3是一份项目负责人的行政处罚决定书。根据这份处罚书的描述，该项目负责人同样是未履行安全生产职责，违反安全生产法的行为不比前面几个案例的项目负责人轻，只是被给予了行政处罚，而没有被追究刑事责任。

从目前形势来看，只要发生死亡事故，企业负责人都有可能被追究刑事责任，似乎给人一种感觉，不出伤亡事故同样违法是不会被追究刑事责任的。当然这是过去的事情，今后这种局面可能会被改变，也就是说即使未发生伤亡事故，也有可能被追究刑事责任。2016年年底中共中央、国务院发出《关于推进安全生产领域改革发展的意见》分析，意见第一次提出："研究修改刑法有关条款，将生产经营过程中极易导致重大生产安全事故的违法行为列入刑法调整范围。"警醒人们今后在日常安全生产管理中有严重的违法行为也将追究刑事责任。也就是说今后不只是在发生生产安全事故后进行责任追究，今后将在日常的生产经营活动中对是否履职进行督查，一旦发现有严重的违法行为同样也将追究责任。

因此，项目负责人不履行法律法规所赋予的安全生产职责，都将受到法律的追究，有可能被追究刑事责任。

但是，决不能因为是否被追究刑事责任而谈论是否履行安全生产职责，而是因为履行安全生产职责是生产者必须遵守的义务。

当然，履行安全生产职责是防范生产安全事故最有效的方法。履行安全生产责任能够大大减少生产安全事故的发生，同时认真履行安全生产责任还能够有效地组织生产活动，按照预期的工作目标完成工程项目任务，这是每一个项目经理应当明白的道理。

2. 项目负责人的安全生产职责

目前不少项目负责人并不知晓法律法规所赋予项目负责人的安全生产职责究竟有哪些？在施工现场安全生产管理中说不清、道不明。这确实是目前施工现场安全生产管理中致命的问题。项目负责人是代表建筑施工企业对工程项目施工过程全面负责的管理者，享有相对独立的生产经营管理权，因此应当对施工现场安全生产管理负全面的责任，且是建筑施工企业法定代表人在工程项目上的代表人，其企业法定代表人的法定安全生产管理职责应当在施工现场予以延续。因此项目负责人的安全生产管理职责应与施工企业主要负责人的法定安全生产管理职责相对应，所以依据《安全生产法》第十八条规定，项目负责人的安全生产管理职责也因为七项职责，具体内容是：

（1）建立、健全施工现场安全生产责任制；

（2）组织制定施工现场安全生产规章制度和操作规程；

（3）组织制定并实施施工现场安全生产教育和培训计划；

（4）保证施工现场安全生产投入的有效实施；

（5）督促、检查施工现场的安全生产工作，及时消除生产安全事故隐患；

（6）组织制定并实施施工现场的生产安全事故应急救援预案；

（7）及时、如实报告生产安全事故。

项目负责人须熟记这七项职责，逐条阐述其内容并能够讲述如何逐条落实这七项职责。

有的企业根据本企业或施工现场管理的实际情况，在项目负责人安全生产管理职责内容上增加了其他内容或具体的要求，但是无论怎样制定或修改，《安全生产法》所确定的七项安全生产管理职责的任何一项职责都不得改动或缺失。

6.1.3 项目负责人安全生产职责解析

要履行好项目负责人的安全生产职责，必须认真学习新修改的《安全生产法》。下面我们将结合《安全生产法》第十八条规定的七项安全生产管理职责分析讲解项目负责人履行安全生产职责的要求。

1. 建立、健全施工现场安全生产责任制。

这是《安全生产法》第十八条赋予生产经营单位的主要负责人法定的安全生产管理职责第一项要求。项目经理作为施工项目有经营决策权的负责人理应建立、健全施工现场安全生产责任制。

安全生产责任制度应是全员安全生产责任制度，即生产经营单位的所有岗位、所有人员都应有相应的安全生产责任制度，不能有空缺。如何制定，有何要求，本法第十九条等相关条款有具体的规定。

《安全生产法》第十九条规定：生产经营单位的安全生产责任制应当明确各岗位的责任人员、责任范围和考核标准等内容；生产经营单位应当建立相应的机制，加强对安全生产责任制落实情况的监督考核，保证安全生产责任制的落实。

请注意，《安全生产法》第十九条是新增加的，说明安全生产责任制考核的重要性，它规范安全生产责任制在人员、范围、考核标准以及考核机制等要求，是施工现场制定安全生产责任制的重要依据和执行准则。

关于安全生产责任制，不少施工现场只是把它挂在墙上，很少有落实。实际上，安全生产责任制在整个安全生产管理规章制度中，是最首要、最关键的一项制度，这个制度不落实，其他各项制度就有可能流于形式。因此，施工现场应当依据本法的规定，加强安全生产责任制的研究和落实，以此推动施工现场各项安全生产规章制度的落实：

（1）施工现场各个部门（包括分包单位）与人员岗位清晰，并符合安全生产管理的要求。

（2）施工现场各个部门（包括分包单位）与人员岗位均有相应的安全生产责任，并以文件形式确立。

（3）施工现场安全生产管理的各项工作要求能够落实到有关部门（包括分包单位）和责任人（如消防管理制度等），无遗漏。

（4）施工现场各个部门（包括分包单位）与人员岗位的安全生产责任合理、有效，目标明确。

（5）施工现场各个部门（包括分包单位）负责人和各岗位人员的安全生产责任已进行责任交底，均在相应的安全生产责任上签字确认。

（6）施工现场有对安全生产责任进行考核的管理机制，考核的责任部门或责任人明确，措施能够落实。

（7）施工现场安全生产责任考核能够或已有效开展。

（8）施工现场安全生产责任体系能够确保良好的运转状态。

（9）施工现场与企业安全生产责任体系能够有机的联系。

（10）其他管理要求。

2. 组织制定施工现场安全生产规章制度和操作规程。

施工现场安全生产规章制度与企业安全生产规章制度既有联系又有区别，即规章制度的项目基本相同，企业大部分的规章制度应当在施工现场落实，但其内容上有所区别，施工现场的各项管理制度应根据施工现场安全生产管理的实际制定。作为项目负责人应当熟悉和了解企业有哪些安全生产规章制度以及施工现场如何按照这些要求制定适合施工现场安全生产管理的规章制度，不能照搬照抄，这是项目负责人能否履行好施工现场安全生产职责的前提。

施工现场应建立较完整的安全生产规章制度和操作规程。安全生产规章制度原则上为"五大规章制度"，即安全生产责任制度、安全生产资金保障制度、安全生产教育培训制度、安全生产检查制度和安全生产隐患与事故报告处理制度，其中安全生产责任制度是安全生产规章制度中最重要的制度，因此在《安全生产法》第十八条的第一项职责中就提出来了，其他相应的管理制度都是这些制度的分项制度，如消防责任制度和消防检查制度应落实在安全生产责任制度中。

施工现场还应建立一整套有关安全生产操作规程，即所有的生产经营操作环节都应制定相应的安全操作规程或操作手册，使得从业人员在生产经营活动中能够按照操作规程进行，确保生产活动各环节的安全，同时也是施工现场管理人员监督检查从业人员安全操作的依据。

3. 组织制定并实施施工现场安全生产教育和培训计划。

"组织制定并实施本单位安全生产教育和培训计划"是在生产经营单位主要负责人安全生产职责原有六项职责中，又增加了一项。这一项的增加包含两方面问题：一是安全生产教育和培训在安全生产管理中的重要作用，必须突出强调；二是安全生产教育和培训的主体责任应该是企业及其所属管辖的施工现场，而不是其他方。通过对《安全生产法》第二十四条、第二十七条的充分理解，也可加深对企业是安全生产教育和培训主体责任的更深了解。

当前，安全教育和培训工作存在很多问题，形式主义、"为证培训"现象严重。这一规定的出台，为纠正社会上存在的乱培训现象提供了法律依据。安全教育和培训应是全员的安全教育和培训，且经常性地开展，即生产经营单位所有人员都必须每年至少参加一次安全生产教育和培训。有关教育和培训的要求，《安全生产法》第二十二条、第二十五条和第二十六条等多处都有相应的规定。

按照《安全生产法》第二十二条规定，企业或所属的安全生产管理机构以及安全生产管理人员履行"组织或者参与本单位安全生产教育和培训，如实记录安全生产教育和培训情况"的职责；

《安全生产法》第二十四条规定：包括施工现场负责人在内的企业主要负责人和安全

生产管理人员必须具备与本单位所从事的生产经营活动相应的安全生产知识和管理能力。并规定了建筑施工等"五大高危企业"的包括施工现场负责人在内的企业主要负责人和安全生产管理人员，应当由主管的负有安全生产监督管理职责的部门对其安全生产知识和管理能力考核合格。考核不得收费。关注：本条将原"考核合格后方可任职"改为"考核合格"。违反本规定，本法第九十四条第二款做出了相应的法律责任。

《安全生产法》第二十五条规定：

生产经营单位应当对从业人员进行安全生产教育和培训，保证从业人员具备必要的安全生产知识，熟悉有关的安全生产规章制度和安全操作规程，掌握本岗位的安全操作技能，了解事故应急处理措施，知悉自身在安全生产方面的权利和义务。未经安全生产教育和培训合格的从业人员，不得上岗作业。

生产经营单位使用被派遣劳动者的，应当将被派遣劳动者纳入本单位从业人员统一管理，对被派遣劳动者进行岗位安全操作规程和安全操作技能的教育和培训。劳务派遣单位应当对被派遣劳动者进行必要的安全生产教育和培训。

生产经营单位接收中等职业学校、高等学校学生实习的，应当对实习学生进行相应的安全生产教育和培训，提供必要的劳动防护用品。学校应当协助生产经营单位对实习学生进行安全生产教育和培训。

生产经营单位应当建立安全生产教育和培训档案，如实记录安全生产教育和培训的时间、内容、参加人员以及考核结果等情况。

本条对生产经营单位的从业人员安全生产教育和培训做出了更加具体的要求，如在原要求上增加了"了解事故应急处理措施，知悉自身在安全生产方面的权利和义务"；对生产经营单位使用被派遣劳动者和接收中等职业学校、高等学校学生实习的，提出了管理及安全生产教育和培训的要求；规范了生产经营单位建立安全生产教育和培训档案的行为。

《安全生产法》第二十六条规定：

生产经营单位采用新工艺、新技术、新材料或者使用新设备，必须了解、掌握其安全技术特性，采取有效的安全防护措施，并对从业人员进行专门的安全生产教育和培训。

《安全生产法》第二十七条规定：

生产经营单位的特种作业人员必须按照国家有关规定经专门的安全作业培训，取得相应资格，方可上岗作业。

特种作业人员的范围由国务院安全生产监督管理部门会同国务院有关部门确定。

关注：将原"取得特种作业操作资格证书，方可上岗作业"改为"取得相应资格，方可上岗作业"，即删除了"取得特种作业操作资格证书"的要求，改为"取得相应资格"，这就预示着特种作业人员培训、考核将发生变化，企业、行业协会以及其他社会力量在特种作业人员培训、考核中将发挥重要作用。

4. 保证施工现场安全生产投入的有效实施。

房屋建筑工程、水利水电工程、电力工程、铁路工程、城市轨道交通工程为 2.0%；市政公用工程、冶炼工程、机电安装工程、化工石油工程、港口与航道工程、公路工程、通信工程为 1.5%。

建设工程施工企业提取的安全费用列入工程造价，在竞标时，不得删减，列入标外管理。国家对基本建设投资概算另有规定的，从其规定。

建设工程施工企业安全费用应当按照以下范围使用：

（1）完善、改造和维护安全防护设施设备（不含"三同时"要求初期投入的安全设施）支出，包括施工现场临时用电系统、洞口、临边、机械设备、高处作业防护、交叉作业防护、防火、防爆、防尘、防毒、防雷、防台风、防地质灾害、地下工程有害气体监测、通风、临时安全防护等设施设备支出；

（2）配备、维护、保养应急救援器材、设备支出和应急演练支出；

（3）开展重大危险源和事故隐患评估、监控和整改支出；

（4）安全生产检查、咨询、评价（不包括新建、改建、扩建项目安全评价）和标准化建设支出；

（5）配备和更新现场作业人员安全防护用品支出；

（6）安全生产宣传、教育、培训支出；

（7）安全生产适用的新技术、新装备、新工艺、新标准的推广应用支出；

（8）安全设施及特种设备检测检验支出；

（9）其他与安全生产直接相关的支出。

总包单位应当将安全费用按比例直接支付分包单位并监督使用，分包单位不再重复提取。

安全生产投入是确保安全生产的必要条件，是生产经营单位安全生产条件之一。如一旦安全生产投入不到位，说明安全生产条件存在严重问题，极有可能被认定为不具备安全生产条件，因而禁止从事生产经营活动。《安全生产法》第二十条专门对"生产经营单位应当具备的安全生产条件所必需的资金投入"作出了明确规定。

《安全生产法》第二十条规定：

生产经营单位应当具备的安全生产条件所必需的资金投入，由生产经营单位的决策机构、主要负责人或者个人经营的投资人予以保证，并对由于安全生产所必需的资金投入不足导致的后果承担责任。

有关生产经营单位应当按照规定提取和使用安全生产费用，专门用于改善安全生产条件。安全生产费用在成本中据实列支。安全生产费用提取、使用和监督管理的具体办法由国务院财政部门会同国务院安全生产监督管理部门征求国务院有关部门意见后制定。

违反本规定，《安全生产法》第九十条做出相应的法律责任：

生产经营单位的决策机构、主要负责人或者个人经营的投资人不依照本法规定保证安全生产所必需的资金投入，致使生产经营单位不具备安全生产条件的，责令限期改正，提供必需的资金；逾期未改正的，责令生产经营单位停产停业整顿。

有前款违法行为，导致发生生产安全事故的，对生产经营单位的主要负责人给予撤职处分，对个人经营的投资人处二万元以上二十万元以下的罚款；构成犯罪的，依照刑法有关规定追究刑事责任。

5. 督促、检查施工现场的安全生产工作，及时消除生产安全事故隐患。

安全生产检查是确保安全生产的重要手段，也是生产经营单位安全生产责任制落实考核的重要依据。消除生产安全事故隐患，是安全生产检查的最终目的。为了确保安全生产检查活动的效果，将"隐患就是事故"理念纳入到安全生产检查活动中，值得施工现场负责人认真思考。

施工现场安全生产检查制度要求有：

（1）施工现场安全生产检查制度必须以文件形式确立。

（2）应明确专职安全生产管理人员负责施工现场安全生产监督检查的管理职权，确保专职安全生产管理人员履行职责。

（3）应明确施工现场安全生产的日常检查、定期检查、专项检查、抽查（不包含企业对施工现场的安全生产）等多种形式的安全生产检查。

（4）应明确由项目经理负责的项目部安全生产检查以及班组自查等多层次的安全生产检查。

（5）应明确安全技术措施以及安全生产管理包括安全生产条件在内的多内容的安全生产检查。

（6）施工现场涉及分包单位管理的，必须对分包单位的安全生产检查提出明确的管理要求。

（7）应对安全生产检查出的隐患提出复查的管理要求，落实各项隐患整改措施。

（8）施工现场的安全生产检查应与安全生产岗位责任及岗位责任考核和经济利益挂钩。

（9）其他管理要求。

6. 组织制定并实施施工现场的生产安全事故应急救援预案

组织制定并实施施工现场的生产安全事故应急救援预案是安全生产管理的最后一关，也是防范生产安全事故的最重要的一关。预案得当、措施得当，万一发生生产安全事故，可以把事故的损失减少到最低。这不是你单位想不想的问题、会不会发生事故的问题，它是法律法规予以给生产经营单位的职责，必须执行。因此，有关预案还必须与当地有关行政管理部门的预案相结合，有的重大预案还要到当地有关部门备案。

（1）建筑施工安全事故应急救援预案应当包括以下内容：

1）建设工程的基本情况。含规模、结构类型、工程开工、竣工日期；

2）建筑施工项目经理部基本情况。含项目经理、安全负责人、安全员等姓名、证书号码等；

3）施工现场安全事故救护组织。包括具体责任人的职务、联系电话等；

4）救援器材、设备的配备；

5）安全事故救护单位。包括建设工程所在市、县医疗救护中心、医院的名称、电话，行驶路线等。

施工项目的建筑施工安全事故应急救援预案编制完后应报施工企业审批。建筑施工安全事故应急救援预案应当作为安全报监的附件材料报工程所在地市、县（市）负责建筑施工安全生产监督的部门备案。

建筑施工安全事故应急救援预案应当告知现场施工作业人员。施工期间，其内容应当在施工现场显著位置予以公示。

（2）施工现场救援组织与人员要求有：

1）施工现场应落实本项目部安全事故应急救援组织；

2）应明确项目经理为安全事故应急救援组织第一责任人；

3）安全事故应急救援组织人员分工合理；

4）安全事故应急救援组织人员联系方式落实；

5）实行总承包的应将分包单位人员纳入救援组织；

6）定期举行应急预案演练；

7）其他管理要求。

（3）施工现场救援器材管理要求有：

1）施工现场应落实救援器材和必要的应急救援资金；

2）施工现场应急救援器材符合施工现场实际需求；

3）施工现场应有应急救援器材检查的管理记录；

4）其他管理要求。

7. 及时、如实报告生产安全事故

企业生产安全事故报告与处理制度有两大块内容：一是企业按照国务院《生产安全事故报告和调查处理条例》（国务院令第 493 号）关于发生等级事故的管理内容制定的相应规定，二是企业日常安全生产管理中对重大生产安全隐患所采取的管理措施。施工现场应按照企业生产安全事故报告与处理制度的管理要求，针对施工现场管理的实际制定施工现场的生产安全事故报告与处理制度。具体要求如下：

（1）生产安全事故报告与处理制度必须以文件的形式确立；

（2）生产安全事故报告与处理制度必须符合有关法律法规的要求，不得发生隐瞒或者迟报缓报事故等现象的发生；

（3）应有针对等级生产安全事故以及重大生产安全隐患的具体报告、统计的管理措施，有落实月报告和零报告制度管理要求；

（4）落实各级生产安全事故报告责任网络，本部及所属单位的报告责任人明确；

（5）有生产安全事故及重大生产安全隐患报告与统计的档案管理要求及措施；

（6）应针对等级生产安全事故以及重大生产安全隐患提出制定应急救援预案的管理要求；

（7）其他管理要求。

及时、如实报告生产安全事故是安全生产法等有关法律作出的严格规定，必须严格执行，否则将受到本法及相应法规的严厉处罚。

总而言之，项目负责人如果违反了《安全生产法》第十八条的规定，不履行安全生产职责，《安全生产法》第九十一条、第九十二条、第一百零六条等提出了相应的法律责任。

《安全生产法》第九十一条规定：

生产经营单位的主要负责人未履行本法规定的安全生产管理职责的，责令限期改正；逾期未改正的，处二万元以上五万元以下的罚款，责令生产经营单位停产停业整顿。

生产经营单位的主要负责人有前款违法行为，导致发生生产安全事故的，给予撤职处分；构成犯罪的，依照刑法有关规定追究刑事责任。

生产经营单位的主要负责人依照前款规定受刑事处罚或者撤职处分的，自刑罚执行完毕或者受处分之日起，五年内不得担任任何生产经营单位的主要负责人；对重大、特别重大生产安全事故负有责任的，终身不得担任本行业生产经营单位的主要负责人。

《安全生产法》第九十二条规定：

生产经营单位的主要负责人未履行本法规定的安全生产管理职责，导致发生生产安全事故的，由安全生产监督管理部门依照下列规定处以罚款：

（一）发生一般事故的，处上一年年收入百分之三十的罚款；

（二）发生较大事故的，处上一年年收入百分之四十的罚款；

（三）发生重大事故的，处上一年年收入百分之六十的罚款；

（四）发生特别重大事故的，处上一年年收入百分之八十的罚款。

《安全生产法》第 106 条规定：

生产经营单位的主要负责人在本单位发生生产安全事故时，不立即组织抢救或者在事故调查处理期间擅离职守或者逃匿的，给予降级、撤职的处分，并由安全生产监督管理部门处上一年年收入百分之六十至百分之一百的罚款；对逃匿的处十五日以下拘留；构成犯罪的，依照刑法有关规定追究刑事责任。

生产经营单位的主要负责人对生产安全事故隐瞒不报、谎报或者迟报的，依照前款规定处罚。

6.1.4 项目负责人安全能力考核方法

国家建设行政主管部门在《建筑施工企业主要负责人、项目负责人和专职安全生产管理人员安全生产管理规定》（中华人民共和国住房和城乡建设部令第 17 号）第七条规定：安全生产管理能力考核内容包括建立和落实安全生产管理制度、辨识和监控危险性较大的分部分项工程、发现和消除安全事故隐患、报告和处置生产安全事故等方面的能力；第十六条规定：主要负责人应当按规定检查企业所承担的工程项目，考核项目负责人安全生产管理能力。发现项目负责人履职不到位的，应当责令其改正；必要时，调整项目负责人。检查情况应当记入企业和项目安全管理档案。

施工现场能否全面履行安全生产管理责任，项目负责人是关键。由于项目负责人是由建筑施工企业委托派往工程项目全面负责项目管理的，所以建筑施工企业必须对项目负责人履行安全生产管理职责的能力进行考核或评定，以确保其能代表企业履行安全生产管理责任。在承接工程项目的日常管理中，建筑施工企业也应对项目负责人安全能力进行动态的管理，把项目负责任人安全能力确认作为日常安全生产检查或定期责任考核一项重要的管理措施，以不断促进项目负责人安全能力的提高。同样，建设工程项目所在地的安全生产监督管理部门或机构也将对项目负责人的安全生产管理行为进行监督管理。因此，加强对项目负责人的安全能力进行动态考核、开展对项目负责人的安全能力确认将是一项常态化管理工作。

我们可以通过项目负责人的安全业绩等信息对项目负责人安全能力进行考核，也可通过日常安全生产管理信息对项目负责人安全能力进行考核，还可以通过简捷的问与答的形式对项目负责人安全能力进行考核。项目负责人安全生产考核的结果为建筑施工企业或安全生产监督管理机构考察或考核项目负责人安全能力提供参考。

下面以安全能力的基本要求，列举了 10 个问题对项目负责人安全能力要求进行了提问，整个测试过程顺利地回答不超过 30 分钟。如果能够按照要求回答，就能证明其安全能力达到了基本水准，能够满足履行安全生产管理职责的基本要求；如果回答过程比较困难，说明其在安全能力上存在一定问题，需要拾遗补缺，加强对安全生产法律法规和安全生产管理知识的学习；如果完全不能满足测试要求，就应当考虑不能在项目负责人岗位上工作，重新参加相关的安全生产教育培训。

这是一种简单、快捷的项目负责人安全能力考核方法。

1. 测试题目

通过以下问题的测试，能够基本测定出项目负责人安全能力的水准：

1）施工项目负责人法定的安全生产管理职责有哪些？如何履行？

2）施工现场应有哪些安全生产规章制度，如何制定？

3）施工现场为何要实施开展安全生产标准化管理？如何实施？

4）为何要开展施工现场安全教育培训？如何组织实施？

5）如何确保施工现场安全生产投入的有效实施？

6）为什么说隐患就是事故？

7）如何发现隐患和处置隐患？

8）如何落实施工现场应急救援管理以及事故发生后应当采取哪些相应措施？

9）项目负责人如何遵守规章制度，哪些是触犯法律法规的行为？表现如何？

10）如何评价项目负责人的工作能力和安全能力？

2. 测试表格

以下表格是对项目负责人进行安全能力确认的测评表，可按照该表的内容对项目负责人的安全能力进行测评，得出相应的分数，最后得出安全能力确认的结果。

项目负责人安全能力确认测评表

分项名称	分项内容	判定标准	分值
安全意识	1. 施工项目负责人法定的安全生产管理职责有哪些？如何履行？ 2. 施工现场应有哪些安全生产规章制度，如何制定？ 3. 施工现场为何要实施开展安全生产标准化管理？如何实施？ 4. 为何要开展施工现场安全教育培训？如何组织实施？ 5. 如何确保施工现场安全生产投入的有效实施？ 6. 为什么说隐患就是事故？ 7. 如何发现隐患和处置隐患？ 8. 如何落实施工现场应急救援管理以及事故发生后应当采取哪些相应措施？	（一）对项目负责人的法定安全生产管理职责不了解的，判0分。 （二）测评中表现出以下现象之一的，根据不满意程度在1分至10分判定分数： （1）对项目负责人的法定安全生产管理职责表述不全面的或不准确的； （2）对施工现场应有哪些规章制度不清楚的； （3）不能够完整阐述安全生产标准化重要性或实施情况的； （4）不了解如何组织开展教育培训或安全交底的； （5）施工现场不能确保安全生产投入的有效实施的； （6）对何谓"隐患就是事故"阐述不清的； （7）对如何发现隐患和处置隐患阐述不清的； （8）对如何落实施工现场应急救援管理以及事故发生后应当采取的相应措施阐述不清楚的。 （三）无以上问题出现，回答1个8项问题效果一般的，根据回答的实际效果在12分及以上至14分之间判定分值。 （四）能够较满意地回答1个8项问题的，在15分及以上至17分之间判定分值。 （五）能够熟练且全面地回答1至8项问题的，在18分及以上至20分之间判定分值	

项目负责人安全能力确认测评表

分项名称	分项内容	判定标准	分值
行为规范	9. 项目负责人如何遵守规章制度,哪些是触犯法律法规的行为? 表现如何?	(一)熟悉掌握职责或义务且能起表率和模范作用的,行为规范良好,在 27 分及以上至 30 分之间判定分值。 (二)熟悉职责或义务且能够较好执行职责或义务的,行为规范较好,在 22 分及以上至 27 分之间判定分值。 (三)知晓职责或义务且能够执行职责或义务的,行为规范一般,在 18 分及以上至 21 分之间判定分值。 (四)不熟悉职责或义务,或不能够执行职责或义务,或存在违规行为的,行为规范不好,在 0 分至 17 分之间判定分值	
工作能力	10. 如何评价项目负责人的工作能力和安全能力?	(一)经验丰富,其值为 50 分; (二)经验较丰富,其值为 40 分; (三)有一定经验的,其值为 30 分; (四)经验一般的,其值为 20 分	
合计分值			

3. 评定结果

对照以上表格对项目负责人的安全能力分值进行评定,最后根据表格分值内容确定项目负责人安全能力评定结果:

1)优良。安全能力评定或测评分数在 90 分及以上为优良;

2)合格。安全能力评定或测评分数在 75 分及以上至 90 分(不含 90 分)为合格;

3)基本合格。安全能力评定或测评分数在 60 分及以上至 75 分(不含 75 分)为基本合格;

4)不合格。安全能力评定或测评分数在 60 分以下(不含 60 分)为不合格,或安全意识在 12 分以下(不含 12 分)的或行为规范在 18 分以下(不含 18 分),安全能力确认亦为不合格。

4. 评定依据和目的

以上表格内容可根据本讲座前面介绍的《项目负责人安全能力的基本要求》——对照进行,能够测出安全能力的第一项安全意识的分值,其目的是为了督促项目负责人熟悉安全生产岗位职责,认真履行项目负责人的七项安全生产职责。

第二项行为规范内容主要是根据日常安全生产管理行为,按照"行为规范良好"、"行为规范较好"、"行为规范一般"和"存在违规行为的,行为规范不好"等四个等级进行评分,其目的是要帮助项目负责人知道如何遵守规章制度、哪些是触犯法律法规的行为,督促项目负责人努力遵守规章制度。

第三项工作能力内容实际上就是对项目负责人的安全生产业绩的评价,按照"经验丰富"、"经验较丰富"、"有一定经验"和"经验一般"等四个等级来确定,其方式可通过具体的评价方法进行评定,如可通过施工现场安全生产条件评价的优良、合格、基本合格来确定,原则上未进行有关评价或无相应证明材料证明项目负责人业绩的只能判定其安全生产的工作能力为"经验一般"。

以上方法是一种快捷简单的项目负责人安全能力的确认方法，但这种方法应该是比较全面的分析方法。

如果在日常安全生产管理中，为了更加快捷地对项目负责人的安全能力进行确认，在无更详细的确认资料或工作表现时，可将第二项行为规范评定内容暂时确定为"行为规范一般"、第三项工作能力内容暂确定为"经验一般"，这样第二项、第三项评定分值确定为40分，那么这名项目负责人必须在第一项的安全意识评定内容中必须取得满意的测试结果。如果由于时间的关系，第一项的安全意识评定内容的测定不一定要全面地测试，但是有关项目负责人的七项安全生产管理职责必须有满意的回答。

如果在未全面了解该项目经理的情况下，这名项目经理又不熟悉或不了解项目经理的七项安全生产职责，任用这名项目经理就必须小心了。

项目负责人可以根据以上测试办法对自身的安全生产能力进行测试。

6.2 《建筑工程设计招标投标管理办法》新规解读

为落实《中共中央国务院关于进一步加强城市规划建设管理工作的若干意见》、进一步完善我国建筑设计招标投标制度、促进公平竞争、繁荣建筑创作、提高建筑设计水平，2017年3月7日，修订后的《建筑工程设计招标投标管理办法》在住房城乡建设部官网正式公布，并于2017年5月1日实施。

建筑工程设计招标投标的规章是规范建筑设计市场健康有序发展的重要保障，原《办法》（建设部令第82号）于2000年发布实施，对规范建筑工程设计招标投标活动发挥了重要作用。随着建筑设计市场的发展变化，在建筑设计招标投标过程中，招标项目范围过宽、招标办法单一、建筑设计特点体现不足、评标制度不完善、评标质量不高等问题逐渐凸显。

为落实中央城市工作会议提出的完善建筑设计招标投标决策机制的要求、衔接《中华人民共和国招标投标法实施条例》等相关法律法规、健全适应建筑设计特点的招标投标制度，住房城乡建设部组织了对原《办法》的修订。修订后的《办法》共38条，针对我国建筑设计招标投标的问题，结合国际通行惯例，突出了以下四个方面。

第一，突出建筑设计招标投标特点，繁荣建筑设计创作。《办法》在原有建筑设计方案招标的基础上，增加了设计团队招标，招标人可以根据项目特点和实际需要选择，设计团队招标主要通过对投标人拟从事项目设计的人员构成、人员业绩以及从业经历、项目解读、设计构思、投标人信用情况和业绩等进行评审确定中标人。为保证评标质量，《办法》从评标的专业性角度出发，针对设计方案评标的特点，要求建筑专业专家不得少于技术和经济方面专家总数的2/3。对于特殊复杂的项目，可以直接邀请相应专业的中国科学院院士、中国工程院院士、全国工程勘察设计大师及境外具有相应资历的专家参加评标；对于采用设计方案招标的，增加了评标委员会应当考察方案是否符合城乡规划、城市设计的要求。

第二，创造良好市场环境，激发企业活力。《办法》规定了招标文件应当明示设计费或者计费方法，以便设计单位可以根据情况决定是否参加投标；招标人确需另行选择其他设计单位承担初步设计、施工图设计的，应当在招标公告或者投标邀请书中明确；鼓励建筑工程实行设计总包，按照合同约定或者经招标人同意，设计单位可以不通过招标方式将建筑工程非主体部分的设计进行分包；招标人、中标人使用未中标方案的，应当征得提交方案的投标人同意并付给使用费，以营造有利于建筑设计创作的市场环境；住房城乡建设主管部门应当公开专家评审意见等信息，接受社会监督，以建立更加公开透明的建筑设计评标制度。

第三，充分体现简政放权，放管结合优化服务。在《办法》修订中贯彻了"放管服"改革的要求，为简政放权，取消了招标资料备案以及审核的规定；依据 WTO 协议中建筑设计开放承诺，取消了关于境外设计单位参加国内建筑工程设计投标的审批规定。根据上位法的规定，明确了可以不招标的情形。上述修订体现了转变政府职能总体要求，将通过加强事中事后监管，加大对违法违规行为的查处力度，维护市场秩序。

第四，落实相关法律法规要求，完善招标投标制度。《办法》规定了对招标文件澄清、修改以及异议处理的要求；明确了评标委员会应当否决投标的情形，规定了重新招标的情形；要求评标委员会应当向招标人推荐不超过 3 个中标候选人，并标明顺序；对于法律法规禁止的行为，进一步明确了相关法律责任。

修订后的《建筑工程设计招标投标管理办法》针对当下建筑设计招标投标的问题，共有 12 项重大调整，下面对这 12 项调整进行解读：

1. 扩大"可不招标"范围

第四条 建筑工程设计招标范围和规模标准按照国家有关规定执行，有下列情形之一的，可以不进行招标：

1）采用不可替代的专利或者专有技术的。

2）对建筑艺术造型有特殊要求，并经有关主管部门批准的。

3）建设单位依法能够自行设计的。

4）建筑工程项目的改建、扩建或者技术改造，需要由原设计单位设计，否则将影响功能配套要求的。

5）国家规定的其他特殊情形。

解读：1）很多大型专业集团公司常年从事特定类型项目建设或开发，有自己的设计院，其专业设计能力远远超过一般的甲级设计院。《办法》增加了"建设单位依法能够自行设计的可不招标"的条目，有利于让最专业的人做更专业的事，而不拘泥于陈腐的规则，体现了时代的进步。

2）"建筑工程项目的改建、扩建或者技术改造，需要由原设计单位设计，否则将影响功能配套要求的可不招标"，这一新增条目有利于保持建筑风格及功能的协调统一，避免了政策"一刀切"带来的项目割裂。

2. 取消招标备案

第七条 公开招标的，招标人应当发布招标公告。邀请招标的，招标人应当向 3 个以上潜在投标人发出投标邀请书。

招标公告或者投标邀请书应当载明招标人名称和地址、招标项目的基本要求、投标人的资质要求以及获取招标文件的办法等事项。

第八条 招标人一般应当将建筑工程的方案设计、初步设计和施工图设计一并招标。

确需另行选择设计单位承担初步设计、施工图设计的，应当在招标公告或者投标邀请书中明确。

解读：新修订的条文中，取消了"依法必须招标的建筑工程项目，招标人自行组织招标或委托招标代理机构进行招标的，应当在委托合同签订后15日内，持有关材料到县级以上地方人民政府建设行政主管部门备案"的规定。以后，无需再到县级以上建设行政主管部门备案。

3. 加大对弄虚作假行为的处罚力度

第二十九条 招标人以不合理的条件限制或者排斥潜在投标人的，对潜在投标人实行歧视待遇的，强制要求投标人组成联合体共同投标的，或者限制投标人之间竞争的，由县级以上地方人民政府住房城乡建设主管部门责令改正，可以处1万元以上5万元以下的罚款。

第三十条 招标人澄清、修改招标文件的时限，或者确定的提交投标文件的时限不符合本办法规定的，由县级以上地方人民政府住房城乡建设主管部门责令改正，可以处10万元以下的罚款。

第三十一条 招标人不按照规定组建评标委员会，或者评标委员会成员的确定违反本办法规定的，由县级以上地方人民政府住房城乡建设主管部门责令改正，可以处10万元以下的罚款，相应评审结论无效，依法重新进行评审。

第三十二条 招标人有下列情形之一的，由县级以上地方人民政府住房城乡建设主管部门责令改正，可以处中标项目金额10‰以下的罚款；给他人造成损失的，依法承担赔偿责任；对单位直接负责的主管人员和其他直接责任人员依法给予处分：

（一）无正当理由未按本办法规定发出中标通知书；

（二）不按照规定确定中标人；

（三）中标通知书发出后无正当理由改变中标结果；

（四）无正当理由未按本办法规定与中标人订立合同；

（五）在订立合同时向中标人提出附加条件。

第三十三条 投标人以他人名义投标或者以其他方式弄虚作假，骗取中标的，中标无效，给招标人造成损失的，依法承担赔偿责任；构成犯罪的，依法追究刑事责任。

投标人有前款所列行为尚未构成犯罪的，由县级以上地方人民政府住房城乡建设主管部门处中标项目金额5‰以上10‰以下的罚款，对单位直接负责的主管人员和其他直接责任人员处单位罚款数额5%以上10%以下的罚款；有违法所得的，并处没收违法所得。

情节严重的，取消其1年至3年内（之前规定为"1年至2年内"）参加依法必须进行招标的建筑工程设计招标的投标资格，并予以公告，直至由工商行政管理机关吊销营业执照。

第三十四条 评标委员会成员收受投标人的财物或者其他好处的，评标委员会成员或者参加评标的有关工作人员向他人透露对投标文件的评审和比较、中标候选人的推荐以及与评标有关的其他情况的，由县级以上地方人民政府住房城乡建设主管部门给予警告，没收收受的财物，可以并处3000元以上5万元以下的罚款。

评标委员会成员有前款所列行为的，由有关主管部门通报批评并取消担任评标委员会成员的资格，不得再参加任何依法必须进行招标的建筑工程设计招标投标的评标；构成犯罪的，依法追究刑事责任。

　　第三十五条　评标委员会成员违反本办法规定，对应当否决的投标不提出否决意见的，由县级以上地方人民政府住房城乡建设主管部门责令改正；情节严重的，禁止其在一定期限内参加依法必须进行招标的建筑工程设计招标投标的评标；情节特别严重的，由有关主管部门取消其担任评标委员会成员的资格。

　　第三十六条　住房城乡建设主管部门或者有关职能部门的工作人员徇私舞弊、滥用职权或者玩忽职守，构成犯罪的，依法追究刑事责任；不构成犯罪的，依法给予行政处分。

　　解读：《办法》加大了对弄虚作假行为的处罚力度：新增条款"投标人以他人名义投标或者以其他方式弄虚作假、骗取中标的，中标无效，给招标人造成损失的，依法承担赔偿责任；构成犯罪的，依法追究刑事责任"。同时，将取消投标资格的年限延长至3年，并予以公告，直至由工商行政管理机关吊销营业执照。

　　4. 设计总包单位可不通过招标方式进行分包

　　第九条　鼓励建筑工程实行设计总包。实行设计总包的，按照合同约定或者经招标人同意，设计单位可以不通过招标方式将建筑工程非主体部分的设计进行分包。（新增）

　　解读：1）此项规定有利于设计公司的专业化分化，向国外模式靠拢。

　　2）允许设计单位不通过招标方式进行分包，跳出了质与价的博弈怪圈，进一步提升了设计的自主性，给予建筑设计更多施展空间。

　　5. 增加"设计团队招标"

　　第六条　建筑工程设计招标可以采用设计方案招标或者设计团队招标，招标人可以根据项目特点和实际需要选择。

　　设计方案招标，是指主要通过对投标人提交的设计方案进行评审确定中标人。

　　设计团队招标，是指主要通过对投标人拟派设计团队的综合能力进行评审确定中标人。

　　招标人应当在资格预审公告、招标公告或者投标邀请书中载明是否接受联合体投标。采用联合体形式投标的，联合体各方应当签订共同投标协议，明确约定各方承担的工作和责任，就中标项目向招标人承担连带责任。

　　解读：《办法》在原有建筑设计方案招标的基础上，增加了设计团队招标。设计团队招标主要通过对投标人拟从事项目设计的人员构成、人员业绩以及从业经历、项目解读、设计构思、投标人信用情况和业绩等进行评审确定中标人。对于重大项目来说，这一举措更能够保证设计质量。

　　6. 对招标文件内容进行了重新规定

　　招标文件应当满足设计方案招标或者设计团队招标的不同需求，主要包括以下内容：

　　（一）项目基本情况；

　　（二）城乡规划和城市设计对项目的基本要求；

　　（三）项目工程经济技术要求；

　　（四）项目有关基础资料；

　　（五）招标内容；

　　（六）招标文件答疑、现场踏勘安排；

　　（七）投标文件编制要求；

（八）评标标准和方法；

（九）投标文件送达地点和截止时间；

（十）开标时间和地点；

（十一）拟签订合同的主要条款；

（十二）设计费或者计费方法；

（十三）未中标方案补偿办法。

解读：1)《办法》对原有条文进行了梳理归纳，对招标文件的内容不作详细规定，将编制招标文件的权利赋予招标人，招标人可依据两种招标方式特点确定招标文件内容。

2）新增的第（十二）款，要求招标人在招标文件中明确"设计费或者计费方法"，这一规定使潜在投标人可根据设计费或计费方法确定是否参加投标，以避免在设计费方面出现争议和扯皮。

7. 对招标文件编制、修改及境外设计单位的相关规定进行了调整

第十二条 招标人可以对已发出的招标文件进行必要的澄清或者修改。澄清或者修改的内容可能影响投标文件编制的，招标人应当在投标截止时间至少 15 日前，以书面形式通知所有获取招标文件的潜在投标人，不足 15 日的，招标人应当顺延提交投标文件的截止时间。

潜在投标人或者其他利害关系人对招标文件有异议的，应当在投标截止时间 10 日前提出。招标人应当自收到异议之日起 3 日内作出答复；作出答复前，应当暂停招标投标活动。

第十三条 招标人应当确定投标人编制投标文件所需要的合理时间，自招标文件开始发出之日起至投标人提交投标文件截止之日止，时限最短不少于 20 日。

第十四条 投标人应当具有与招标项目相适应的工程设计资质。境外设计单位参加国内建筑工程设计投标的，按照国家有关规定执行。

第十五条 投标人应当按照招标文件的要求编制投标文件。投标文件应当对招标文件提出的实质性要求和条件作出响应。

解读：1)《办法》针对澄清或者修改招标文件的通知和答复时限作出了更加具体的规定。

2）对于境外设计单位参加招投标的情况，《办法》将原规定的"应当经省、自治区、直辖市人民政府建设行政主管部门批准"改为"执行国家相关规定"。

3）方案设计投标文件做得过深，容易造成对社会资源的浪费。因此，《办法》取消了建筑方案设计文件编制深度规定的要求，改为依招标文件要求确定方案深度要求。

8. 对评标委员会的构成进行了详细规定

第十六条 评标由评标委员会负责。评标委员会由招标人代表和有关专家组成。评标委员会人数为 5 人以上单数，其中技术和经济方面的专家不得少于成员总数的 2/3。建筑工程设计方案评标时，建筑专业专家不得少于技术和经济方面专家总数的 2/3。

评标专家一般从专家库随机抽取，对于技术复杂、专业性强或者国家有特殊要求的项目，招标人也可以直接邀请相应专业的中国科学院院士、中国工程院院士、全国工程勘察设计大师以及境外具有相应资历的专家参加评标。

解读：1)《办法》对评标专家构成进行了详细规定，强调保证各领域专家特别是建筑专业专家的比例，直接提升了建筑设计的地位和专业程度，功能和技术将不再是唯一的评判标准。

2)《办法》明确规定，对于特殊复杂的项目，可以直接邀请院士或大师。这给予了甲方更多优选评委的余地，突出了大师的作用。

9. 新增加针对联合体形式投标的相关规定

第十一条 招标人应当在资格预审公告、招标公告或者投标邀请书中载明是否接受联合体投标。采用联合体形式投标的，联合体各方应当签订共同投标协议，明确约定各方承担的工作和责任，就中标项目向招标人承担连带责任。

解读：此条为新增内容，便于确定联合体投标的分工与责任划分。

10. 对否决投标的情况进行了详细规定

第十七条 有下列情形之一的，评标委员会应当否决其投标：

1) 投标文件未按招标文件要求经投标人盖章和单位负责人签字。

2) 投标联合体没有提交共同投标协议。

3) 投标人不符合国家或者招标文件规定的资格条件。

4) 同一投标人提交两个以上不同的投标文件或者投标报价，但招标文件要求提交备选投标的除外。

5) 投标文件没有对招标文件的实质性要求和条件作出响应。

6) 投标人有串通投标、弄虚作假、行贿等违法行为。

7) 法律法规规定的其他应当否决投标的情形。

解读：1)《办法》取消了之前"投标文件应当由具有相应资格的注册建筑师签章，加盖单位公章"的规定。

2)《办法》规定，投标联合体没有提交共同投标协议为废标，以防止扯皮。

3)"同一投标人提交两个以上不同的投标文件或者投标报价，但招标文件要求提交备选投标的除外"。这一条是为了防止投标人与招标单位作弊，即避免以下情况出现：如果其他人标价高，作弊者就按高标价；如果他人标价低，作弊者就按低价格标。

11. 中标候选人数量

评标委员会在评标完成后，向招标人提出书面评标报告，推荐不超过3个中标候选人，并标明顺序。

招标人也可以授权评标委员会直接确定中标人。

12. 推进电子招标投标

第二十七条 国务院住房城乡建设主管部门，省、自治区、直辖市人民政府住房城乡建设主管部门应当加强建筑工程设计评标专家和专家库的管理。

建筑专业专家库应当按建筑工程类别细化分类。

第二十八条 住房城乡建设主管部门应当加快推进电子招标投标，完善招标投标信息平台建设，促进建筑工程设计招标投标信息化监管。

解读：本条是针对政府层面的，要求加快推进电子招标投标，完善招标投标信息平台建设，促进建筑工程设计招标投标信息化监管。

6.3 "营改增"概述

6.3.1 建筑企业营改增的主要政策解读

1. 财政部、国家税务总局关于全面推开营业税改征增值税试点的通知（财税〔2016〕36号，2016年3月23日）

2016年5月1日起全面推开营业税改征增值税试点，其中包括建筑业。该文件包括营业税改征增值税试点实施办法、营业税改征增值税试点有关事项的规定、营业税改征增值税试点过渡政策的规定、跨境应税行为适用增值税零税率和免税政策的规定等四个附件。

增值税税率分为6%、11%、17%、0及征收率3%、13%的扣除率，其中建筑业的增值税税率为11%。

增值税的计税方法包括一般计税方法和简易计税方法。一般纳税人发生应税行为适用一般计税方法计税，小规模纳税人发生应税行为适用简易计税方法计税。

一般计税方法的应纳税额＝当期销项税额－当期进项税额

简易计税方法的应纳税额＝应纳税额×征收率

增值税纳税时间：发生应税行为并收讫销售款项；取得索取销售款项凭据的当天（书面合同确定的付款日期）；开具发票的当天；收到预收款的当天。

建筑业可选择简易计税方法计税的情形：清包工、甲供工程、老项目（2016年4月30日前开工的）。

建筑业营业税改征增值税的税负比较：增加还是减轻？

$$(1-x)\times 11\% \leqslant 1\times 3\% \qquad x \geqslant 72.73\%$$

建筑企业税负增加是大概率事件，按11%和一般计税方法测算税负将增加2.8%左右。

承包、挂靠方式的纳税主体：

实施办法第二条规定，单位以承包、承租、挂靠方式经营的，承包人、承租人、挂靠人（以下统称承包人）以发包人、出租人、被挂靠人（以下统称发包人）名义对外经营并由发包人承担相关法律责任的，以该发包人为纳税人。否则，以承包人为纳税人。

四流合一的要求：

实施办法第二十六条规定，纳税人取得的增值税扣税凭证不符合法律、行政法规或者国家税务总局有关规定的，其进项税额不得从销项税额中抵扣。

纳税人凭完税凭证抵扣进项税额的，应当具备书面合同、付款证明和境外单位的对账单或发票。资料不全的，其进项税不得从销项税额中抵扣。

2. 跨县（市、区）提供建筑服务增值税征收管理暂行办法（国家税务总局公告2016年第17号，2016年3月31日）

需向建筑服务发生地主管国税机关预缴税款，向机构所在地主管国税机关申报。

一般纳税人适用一般计税方法计税：

应预缴的税款＝（全部价款和价外费用－应支付的分包价款)÷(1+11%)×2%

一般纳税人适用简易计税方法计税：

应预缴的税款＝(全部价款和价外费用－应支付的分包价款)÷(1＋3％)×3％

小规模纳税人计税：

应预缴的税款＝(全部价款和价外费用－应支付的分包价款)×3％

未按规定向建筑服务发生地主管国税机关预缴税款超过 6 个月的或未按规定缴纳税款的，由机构所在地主管国税机关按照《中华人民共和国税收征收管理法》处理。

3. 财政部、国家税务总局关于建筑服务等营改增试点政策的通知（财税［2017］58号，2017.7.11）

（1）建筑工程总承包单位为房屋建筑的地基与基础、主体结构提供工程服务，建设单位自行采购全部或部分钢材、混凝土、砌体材料、预制构件的，适用简易计税方法计税。

（2）纳税人提供建筑服务取得预收款，应在收到预收款时，以取得的预收款扣除支付的分包款后的余额，按照本条第三款规定的预征率预缴增值税。

按照现行规定应在建筑服务发生地预缴增值税的项目，纳税人收到预收款时在建筑服务发生地预缴增值税。按照现行规定无需在建筑服务发生地预缴增值税的项目，纳税人收到预收款时在机构所在地预缴增值税。

适用一般计税方法计税的项目预征率为 2％，适用简易计税方法计税的项目预征率为 3％。

6.3.2　建筑企业营改增后的应对措施

1. 投标报价的应对措施

营业税时代：税内价

工程造价＝人工费＋材料费＋施工机具使用费＋企业管理费＋规费＋利润＋税金

增值税时代：税外价

工程造价＝税前工程造价×(1＋11％)

税前工程造价＝人工费＋材料费＋施工机具使用费＋企业管理费＋规费＋利润

税负不同：营业税时代只需考虑 3％的营业税及附加；增值税时代要特别关注进项可抵扣税额，因为企业的应纳增值税税额＝当期销项税额－当期进项税额。

因此，建筑企业要改变原有的投标报价的决策机制和思维。

投标报价前要审查：

是否为包清工工程；是否为甲供工程；以决定工程的增值税计税方法能否选择为简易计税方法。同时要考虑到计价依据是否为营改增后的计价依据。

投标报价时要测算：

（1）销项税额；

（2）承包后专业分包、劳务分包、材料采购、机械设备租赁等可能取得的进项税额；

（3）企业自身的专业优势、企业管理优势、利润水平等；

以最终确定最佳报价方案。

投标报价评审、合同评审等管理体系的改革：

（1）要有财税人员的介入，必要时要有财税专家、专业律师的介入；

（2）现有投标报价评审、合同评审管理制度、管理流程的修订。

2. 施工合同签订的应对措施

施工合同中关于合同价格的表述要充分考虑到税前价、含税价的区分，关于合同预付款、进度款、最终结算款及逾期付款的违约责任、增值税发票的开具、开具的发票是否为专用可抵扣发票、开票与付款的先后顺序等条款均需要结合营改增的有关政策文件予以调整。另外建议双方合同中明确各方的有关纳税人的基本信息及开票信息。

3. 专业分包的应对措施

（1）确定有资质的具备一般纳税人资格的企业作为专业分包商；

（2）是否可以将专业分包中的部分材料改为由总包提供，以增加总包的单位的进项税额；

（3）与专业分包商商谈最有利的付款方案。

4. 材料采购的应对措施

（1）要确定向具备一般纳税人资格还是向小规模纳税人采购材料；

（2）要根据投标报价测算的材料组成及进项税额的测算进行采购；

（3）要结合可取得的进项税额比选采购价格的最佳点；

（4）要沟通付款时间，测算资金成本；

（5）要沟通开具的发票是一票制还是两票制。

另外对于商品混凝土的采购，能否与供应商商谈由施工企业自购水泥，由混凝土供应商进行加工后供应，如可行可以增加水泥材料部分的进项税额。

5. 劳务分包或施工班级人工工资的应对措施

鉴于对单位所属员工发放的工资无法形成进项税抵扣，建议劳务分包给有资质劳务分包单位，由其提供相应的增值税专用发票，以便增加施工企业的进项税额。

6. 机械设备租赁的应对措施

（1）寻找有资质的具备一般纳税人资格的单位租赁大型机械设备；

（2）要求开具增值税专用发票；

（3）商谈最佳的付款时间节点，并要求先开具发票后付款。

7. 机械设备贷款购买（17%）→机械设备融资租赁（17%）的调整

如施工企业需通过贷款购买大型机械设备，因支付的银行利息不得抵扣，故可改为融资租赁的方式取得机械设备的使用权及所有权，最大差别在融资租赁发生的利息因融资租赁企业提供的租金发票中已包括该部分利息，故也可抵扣。

8. 现场水电费

鉴于施工现场所需的水电费用数额也较大，以往均由发包人在工程款中直接扣减，所取得发票均归发包人所有，建议可在现场单独安装水电表计量，直接向水电部门缴费，发票直接开具给施工企业，以增加进项税额。

6.3.3 营改增涉税违法的法律责任

1. 国家税务总局的有关举措如下：

2016.4.16 修订《重大税收违法案件信息公布办法（试行）》

2016.4.28 国家税务总局、公安部、海关总署、中国人民银行

"吹响 2016 年打击骗取出口退税和虚开增值税专用发票专项行动'集结号'"

2016.5.19   《税务稽查案源管理办法（试行）》
2016.5.24   公安部派驻国家税务总局联络机制办公室挂牌
聚焦打击出口骗税   聚焦打击发票虚开
聚焦打击发票犯罪   聚焦打击逾逃税
2016.4.29   北京东城区地税、国税、公安设立联合办公室
2016.5.24   《税务稽查随机抽查对象名录库管理办法（试行）》
《税务稽查随机抽查执法检查人员名录库管理办法（试行）》
2. 涉税的行政法律责任
（1）限期缴纳税款；
（2）加收滞纳金（日万分之五）；
（3）没收非法所得；
（4）罚款（百分之五十以上五倍以下）；
（5）税收保全措施（冻结、扣押、查封）；
（6）阻止法定代表人出境；
（7）强制执行措施（扣缴、拍卖、变卖）。
注意：（1）不服税务机关的处罚决定，可行政复议或行政诉讼；
（2）但在纳税上发生争议时，必须先依照税务机关的纳税决定缴纳或者解缴税款及滞纳金或者提供相应的担保，然后可以依法申请行政复议；对行政复议决定不服的，可以依法向人民法院起诉。
3. 涉税的刑事法律责任
涉税的刑事法律责任主要有危害税收征管罪；逃税罪；抗税罪；逃避追缴欠税罪；骗取出口退税罪；虚开增值税专用发票、用于骗取出口退税抵扣税款发票罪等。用于骗取出口退税抵扣税款发票罪主要规定如下：
（1）1 万以上，5000 元以上，三年以下有期徒刑或拘役，并处二万至二十万罚金；
（2）10 万以上，5 万以上，三年以上十年以下有期徒刑，并处五万至五十万罚金；
（3）50 万以上，30 万以上，十年以上有期徒刑或无期徒刑，并处五万至五十万罚金。
虚开是指有为他人虚开、为自己虚开、让他人为自己虚开、介绍他人虚开行为之一的。
在刑法第二百零五条后增加一条，作为第二百零五条之一："虚开本法第二百零五条规定以外的其他发票，情节严重的，处二年以下有期徒刑、拘役或者管制，并处罚金；情节特别严重的，处二年以上七年以下有期徒刑，并处罚金。"
"单位犯前款罪的，对单位判处罚金，并对其直接负责的主管人员和其他直接责任人员，依照前款的规定处罚。"
虚开普通发票 100 份以上或者虚开金额累计在 40 万元以上的；或者虽未达到上述数额标准，但五年内因虚开发票行为受过行政处罚二次以上，又虚开发票的；有其他情节严重情形的等。
单位犯罪的，对单位处以罚金，并对直接负责的主管人员和其他直接责任人员刑事处罚。
单位犯罪直接负责的主管人员和其他直接责任人员的认定：

直接负责的主管人员，是在单位实施的犯罪中起决定、批准、授意、纵容、指挥等作用的人员，一般是单位的主管负责人，包括法定代表人。

其他直接责任人员，是在单位犯罪中具体实施犯罪并起圈套作用的人员，既可以是单位的经营管理人员，也可以是单位的职工，包括聘任、雇佣的人员。

因此，施工企业应严防虚开普通发票、虚开增值税专用发票的违法犯罪行为。

练 习 题

1. 项目负责人安全管理要求有哪些？

2. 项目负责人在哪些情况下承担刑事责任？

3. 项目负责人的安全生产职责有哪些？

4. 简单叙述项目负责人安全能力考核方法？

5. 新版《建筑工程设计招标投标管理办法》较原版有哪些重大调整？

6. 新版《建筑工程设计招标投标管理办法》对招标文件内容进行了哪些重新规定？

7. 新版《建筑工程设计招标投标管理办法》对评标委员会的构成的规定做了哪些调整？

第7章 公 路 工 程

7.1 公路工程新材料

进入到新世纪后，我国人们的生活水平不断提高，汽车已成为人们生活中的一部分，随之而来的是公路交通量的不断增大，对公路的性能和质量提出了更高的要求。虽然我国已修建了多条公路，但随着公路的使用时间延长，其已逐渐出现破损情况。因此为了增强公路的强度以及刚度，保证公路的运行质量，现已出现了多种公路施工新材料、新技术，同时在一定程度上修补了公路缺陷，延长了公路的使用年限。

7.1.1　高性能混凝土的特性和应用

高强高性能混凝土（简称 HS－HPC）主要指混凝土具有高强度、高耐久性、高流动性等多方面的优越性能。在现代建筑工程中，高强高性能混凝土可提高同截面混凝土结构承载力，降低结构物自重，优化结构设计，延长建筑使用寿命等显著优势，在国内外超高层大跨径实体建筑施工中广泛应用。在我国，为进一步普及高强高性能混凝土，应加强对高强高性能混凝土配套的特性介绍和施工技术研究力度。

1. 高性能混凝土的特性

随着工程施工技术越来越复杂，科学技术的应用更加重要，对混凝土的要求也越来越高，强度等级、防水等级、耐久性要求也是相应提高，高强高性能混凝土恰好满足了上述需求，其优点是普通混凝土无法比拟的。

（1）高强高性能混凝土具有一定的强度

在建设工程中对混凝土的要求非常高，尤其是对混凝土强度的要求，同时这也是整个建筑结构施工中最为基础的技术要求，并且在具体的施工当中因为工程结构的不同，对于混凝土的强度要求也是不同的。然而，对所有混凝土的强度进行增加，能够在一定程度上提高建筑工程的承载力。高强高性能混凝土不但有减小断面面积的特性，并且还能够减轻建筑结构的自重，因此，在当前的建筑行业中高强高性能混凝土的应用非常广泛。例如，在道路桥梁工程施工中，对于高强高性能混凝土的应用，因为其强度比较高以及弹性模量很好，能够将纵向受力结构的截面尺寸减小，在一定程度上增加了建筑的实际应用面积，有效地应用了建筑的使用功能，并且还能够将建筑物的自重降低。在进行高强度高性能混凝土施工中，能够减小对混凝土材料的使用，确保加快工程进度，以此提高经济效益。

（2）高强高性能混凝土的使用寿命长

高强高性能混凝土的组成物质与普通混凝土大不一样，这种变化在一定程度上对工程的建设起到推动作用，在恶劣的天气下，防水、防冻、抗裂和耐磨等性能无形中提高了建筑物的使用年限，增加建筑物的使用价值。

（3）高强高性能混凝土具有较高的体积稳定性

混凝土的物理特性发生了内部变化，在硬化的不同时期会发生微弱的变化，早期和后期的微弱变化就会对环境产生利好的影响，能够实现保护和改善环境。

2. 高性能混凝土的应用

（1）高性能混凝土在公路施工应用中，耐久性特点尤为突出。一方面，能够有效提高公路路基的质量，保证公路路基不至于沉降；另一方面，能够有效解决由于水泥用量少、混凝土等级低，而形成的耐久性与水泥用量间的矛盾。高性能混凝土配置的主要原则是：通过选择适当的材料，对混凝土配比予以优化，再适当地添加高效外加剂。除此之外，添加一些经由处理的工业废料，比如矿渣、粉煤灰以及硅灰等，同时考虑混凝土拌合物施工工艺以及流动性等情况，从而获取质量均匀、低离析、高流态的高强混凝土。在公路施工中，高性能混凝土应该依照公路混凝土的特点，再与高性能混凝土的特性相结合，对各种性能要求予以综合考虑的基础上进行研究。

（2）在长大桥梁和许多离岸结构物的设计和施工中，高效混凝土被广泛的推广使用，同时也包括长大跨桥梁所用的拌合物。由于高效混凝土有很高的力学性能、施工初期的强度和韧性、体积稳定性，因此，不管在任何的环境下都可以提高流动性、强度、耐久性，提高了建筑物的使用寿命以及节约了工程造价的成本，获得了更好的经济效益。其次，被大家所关注的是高性能混凝土，而不是高强度混凝土。

7.1.2 改性沥青材料

1. 改性沥青材料的特点

（1）具有环保节能的特点

在我国，因为某些路段的复杂多样性，在某些路段，通过在沥青混合料中加入一些天然的沥青进行抗盐蚀的试验，保证沥青混合料不受盐水的影响，另外就是可以把不用的沥青做成绿色环保的材料，比如使用废旧的轮胎作为改性材料，在整个路面的用料中只占到10%，由于公路养路任务的不断加强，这种比例也在增加，这样的环保改性材料的使用，不仅可以达到环保的作用，还可以提高路面的使用质量。

（2）具有抗水损害能力和粘结力的特点

在公路工程中使用改性沥青材料，除可以有效地排出路面的积水外，也可以提升路面的空隙率，达到行驶中的车辆不会出现积水乱溅或车辆出现打飘的状况，同时公路工程中大量改性沥青的运用，减少了因车载载荷给路面带来的损害，从而延长路面的使用年限。

（3）其他方面的特点

改性沥青在公路工程的应用，除了以上的特点外，还可以减缓路面的老化，特别是因太阳紫外线引起的老化，当然也可以降低噪声的污染。原有的因对温度敏感的问题也得到改善，其稳定性和对低温的控制力也加强了很多，因受车辆的碾压或其他的自然因素而导致的路面开裂也大大的降低了。

2. 影响沥青改性材料性能的因素

（1）改性剂与沥青的相容性问题。一般情况下，改性剂的基本要求是在沥青混合温度下不会发生分解，由此在批量生产、使用的过程中性能不会发生改变，不增加工程造价。影响沥青与改性剂之间的相容性主要在于两者之间的基质沥青、界面作用的组会与集合物的颗粒大小、极性和分子结构等主要因素，其他的外部因素包括改性剂本身的特性、改性工艺与制备温度等，这些都对改性沥青的性能产生影响。

（2）基质沥青本身的性质和组成低温沥青结合材料存在着可逆老化的现象，这样降低了低温的流变性，而沥青质的不稳定性胶体状态对可逆老化状态的作用更大，当然饱和的结合材料在其老化过程中也起着重要的作用，在沥青路面的老化过程中石蜡含量较高的沥青流变性损失更大。

（3）沥青的加工工艺和加工设备影响因素：经研究若干改性沥青（比如 LDPE/EVA 改性沥青），发现一些加工工艺和高速率的加工设备可以减轻沥青的氧化，加强改性沥青的性能，更可以明显地缩短沥青与聚合物之间的共混时间，但这种共混物在高温的状态下储存很不稳定。

3. 路面改性沥青材料研究中存在的主要问题

（1）在我国没有完善的改性沥青产品与其性能的评价标准。

（2）改性沥青的相容性与稳定性的问题。加工工艺与生产设备直接制约着改性沥青的生产和储存，改性沥青储存时间长其性能会明显下降，而一些改性材料属于亲水性材料，例如纤维，这些材料跟憎水性的沥青聚合物难以很好地结合在一起。

（3）改性沥青加工工艺和加工设备较落后。在我国的路面沥青使用过程中，改性沥青的使用取得了很好的效果，随着我国公路建设的快速发展，对于路面各个要求的提高，改性沥青的创新研究还没有跟上其脚步，新的产品研究速度相对较慢，而且新研究出来的产品的应用也没有达到其使用的规模，更主要的是新的生产加工设备和配套工作还没有跟上步伐。

（4）我国大多数改性沥青属于物理方法改性，也有少量采用物理或化学手段进行稳定性处理。比如 SBS 改性沥青是通过搅拌、剪切等物理方法，将 SBS 均匀分散于沥青中，SBS 和沥青之间并未发生明显的化学反应，仅仅是物理意义上的混溶。由于 SBS 与沥青之间的密度、分子量、极性和溶解度等参数的性质差异较大，大部分 SBS 与沥青热力学不相容，即使将 SBS 细化并均匀地分散于沥青中也不能形成稳定的均相体系，一旦停止搅拌就会发生 SBS 凝聚和离析，形成聚合物富集相和沥青富集相，不能很好地发挥聚合物改性作用，储存稳定性差，影响其路用性能。

4. 路面改性沥青材料研究问题的解决措施

（1）完善改性沥青产品与其性能的评价体制。根据我国的沥青应用实际情况，结合国外的改性沥青方法与评价标准，有针对性地开发一些改性沥青的改性指标和试验方法，从而形成并建立适合我国改性沥青产品与其性能的规范和标准。

（2）运用助剂并改进改性沥青的生产加工工艺和加工设备。新的加工工艺和加工设备、各种助剂的应用，不仅可以提高低温的抗裂性与容易储存性，而且可以改善改性沥青的性能。因此有必要开发新的加工设备，科学组织生产。

（3）开发新型的改性剂。未来公路发展的要求是现有单品种的改性剂研发已经不能满足的，因此新型改性剂和价格相对较低的复合改性沥青大量运用。目前我国已经研究开发出多种新型的改性剂，例如有机硅改性剂、纳米材料改性剂等，将对公路行业的建设起到极大的推动作用。

7.1.3　废弃材料在公路中的应用

在公路工程建设中采用建筑垃圾再生材料处理的特殊路基，其强度等特性与用天然材料处理的地基截然不同。为合理有效地推广建筑垃圾再生材料在公路特殊路基中的应用，需结合再生材料的物理力学特性，提出相应的设计参数、材料标准和质量评价标准，才可保证其用于高速公路特殊路基的处理效果和使用寿命。

1. 废弃材料的特殊地基处理方法

湿陷性黄土的地基处理首先是消除其湿陷性，其次是提高承载力，主要处理方法有垫层法、强夯置换法、挤密桩法等；湿软地基处理主要是提高承载力和小变形，处理方法有粉喷桩和碎石桩等。以上方法都可以全部或部分使用建筑垃圾。在此主要介绍挤密桩法和换土垫层法。

（1）挤密桩法

纯建筑垃圾挤密桩需要进行浸水载荷试验确定其适用性，或是添加细粒透水性较差的黏土或灰土材料组成混合填孔材料。

（2）换土垫层法

当湿限性黄土的厚度小于 3m 时，可以挖掉部分或全部湿陷性黄土，然后换填建筑垃圾再生材料。

2. 运用在不同公路地基部位处的形式

公路路基的路堑段、路堤段和桥梁段，对地基的要求不一样，在满足水稳定性的同时主要强调承载力，而有的荷载本身就不大，主要强调的是水稳定性。对于高堤段和桥梁的地基，为了提高承载力，可采用 CFG 桩或孔内深层强夯法，填料使用建筑垃圾再生材料；对于一般的路基段，为了消除黄土的湿陷性且适当提高承载力，可采用强夯置换法、挤密桩法，填料全部或部分使用建筑垃圾再生材料。

3. 废弃材料桩施工作用机理

废弃材料桩施工过程与灰土挤密桩基本相同，建筑垃圾再生材料作为类似填料与碎石的性质，其作用机理主要包括挤密作用和桩体置换作用等，具体分析如下：

（1）土体侧向挤密作用。建筑垃圾桩挤压成孔时，桩孔位置原有土体被强制侧向挤压，使桩周一定范围内的土层密实度提高。

（2）桩体置换作用。由于建筑垃圾再生材料主要成分为混凝土块和砖块，其强度远高于土体，密实的建筑垃圾再生材料桩体取代了与桩体体积相同的软弱黄土。由于桩的强度和抗变形性能均优于周围土体，所以桩与桩间土共同组成的复合地基的性能也得到了改善，沉降量比天然地基小，从而提高了地基的整体稳定性和抗破坏力。

（3）桩体应力集中作用。由于桩的变形模量大于桩间土的变形模量，荷载向桩上产生应力集中，从而降低了基础底面以下一定深度内土中的应力，消除了持力层内产生大量压缩变形和湿陷变形的不利因素。

（4）桩体吸水作用。建筑垃圾材料具有较好的吸水性，可吸收桩周土体的部分水分，降低土体的含水量，使土体更密实。

4. 建筑垃圾垫层法的作用机理

垫层法是处理湿软型地基的一种有效方法，建筑垃圾渣土或经过适当加工处理而成的再生材料可作为换填材料使用，垫层法作用的机理包括抛石挤淤、应力扩散和吸排水作用。

（1）抛石挤淤作用。由于一些常年积水的洼地排水困难，软黄土常呈流动状态，当其厚度较薄、表层无硬壳时，建筑垃圾再生材料垫层可以起到部分类似抛石挤淤的效果，将部分软黄土挤出，置换为强度较高的建筑垃圾材料。

（2）应力扩散作用。建筑垃圾土由碎砖块、混凝土块、石块组成，在道路回填基层中进行夯打、振动或碾压后，其强度力学指标大于普通回填土，因而形成一种上硬下软的地基模式；外荷载向下扩散传递，使其下卧软土层界面的附加应力比按传统方法计算出来的值要低，且分布的范围更大、更均匀。

（3）吸排水作用。含有砖块的建筑垃圾再生材料的吸水率较高，在碾压过程中部分建筑垃圾可以嵌固到土层中，吸收水分使得土层不再出现橡皮土的现象，密实度得到提高；另外建筑垃圾垫层整体渗透性好，可以起到很好的排水作用，加速下部土层的固结和沉降。

7.2 道路改造再生新技术

我国 20 世纪 90 年代以后建成的高速公路已陆续进入大、中修期，翻挖、铣刨出的大量沥青混合料若被废弃，一方面造成环境污染，另一方面浪费资源，而且大量使用新石料，开采石矿会导致森林植被减少、水土流失等严重的生态环境破坏。因此，沥青道路改造再生新技术的研究，对保护生态环境及加快我国公路建设都具有重要意义。

7.2.1 沥青路面冷再生技术

1. 沥青路面冷再生技术概念

沥青路面再生技术按施工温度和施工工艺可分为四大类：厂拌热再生、现场热再生和厂拌冷再生、现场冷再生。其中冷再生技术就是对旧沥青混凝土路面材料进行破碎加工，需要时加入部分新骨料或细集料、乳化沥青（泡沫沥青）、适量的水及一定添加剂（水泥或石灰），在自然环境温度下连续完成材料铣刨、破碎、添加、拌和、摊铺及成型，并重新形成结构层的一种工艺方法。再生后的旧沥青混合料，再根据公路等级的不同，用作路面的基层或底基层或其他半刚性基层材料。由于旧沥青混合料是用作基层材料，所以只要具有一定的强度、刚度和水稳性就基本可满足要求，而且冷再生技术往往不涉及旧沥青材料本身性能的恢复。

冷再生的工艺过程与常规沥青混合料没有本质区别，仅仅多了一道旧路面的铣刨、破碎过程。与热再生技术相比，冷再生技术具有以下优点：①简化施工工序。拌和工艺简单，连续式拌和机即可生产，而且不需加热；②节约材料。所有的旧路面材料全部现场利用，节省了大量新砂石材料和沥青。由于拌和时不需对集料和乳化沥青加热，节省了大量燃油；③保护环境。利用旧料，大大减少了新材料的开采，且不存在废弃旧料的堆放问题；④缩短工期。生产工序的简化，使工作效率大幅度提高，从而缩短了工期。因此，对冷再生技术进行深入研究，可以获得可观的经济效益和社会效益。

2. 沥青路面冷再生技术稳定剂的选择

用于冷再生的稳定剂主要可分为以下四类：①物理稳定剂。主要包括各种粒料材料，如轧制碎石、砾石等。这种稳定剂的成本低，但用其稳定的再生混合料强度增长小且不持久。②化学类稳定剂。主要包括水泥、石灰、粉煤灰、氯化钙等。使用化学类稳定剂可以提高再生混合料的强度和水稳定性，其缺点是将刚性引入再生沥青混合料，使其呈现半脆性、易开裂、耐疲劳性能变差。因此，使用化学稳定剂时应注意其合适的掺量。③沥青类稳定剂。主要包括乳化沥青和泡沫沥青。使用沥青类稳定剂不仅可以提高再生混合料的强度和水稳定性，而且可使再生沥青混合料保持柔性，具备良好的耐久性能。④混合类稳定剂。某些质量差的材料用沥青类稳定剂进行再生时，混合料的抗水侵蚀性较差。将少量的水泥或石灰与沥青类稳定剂混合使用，可以改善该类材料的强度和水稳定性。

（1）以水泥为稳定剂的沥青路面冷再生水泥作为稳定剂时，其添加方式有两种，一种是以固态粉状水泥与再生料混合，另一种是以水泥稀浆形式与再生料混合。以水泥为稳定剂时，再生结构层易产生收缩裂缝，应从下列方面考虑尽量减少收缩开裂程度：

1）水泥含量。水泥用量多则收缩大。为控制收缩开裂，水泥稳定剂的用量为 $2\%\sim4\%$。

2）回收旧料的性质。某些材料以水泥进行处理时，收缩量特别大；有些材料在含水量变化时体积变化相当大，塑性指数较高。当材料的塑性指数大于 10 时，不应单独采用水泥作稳定处理，必须用石灰与水泥混合或单独使用石灰，以降低材料的塑性。

3）施工碾压时的含水量。收缩开裂的程度与施工碾压再干燥而消失的水量成正比，但含水量太低易造成压不实。一般建议将施工碾压时的含水量控制在比最佳含水量低 $1\%\sim1.5\%$。

4）干燥的速率。对经水泥处理后的结构层材料适当加以养护，以降低材料干燥速度，从而降低收缩开裂。一般水泥稳定结构层施工完成后 7d 内必须洒水养生，或铺筑临时封层和沥青层，以免结构层表面水分蒸发过快，导致结构层收缩开裂。如果没有铺筑临时封层，则一定期限内水泥稳定结构层不得开放交通。

（2）以乳化沥青为稳定剂的沥青路面冷再生

乳化沥青在常温下可与潮湿的粒料进行拌和，提高材料的强度，因此，乳化沥青是最常用的一种沥青类稳定剂。一般情况下，将乳化沥青和水泥混合使用，除了可提高再生混合料的水稳定性外，还可提高其早期强度，但水泥添加量必须控制在粒料重量的 2% 以下，以免削弱混合料的抗疲劳性能。

在进行冷再生时，一般以含水量与密度的关系为指标控制含水量，确保结构层的碾压质量。但在以乳化沥青作为稳定剂时，必须用总流体含量来代替含水量，用达到最大密度时的最佳总流体含量（OTFC）作为指标。OTFC 指混合料中水与脱乳前乳化沥青量的总和。在实际工程中，若现场路面材料的含水量接近 OTFC，则加入乳化沥青会使材料的总流体含量超过饱和点。这种情况很难用降低乳化沥青用量来解决，可以加入少量水泥（$<2\%$），如降低到一定程度后再进行冷再生处理。

乳化沥青再生混合料的配合比设计中，应根据沥青路面旧料的级配情况考虑是否加入新集料，再将混合集料加入不同用量的乳化沥青和水进行试验，通过力学强度指标确定混合料的最佳乳化沥青用量和用水量。

（3）以泡沫沥青为稳定剂的沥青路面冷再生

以泡沫沥青作为稳定剂时，待处理的材料级配必须符合一定的要求，其中的细料部分级配组成，尤其是0.075mm以下部分填料对泡沫沥青混合料性能的影响大，这主要源于泡沫沥青在混合料中独特的分布方式。泡沫沥青混合料中泡沫沥青只裹覆细集料，形成一种砂浆，砂浆再以点联结的方式将粗集料颗粒粘成整体，而不像普通的热拌沥青混合料或乳化沥青混合料中沥青在集料表面形成均匀的沥青膜。因此，混合料中必须有足够的细料，一般规定0.075mm通过率不得小于5%，以保证泡沫沥青的有效分散。

含水量是泡沫沥青混合料设计中的一个重要参数，其作用主要有两个，即保证泡沫沥青的分散和混合料的有效压实。对泡沫沥青混合料合理含水量的研究有很多，目前在实际使用中主要采用集料最佳击实含水量OMC的65%～85%对应的含水量。

泡沫沥青混合料配合比设计中，首先根据旧路面材料的级配情况，考虑是否加入新集料，由不同沥青温度和不同用水量确定出合理的沥青发泡特性；然后通过击实试验确定混合集料的最佳含水量，以此确定混合料的拌和用水量；再以不同的泡沫沥青用量进行混合料拌和、成型和养生，通过力学性能指标确定出最佳泡沫沥青用量。

如果对拌和好的泡沫沥青混合料进行密封，有效防止水分的散失，可以将其放置数日后再进行成型、测试，结果不会有明显差异。在施工中，经泡沫沥青稳定处理并碾压过的材料，如有需要可以翻动并重新再碾压，只要保持含水量与初次碾压时相同，经重新碾压的泡沫沥青层强度并不会降低。但若此过程中再生层因干燥而失水，则翻动、碾压、修整等工序会使完成的泡沫沥青层强度降低。碾压完成后的泡沫沥青稳定层已具有一定的强度，无需养护即可开放交通。

7.2.2　沥青路面微表处再造技术

微表处是沥青路面预防性养护中较为常见的一种施工技术，是采用专用机械设备将聚合物改性乳化沥青、粗细集料、填料、水和添加剂等按照设计配比拌和成稀浆混合料摊铺到原路面上的结构功能层。沥青路面微表处技术可以应用于路面轻度裂缝、磨耗、泛油及松散的路面。微表处具有抗滑性能好、修复车辙能力强、防水效果显著、使用寿命长等技术优点。

1. 沥青路面微表处的适用性

根据微表处的技术特点及费用消耗等实际情况，微表处一般用于以下地方：①高速公路的抗滑表层及车辙处理；②公路重交通路面，重载及超载较多的路段，渠化车辙路段，公路弯道、匝道、坡道和交叉路口；③城市快速路和主干路的表面抗滑、美观处理；④用于机场停机坪道面，可提高路面耐磨和抗变形性能，减少集料的飞散量；⑤水泥混凝土路面上铺设微表处，可起到磨耗层作用。可减轻路面磨光、露骨等现象，提高平整度，降低渗水率；⑥立交桥和桥梁桥面，特别是钢桥面铺装，应用微表处技术在治理病害、改善表面状况的同时，不会过多增加桥身自重。

2. 沥青路面微表处的技术特点

国内外在采用微表处的实践过程中，取得了显著的效果，证明微表处技术是功能完善的道路养护方法之一。微表处主要有以下的技术特点：

（1）施工速度快。连续式稀浆封层摊铺机1d之内能摊铺500t微表处沥青混合料，摊铺厚度最小可达 9.5mm，施工后 1h 即可通车，对于交通量大的高等级公路及城市干道有重要的实用意义。

（2）改善抗滑性能和安全性能。采用微表处技术能减轻水损害，改进路面的附着性能，降低公路的受损程度，改进路面行车性能，从而延长路面寿命。同时，微表处能增加路面色彩对比度，改善行车安全性能。

（3）减少环境污染，改善施工条件。微表处整个施工过程都在常温条件下操作，改性乳化沥青和砂石料都不需要加热，显著降低有害物质排放，也无需繁重的体力劳动，因而相比热拌沥青混合料施工，微表处具有无可比拟的环保优势。

（4）节约能源。微表处只是在生产改性乳化沥青时将沥青加热到 130℃，以后倒运或保存过程中都不需要加热。据资料统计，微表处混合料比沥青混凝土节约能源在 50%以上。

（5）延长施工季节。微表处在地表温度为 10℃以上时，即可进行施工，比一般沥青混凝土可延长 2～4 个月施工时间。

（6）其他特点。在面层不发生塑性变形的条件下，采用微表处可修复深达 38mm 的车辙而无需碾压。微表处厚度薄，应用在城市主干道和立交桥上不会影响排水，用于桥面也不会显著增加重量。

3. 沥青路面微表处材料的技术要求

（1）矿料。矿料直接与汽车车轮接触，形成了矿物骨架，是微表处的重要组成部分。为了提高微表处的抗滑耐磨性能，矿料应符合一定的力学指标。主要是压碎值、坚固性及磨光值等要求。除以上力学性能要求，所需矿料还应符合一定的级配要求。集料的级配范围见《微表处和稀浆封层技术指南施工技术规范》。

（2）改性乳化沥青。乳化沥青是微表处的黏结材料，作为微表处混合料的组成部分，改性乳化沥青应满足施工要求，也就是乳液和矿料在拌和、摊铺过程中，微表处混合料必须均匀、不破乳、不离析、处于良好的流动状态。若由于天气或其他原因，罐车中的乳化沥青不能及时用完而需要放置几天时，应用泵抽吸循环或放出，从而保持罐车中的乳化沥青上下密度的一致。

4. 微表处质量控制要点

微表处质量缺陷会导致路面渗水增大，在行车和环境因素下进一步损坏。此时的路为保证微表处施工的质量，应对施工过程中的重要步骤加以控制，主要包括以下几方面：

（1）控制接缝施工质量。接缝处采用湿水处理，扫平突出部分，尽量减少纵缝的搭接宽度，尽可能将重叠的位置安排在标线的位置。尽量减少横缝的数量，摊铺时应力求摊铺箱内混合料分布均匀。

（2）选用合适的加水量。机械作业时的外加水量，可采取允许范围的中值。少加或多加对施工都有影响。若加水量过少，拌和时的和易性及均匀性都受影响；加水量过多，会产生破乳成型时间延长，造成流淌现象及沥青分布不均。

（3）控制摊铺厚度及速度。微表处的设计厚度为稀浆中最大颗粒的粒径，如果强行将封层铺厚或铺薄，将造成封层稳定性差，容易出现松散、泛油和车辙等病害。摊铺时的速度对铺筑质量也有重要影响，过快会引起波纹、推移和离析，过慢会影响施工进度。摊铺的速度应根据路面的状况进行调整。

（4）其他要点。施工前应了解天气状况，避免雨天施工，并采取措施控制施工过程中的噪声。

7.2.3 混凝土路面快速修复技术

1. 水泥在快速修复技术中的应用

水泥是混凝土的组成材料中活性最强的一种组成成分，施工过程中对水泥的选择和正确的使用方法是能够达到优质的混凝土材料的关键步骤。在快速修复技术当中，国外常常选择采用快凝或快硬水泥，同时除了生活当中常用的早强水泥和添加了外加剂的水泥之外，许多新型的水泥也在开发和利用。在日本最常用的是调凝水泥，这种水泥最大的优势就是它的终凝为15min，而普通的硅酸盐水泥的凝结间为190min。由此可见，日本采用的这种调凝水泥应用在道路和桥梁方面的建设是相当合适的。除此之外，当这种水泥和其他材料所拌制成的砾石混凝土中加入0.3%的缓凝剂之后，砾石混凝土的初凝时间大约为40min，相比普通混凝土的五个小时的初凝时间，其初凝时间是相当短的。对于调凝水泥的强度，日本经过长时间的研究和反复的实验，最终该水泥的抗弯强度达到4.1MPa，抗拉强度达到2.5MPa。把此类调凝水泥应用到道路和桥梁的快速修复技术中，可以在12h之内完成修复工作，使交通恢复到正常通行的状态。在美国广泛使用的水泥是一种叫"派拉蒙特"的混合水泥，应用这种水泥拌制出来的混凝土，一天的时间抗压强度就可以达到13.4MPa，4h内抗弯强度为3.4MPa。在28d之后，混合水泥的抗压强度为82.7MPa。由于派拉蒙特的这些优点，它被广泛地应用在美国的道路和桥梁的修复工程中，在纽约州使用派拉蒙特混合水泥在桥梁的接缝修复工程中，在12h后桥梁就可以正常的使用了。肯塔基州的巴克利地方机场，机场的跑道出现了破损，应用派拉蒙特混合水泥，仅5h就可以使机场进入正常的使用状态。

2. 混凝土的配合比在快速修复技术中的应用

混凝土的配合比是指对混凝土的组成成分按照一定的比例进行混合及搅拌，用最少的成本使混凝土达到工程所需的材料性质，在我国最多采用的是体积配合比的设计方法。首先需要确定水泥细集料和粗集料的比例，然后在按照预先设定好的水灰比加入水，使混凝土达到工程要求的和易性等性质，随着混凝土的配合比逐渐被应用到施工现场，混凝土的配合比技术也在逐渐增强。例如：利用现代先进、科学、发达的计算机技术来进行混凝土配合比的设计和计算；在设计混凝土的配合比的过程当中，适当添加一些外加剂来提高混凝土的性质；加强对混凝土的配合比的研究，通过配合比的设计调节混凝土的性质。相关研究学者应进一步加强混凝土的配合比设计的研究，在其他研究学者成功的基础上，加强混凝土配合比理论的研究和实验，通过混凝土的配合比，更准确地预测混凝土的和易性、强度以及耐久性等性质。专家应该研究出混凝土配合比的设计系统，以便于施工方利用混凝土的配合比设计系统，根据施工现场的实际要求、现实生活环境以及相关法律法规等因素，更加高效地、快速地确定混凝土的配合比。用最低的成本，最高的质量来完成道路与桥梁的施工及修补。

3. 外加剂在快速修复技术中的应用

有时为了满足特殊工程的需要，提高水泥混凝土的使用质量，提高或者降低水泥混凝土的凝结时间，避免水泥混凝土被强酸或者强碱等物质腐蚀，提高水泥混凝土的和易性等，通常在混凝土搅拌之前或者搅拌过程当中，在混凝土内加入化学外加剂。在使用过程中，混凝土的外加剂有很多种，还有许多类型的混凝土正在处于研发中。在道路和桥梁的施工或者修复过程中，外加剂的应用尤为普遍。在快速修复技术当中，使用最多的外加剂有促凝剂和早强剂，它们可以加快混凝土在制成初期的强度增长，降低混凝土的凝结时间，其中氯化钙就是一种最常用的促凝剂。在氯化钙被广泛使用的过程当中，人们发现氯化钙会腐蚀混凝土内的钢筋构件。因此，人们开始使用硫酸盐、甲酸盐、硝酸盐等一些不含氯化钙的促凝剂。早强剂在施工使用过程中，可以促进水泥混凝土尽早达到施工使用的标准强度。使用早强剂不仅可以保证道路和桥梁的工程质量和工程的耐久性，还有助于加快道路和桥梁修补工程的速度，使道路和桥梁能够尽早恢复到正常使用的状态，减少因道路和桥梁损坏而造成交通阻塞的时间。除上述之外，通过实验研究表明，如果在水泥混凝土当中添加钢结构、木材、碳等一些纤维材料，可以有效防止水泥混凝土的开裂破坏，降低水泥混凝土的变形程度，减少混凝土的收缩和渗透能力，提高混凝土的强度。另有研究表明，把纤维等材料作为道路和桥梁的维修材料使用，可以显著提高道路桥梁材料的力学性质及物理性质。

7.3 桥梁工程新材料

随着高等级道路的发展，对路面和桥梁建筑所用的材料提出了更高的要求。工程高聚物材料在道路工程中的应用，不仅提供了代替传统材料的新材料，而且可以作为改性剂来改善和提高现有材料。为此必须掌握高聚物材料的组成、性能和配制，才能正确选择和应用这类材料。

高聚物按国际理论化学和应用化学协会（IUPAC）的定义是组成单元相互多次重复连接而构成的物质。通常认为聚合物材料包括塑料、橡胶和纤维三类。实际上，随着高分子合金材料、复合材料、互穿聚合物网络、功能高分子材料等的不断涌现，各类高聚物材料的概念重叠交叉，他们之间并无严格的界限。

高聚物材料在建筑领域应用的比较多，在道路及桥梁工程中的运用程度也在逐步增加，这种材料其组成部分主要是由一些分子质量较高的化合物构成，现在这种高聚物材料主要指橡胶、塑料、纤维、涂料及胶粘剂等高分子基复合材料。这些高聚物材料的发明及应用，能够补充传统建筑材料的不足。在道路及桥梁工程中，高聚物材料的运用能够发挥其独特的性能和优势，目前高聚物材料的特点有很多，如重量轻，实用美观，还具有极强的耐腐蚀性和容易加工的特点，目前这些新型的高聚物材料的品种比较繁多，已经广泛地用于各类产品的包装上。

7.3.1 桥面铺装新材料

1. 土工布

土工布是以高分子的聚合物为原料，是一种透水性平面土工合成材料。这一种材料具有多孔隙透水性，如果埋在土中，还能够吸收土中的水分，可以顺其平面进行传输排放。土工布的应用范围很广，目前主要应用于路面工程中的排水设施上，在挡土墙及隧洞衬砌后的排水系统中的运用也比较多。土工布的铺设要注意铺设要点，在边坡或堤岸上进行铺设要将土工布顺着坡的平面渗透通过，这样才能保证土工布下土粒的稳固性。土工布这种材料如果设置在两种材料中间，还能有效地防止不同材料的相互渗透，在路面的基层与土基之间如果铺设土工布还能中断土壤间产生毛细作用，这样能够防止路面翻浆现象的发生。土工布这种材料的抗拉及抗变形能力非常强，如果在路面的结构层中运用这种材料还能把荷载或应力进行分散。土工布的运用对于实现软基处理具有很好的效果，在修筑加筋挡土墙及桥台上的运用效果也比较明显。土工布还具有很好的防护性能，在道路边坡、泥石流和悬崖侧建筑物障墙防冲工程中运用能够起到很好的防护作用。

2. 高聚物改性水泥混凝土

聚合物浸渍混凝土把硬化的混凝土浸泡在单体浸渍液中，这样能够采用加热或辐射等手段，来促使单体能够浸入到混凝土中发生聚合反应，最终形成一个统一的整体。这种高聚物改性水泥混凝土具有很多优点，其具有很好的高强度，还具有超强的抗冻性和耐腐蚀性，但是其也有一定的缺点，如其耐热性比较差，在遇到高温时还容易发生分解，加之这种工艺的设备的成本比较高，而且设备的操作也比较复杂，这是其推广的不利因素。目前这一高聚物改性水泥混凝土多在耐高压容器及原子反应堆中运用，在海洋深处的构筑物中也有一定的应用。

聚合物水泥混凝土主要由聚合物乳液、水泥、滑料以及砂按照一定的比例进行调配而成。这种聚合物的硬化能够实现与水泥水化的同步进行，还能够将矿质集料结合为一个整体。聚合物水泥混凝土的形成强度速度非常快，而且具有很高的抗拉性和抗折性，还具有超强的耐磨性和耐久性，这种材料的干缩性比较小，非常适合现场制作。这种材料的高防水及防蚀特性，使得其在混凝土结构、修补混凝土结构、工业厂房地面以及灌浆工程上的运用比较多，另外这些材料在混凝土路面、机场道面及桥面铺装层的快速修复上发挥极大的功能。

聚合物胶结混凝土是全部以聚合物为胶结材料的混凝土，其聚合物常为各种树脂或单体。这种聚合物胶结混凝土具有很多优势，由于其轻质高强，还具有极强的抗拉性、抗折性及抗渗性，在抗冻及耐久性上也比传统的建筑材料强，所以这种材料在道路及桥梁的工程中能够被广泛应用。聚合物和集料之间具有很好的粘附性，所以为了防止路面发滑，就要求通过硬质石料的使用来做混凝土路面的抗滑层。

3. 裂缝修补和嵌缝材料

裂缝修补和嵌缝材料都属于胶黏剂的一种，这两种材料在修补水泥混凝土路面的裂缝以及嵌缝结构和构件的接缝中的运用比较多见。裂缝修补及嵌缝材料的运用能够发挥其超强的粘结力及拉伸率，在道路桥梁上能够发挥其良好的低温塑性及耐久性。

（1）环氧树脂是这种修补材料的主要成分，这一修补材料目前主要分为缩水甘油基型的环氧树脂和环氧化烯烃。这种修补材料进行水泥混凝土路面的修补时，使用比较多的是缩水甘油基型。环氧树脂这种修补材料还具有一定的缺点，其延伸低、脆性大及耐久性弱的缺点还需要进行不断的改进，为此可以通过添加改性剂来进行其性能的改进。在实践中多采用低分子的液体改性剂以及一些增柔剂来实现其延伸性、耐久性及刚韧性的改进。

（2）聚氨酯胶液中，多异腈酸酯与聚氨基甲酸酯是主体材料，这种高聚物能够制备成两组来进行固化弹性，由于这一材料能够达到很好的粘附性，所以其抗气候老化的性能比较强，而且这一材料如果与混凝土一起运用也不需要进行打底，目前这一高聚物材料主要运用于房屋和桥梁的嵌缝密封工程中。

（3）烯烃类的裂缝修补材料一般都是由一些烯类聚合物按照一定的比例进行配制而成，这种材料目前主要分为两类，一种是用烯类单体或预聚体作胶黏剂，而另一种是用高分子聚合物本身作胶黏剂。这种裂缝修补材料的固化速度非常快，在户外运用几分钟既能够发挥性能，一般要经过 24 至 28 小时才能达到其抗拉强度的最高峰，虽然这种材料的气密性能良好，但是由于其造价较高所以现在还不能实现大面积的推广。

（4）氯丁橡胶嵌缝材料在道路及桥梁工程中运用，能够发挥其良好的粘结性，而且施工比较便捷。这种嵌缝材料的主体材料主要是氯丁橡胶与丙烯系塑料，在调配时还要加上一些增塑剂、硫化剂以及增韧剂，另外还要添加一定比例的防老剂和填充剂才能达到其很好的黏稠性。

（5）硅橡胶作为高聚物嵌缝材料的一种，其具有很好的抗氧化性，其不容易变形而且柔韧性比较好，这种优质的嵌缝材料由于价格偏高，所以其应用也会受到一定限制。聚硫橡胶嵌缝材料在那些细小多孔及暴露表面的接缝中运用的比较多。

7.3.2 模板新材料

纤维增强复合材料（FRP）具有轻质高强、刚度大、耐腐蚀、美观等优点，作为新型的模板替代材料，具有免维修、易拼装、施工简便等优势，同时可设计为永久性模板参与结构受力，并保护混凝土免受腐蚀，是一种具有潜力的新型建筑模板材料，在桥梁工程领域具有广阔的应用前景。

1. 材料及制备工艺

新型纤维增强复合材料是以热固性树脂为基体，以纤维为增强材料，通过各种工业化制备工艺制成的复合材料。热固性树脂可以采用不饱和聚酯树脂、乙烯基酯树脂、环氧树脂、酚醛树脂以及无机树脂等，纤维可采用玻璃纤维、玄武岩纤维、碳纤维、芳纶纤维、金属纤维、超高分子量聚乙烯纤维等。模板工程中常采用价格低且国产化程度高的玻璃纤维布作为增强材料。

复合材料成型工艺是复合材料工业发展的基础和条件。随着复合材料应用领域的拓宽，复合材料制备工艺得到迅速发展，目前已有 20 多种，并成功地用于工业生产。而土木工程的大型复合材料结构件（包括建筑模板）较适合采用低成本且质量可控的工业化成型工艺制备，包括模压成型、真空导入成型、拉挤成型工艺等。

2. 基本特点

新型纤维增强复合材料建筑模板具有以下特征：①强度高、刚度大、韧性好、抗疲劳能力强。通过不同的成型工艺和改变纤维铺层，可获得各种工程结构件所需的结构性能（抗弯刚度、受弯、受剪和受压承载力等）。②耐水性、光洁度高、低维修、易存储，质轻、搬运便捷，能大幅提高施工效率。③耐腐蚀，能在沿海地区、地下工程、矿井、海堤坝工程中使用。作为永久性模板使用时，可兼具受力构件的作用，代替钢材等传统材料，因此是一种绿色高性能的结构材料。④工厂预制，拼装简单，施工方便，省时省工。⑤可塑性强，可设计性好。根据设计要求，通过不同模具形式可生产出不同形状和规格的模板。

7.3.3 预应力筋新材料

在预应力混凝土中，为了解决预应力筋的腐蚀问题，自 20 世纪 80 年代中期以来，欧美及日本等国家开始使用纤维增强塑料（FRP）制作而成的非金属预应力筋，目前 FRP 的研究开发在国内外已达到相当高的水平，并进入实际应用阶段。

1. 复合材料预应力筋的品种、规格及性能特点

纤维增强塑料包括玻璃纤维增强塑料（GFRP）、碳纤维增强塑料（CFRP）和芳纶纤维增强塑料（AFRP）等，是由多股连续纤维以环氧树脂等作为基底材料胶合后，经过特制的模具挤压、拉拔成型的。

非金属预应力筋的规格很多，如 CFRP 线材的直径为 3.5～5.0mm。绞线有 1×7，1×19，1×37 几种，直径为 5.0～40.0mm 不等；AFRP 棒材的直径为 2.6～14.7mm，绞线直径为 9.0～14.7mm 等。纤维增强塑料的极限抗拉强度较高，制成棒材后，棒材的极限强度也比较高。纤维增强塑料力筋的力学性能见表 7-1。

纤维增强塑料筋的力学性能 表 7-1

FRP 类型	抗拉强度/MPa	极限应变/%	弹性模量/MPa	密度/kg·m^{-3}
芳纶纤维	1610	2.5	6.4×10^4	1300
玻璃纤维	1750	3.4	5.1×10^4	2000
碳纤维	2400	1.6	1.5×10^5	1500
高强钢丝	1800	4.0	2.0×10^5	7850

纤维增强塑料筋与钢材相比性能特点如下：

强度——质量密度比高，比钢材大 5 倍；碳纤维和芳纶纤维筋具有良好的疲劳性能，应力幅约为钢材的 3 倍，但玻璃纤维筋的疲劳强度比钢材显著低；抗腐蚀性能好，且为非磁性材料，磁悬浮列车要求轨道结构无磁性，可用于建造无磁性预应力混凝土结构；热膨胀系数低，CFRP 为 $0.6 \times 10^{-6}/℃$，约为钢材的 1/20；能耗低，FRP 采用化学合成法生产，能源消耗远低于钢材；弹性模量较低，约为预应力钢材的 1/4～3/4；极限延伸率低，破坏形态呈脆性，没有屈服台阶，抗剪强度低，约为预应力钢材的 1/5～1/4；静载长期强度与短期强度的比值低（特别是对玻璃纤维），芳纶纤维吸水后容易损坏，价格高。

2. 复合材料力筋在预应力混凝土桥梁中的发展应用

（1）碳纤维复合材料力筋

碳纤维是 20 世纪 60 年代以来随着航天工业等尖端技术对复合材料的苛刻要求而发展起来的新材料，具有强度高、弹性模量高、比重小、耐疲劳和腐蚀、热膨胀系数低等优点。

日本 Kobe steel，Ltd，Mitsui Construction Co.，Ltd 和 Shinko Wire Co.，Ltd 共同研制出一种称做 CF-FIBRA 的编织碳纤维复合力筋，已在实际工程中应用。力筋由编织 PAN 基碳纤维纱线浸渍环氧树脂而成，纤维体积含量为 72%。日本 Saitama 大学和东京绳索株式会社开发出一种称为 CFCC 的碳纤维复合力筋，它由搓捻的高强连续碳纤维浸渍树脂而成。他们已采用 CFCC 修建了一座跨径 7m 的预应力混凝土工字形梁桥（Shingu 桥）。

德国 1991 年在路德维希港建成一座采用 CFRP 筋束施加部分预应力的全长 80m 预应力混凝土桥梁。筋束制作程序：把碳纤维束浸渍环氧树脂，拧成直径 12.5mm 的索，再把 19 股索挤成预应力筋。

（2）玻璃纤维复合材料力筋

20 世纪 70 年代初，联邦德国斯图加特大学 Rehn 教授提出用玻璃纤维复合材料力筋取代传统的高强钢丝修建预应力混凝土桥的工程可行性。他进行了跨径 9m 的小梁荷载试验，所配置的力筋由价格较便宜的 E—玻璃纤维与不饱和聚酯树脂组成。梁的实际破坏荷载大于计算值，跨中挠度高达 20cm，才发生混凝土受压区破裂，但复合材料力筋的状态仍然完好。

根据联邦研究和技术部的科研项目，由 Strabag 公司开发出一种称为 HLV 的复合力筋，并由 Bayer 公司用其于 1980 年在杜塞尔多夫建成了一座跨径 7m 的试验桥，采用 12 根长 7m 的无粘结 E—玻璃纤维复合力筋（HLV）施加预应力。对力筋的灌胶锚头进行了 5 年的拉力监测，在现场验证了实验室取得的成果。1986 年他们在杜塞尔多夫建成了世界上第一座采用玻璃纤维复合力筋的预应力混凝土公路桥。桥梁上部结构为两跨 21.30m＋25.60m 的后张法预应力混凝土连续实体板，板宽 15.00m，厚 1.44m，共使用 59 根 HLV 力筋，每根力筋由 19 根直径 7.5mm 的 E—玻璃纤维复合材料筋组成。全桥共使用玻璃纤维复合材料 4t。1988 年，他们又在柏林修建了一座跨径为 27.63m＋22.95m 的预应力混凝土人行桥，这是德国自 1945 年以来修建的第一座体外预应力桥梁。

美国南达科他矿业和理工学院 Llyer 教授对于先张法预应力混凝土结构采用玻璃纤维增强塑料力筋的可行性进行了较深入的研究。通过试验得知，配置玻璃纤维绞线的梁，其破坏荷载、破坏模式、荷载—挠度关系、疲劳特性以及力筋与混凝土的粘结力等，均与配置钢绞线的梁相同。

我国玻璃纤维工业起步之初，1960 年交通部科学研究院就与河北、新疆和西藏等省（自治区）交通部门合作，从事用玻璃纤维束取代受力钢筋修建混凝土桥梁的探索，进行了配置玻璃纤维主筋的小梁试验。上述小梁试验和板桥通车 5 年的实践表明，配置玻璃纤维芯桥的混凝土结构，具有良好的短期强度。由于芯棒采用强度不是很高的有碱玻璃纤维，并采用水泥浆作粘结剂，水泥中的碱易使纤维受腐蚀而脆化，这种结构的长期强度是会有问题的。

70 年代末期，我国玻璃纤维增强塑料（俗称玻璃钢）技术水平有显著提高，交通部公路科学研究所着手玻璃钢公路桥梁的研究，于 1982 年在北京密云建成一座跨径 20.7m，宽 9.2m 的全玻璃钢蜂窝箱梁公路桥。设计荷载为汽车—15 级，挂车—80。桥梁现场荷载试验表明，玻璃钢这类复合材料可以制作承重结构。该桥通车后，出现了桥面下陷和箱梁腹板上方局部压屈等问题。

继交通部公路科学研究所之后，重庆交通学院也进行了玻璃钢人行桥的研究，并修建试验桥多座。安徽省公路管理局和科研所正着手进行复合材料力筋预应力混凝土桥梁的研究。

（3）芳纶纤维复合材料力筋

芳纶纤维于 1965 年由美国杜邦公司发明，与玻璃纤维相比，其比重更小，韧性较好，但价格较贵。美国、荷兰、德国、英国和日本等国都开展了采用芳纶纤维作预应力混凝土力筋的研究工作。日本 Sumitomo 建设株式会社与 Teijin 株式会社合作研制的芳纶复合材料预应力筋束，以乙烯基酯树脂作基体，用拉挤工艺成型。筋束的直径为 6cm，纤维体积含量 65%，预应力力筋由不同数量（1 根，3 根，7 根，12 根和 19 根）的筋束组成，还研制出不同尺寸的锚头。

到目前为止，日本已建成芳纶纤维复合力筋预应力混凝土桥多座，其中包括：跨径11.79m 先张法预应力混凝土示范性桥，桥面宽 9.00m，梁高 1.56m，上部结构由 5 根宽60cm，高 130cm 的空心箱梁加上混凝土桥面板组成；跨径 25m 的后张法预应力混凝土示范性桥梁，桥面宽 9.20m，梁高 1.90m，上部结构由两个宽度 2.80m 的箱形截面组成；跨径 54.5m 的后张预应力混凝土吊床板人行桥。其主索采用总长 7150m 的芳纶纤维复合力筋（由 8 条带有垫层的扁平复合材料筋带组成）。

（4）超高强预应力钢绞线

随着桥梁结构的跨度和宽度不断增大，结构中预应力钢筋的用量也越来越大，结构设计与预应力束的布置越来越困难，施工中力筋张拉也容易发生事故。采用超高强预应力钢绞线代替普通预应力钢筋，既节省了钢材，又方便了设计，加快了施工进度，减小了施工难度，是大跨度桥梁结构值得推广的一项改进方法。

（5）梁构件复合材料建筑模板

1997 年美国犹他州研究人员开始研究关于纤维增强复合材料在小跨径桥梁中的应用。2003 年美国圣帕特里西奥县建成的 Texas FM3284 复合材料——混凝土组合桥梁，由 2跨组成，每跨跨径 9.1m，总宽 9.8m。其主梁模板是通过真空导入成型工艺制成的玻璃纤维增强复合材料 U 形模壳。

该 U 形模壳具有以下特征：①模壳内下半部分填充泡沫混凝土，用来支承上部混凝土，同时减轻主梁自重，增大截面惯性矩。模壳在工厂完成制作，通过现场吊装直接作为施工模板使用（图 7-1），无需搭设脚手架，节省施工时间。然后在其上铺设钢筋网，浇筑上部混凝土（图 7-2）。②待上部浇筑的混凝土硬化后，复合材料模壳参与受力，上部混凝土受压，下部模壳受拉，等效于普通混凝土梁下部配置的钢筋作用，从而代替了钢材这一传统的建筑材料。③模壳作为永久保护构件能有效提升结构的耐腐蚀性能。④U 形模壳上部间隔一定间距，配置了一定数量带螺纹剪力键，能很好地防止组合梁在受力过程中发生模壳与混凝土的界面剥离。

图 7-1　复合材料 U 形模壳

图 7-2　混凝土浇筑

7.3.4 其他新材料

目前桥梁工程的新材料应用众多，诸如上述碳纤维复合材料、玻璃纤维复合材料、芳纶纤维复合材料、树脂基复合材料等，本节主要讲铝合金材料在桥梁工程的运用。

铝合金在世界范围内新建或桥梁维修中的应用已经有了很长时间的历史。相比较而言，我国在该方面的研究基本上还是处于空白状态。本节研究了铝合金材料的材料力学特性，详细分析了铝合金应用于桥梁的优点。

1. 铝合金的材料力学特性

（1）主要力学性能指标

目前用于建造或修复铝合金桥梁的铝合金有多种如 6061-T6 型铝合金和高强度铝合金型材 70XX-T6 系列等。下面主要介绍工程中比较常用的 6061-T6 型铝合金的材料力学性能。

我国《铝合金建筑型材》GB.5237—2000、现行美国铝合金结构设计规范和欧洲规范给出的相同类型铝合金材料主要力学性能指标见表 7-2。实测得到的铝合金材料材性指标值也见表中。可以看出，各规范给出的铝合金材料主要力学性能指标值差别不大（表 7-2）。

不同规范给出的铝合金主要力学性能指标　　　　　表 7-2

规范	合金类型	弹性模量 E/MPa	屈服强度 $f_{0.2}$/MPa	抗拉强度 f_y/MPa
GB 5237	6061-T6	—	245.0	265.0
美国规范	6061-T6511	69589	241.0	261.6
欧洲规范	EN 6061-T6	70000	240.0	260.0
文献〔5〕	6061-T6	71352	241.0	276.6

（2）应力—应变曲线

单向拉伸试验表明，铝合金材料存在明显的线弹性阶段；当拉应力接近屈服强度时，材料的弹性模量急剧降低，但没有出现类似低碳钢的屈服平台而是直接进入了强化阶段。图 7-3 是实测得到的两条铝合金材料的应力—应变曲线。可以看出，铝合金材料的应力—应变曲线呈现非线性连续性，这与钢材有所不同，必须采用更为复杂的模型才能实现对铝合金结构的精确分析。

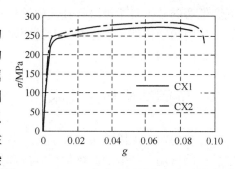

图 7-3　6061-T6 铝合金材料的应力-应变曲线

Ramberg-Osgood 模型是一个能够比较理想描述铝合金材料本构关系的解析模型，如下式所示：

$$\varepsilon = \sigma/E + 0.002(\sigma/f_{0.2})^n \tag{1}$$

上式中，n 是一个描述材料应变硬化的参数，由材料试验确定，一般情况下可以用 Steinhardt 给出的近似表达式确定：

$$n = f_{0.2}/10 \tag{2}$$

2. 铝合金材料应用于桥梁工程的优点

与混凝土和钢材等传统建筑材料相比，铝合金具有下列优点。

（1）重量轻、比强度高。铝合金材料的密度为 2.7g/cm³，大致为钢材的三分之一，而常用的 6000 系列铝合金材料的强度比一般常用的碳素钢的强度还要高。如 6061-T6 型铝合金的屈服强度为 245MPa，抗拉强度可达 265MPa。高强度铝合金型材，如 70XX-T6 系列的屈服强度可达 300MPa，甚至 500MPa 以上。因此，采用铝合金代替钢材或者混凝土建造桥梁结构可以大大减轻结构自重。由于桥梁的上部结构较轻，不但减轻了施工强度，缩短施工周期，而且对基础的要求降低，减少了下部结构的建造费用。

（2）铝合金材料具有良好的耐腐蚀性能，铝合金在大气的影响下，其表面能够自然地形成一层氧化层。这种氧化层可以在很大程度上防止铝合金材料的腐蚀，这种良好的耐腐蚀性可极大地减少桥梁的防腐和维护费用；在钢筋混凝土桥面板和铝合金构件起组合作用的情况下，由于铝合金材料的热膨胀系数（$22×10^{-6}$）比钢筋混凝土大，所以在寒冷的环境下铝合金材料的收缩可以使混凝土中产生的微裂缝趋于封闭，使得水分和氯化物无法侵入，从而保护了钢筋。

（3）由于重量轻，铝合金桥梁大多采用工厂预制、现场安装的方法，其预制、运输以及安装过程简单，时间短，费用较低，能够适应符合现代施工技术的工业化要求。

（4）铝合金材料具有良好的低温性能，随着温度的降低，其强度反而有所增加且无低温脆性问题，因此可以用于制造寒冷地区的桥梁。

（5）在现有桥梁的维修加固时，可以以较小的重量增加较大的承载力，提高桥梁承受活荷载的比例。

（6）铝合金材料易于回收，再处理成本低、再利用率高，有利于环境保护，符合可持续发展要求。

目前，铝合金材料的价格高于钢材，但是其较低的制造、运输、安装费用和较短的时间、低廉的维护费用可以弥补其原始材料价格上的劣势。当铝合金桥梁结构采用合理的设计、使用预制构件、简化安装时其原始造价基本与钢结构差不多，但就其终身费用来说，铝合金结构则更具有竞争力。

7.4 桥梁结构加固技术

传统的桥梁加固方法多种多样，并且各种加固方法对桥梁结构的不同部位都起到了一定的巩固作用，一般的旧桥加固方法都是为了使桥梁结构能够继续正常运营，增强其承载能力，常用的一些方法有：对桥面系铺装层进行加固，扩大桥梁结构截面和增加结构的配筋面积，在结构表面喷锚混凝土，增强桥梁结构的横向连接系，在结构表面粘贴碳纤维布，还有就是对桥梁结构进行体外预应力的处理等等。

在对既有桥梁进行维修与加固的施工过程是根据桥梁结构的不同破损情况而进行的，所有具体的施工方法会有所不同，但是它们也有一定的共同点，所以，我们在施工过程中要遵循既有桥梁维修与加固工作的共性，同时还要借鉴《混凝土结构加固技术规范》，尤其是对规范中的桥梁结构所存在的特殊性，在以往加固的经验之上要有所创新，既要从技术方面有所提高，还要在所用材料方面有所改进，使越来越多的桥梁结构都能够有一套适合自己的维修与加固的方法。

7.4.1 桥梁检测鉴定技术

钢筋混凝土桥梁结构在使用期间，受外界环境的影响很严重，由此对桥梁结构造成的各方面的损害也是各种各样的，所以对桥梁结构进行定期的检测是有必要的，为桥梁的安全运营提高保障。

目前桥梁常规检测方法还是采用传统的检测方法，比如桥面系平整度状况以及裂缝开裂情况等等都是采用人工目测的方法，其他常规的检测技术还有：超声波探测技术，探地雷技术，动力检测技术，冲击—回声检测技术，声波发散技术，涡流以及温度场检测技术等等。

桥梁检测鉴定技术通过主体结构对各项参数进行处理和分析，最后对客体结构进行检测评定，为以后的维修与加固提供技术支持。

1. 桥梁结构各项参数的采集

此过程是指通过事先做好的桥梁健康检测技术方案，对桥梁结构在正常运营下的各项参数进行采集，传统的桥梁检测方法往往是在中断正常交通的情况下进行的，所以采集到的参数不能反映出桥梁结构在正常运营下的工作状况，而桥梁健康检测系统则可以在不影响桥梁结构正常工作的情况下就可以对参数进行采集，并且桥梁健康检测系统还可以采集传统的常规检测方法所采集不到的参数。比如：桥梁结构的支座以及附属设施等的工作状态，同时还可以采集到桥梁机构所处工作环境的各种参数，总体而言，基于桥梁健康检测系统下桥梁结构的工作参数包含了结构工作状态下的各种变形参数、结构材料的各种变异参数、桥梁结构在车辆行驶下的冲击参数，以及桥梁结构在工作过程中外界环境中的各种影响参数等等。

2. 桥梁结构各项参数的处理工作

桥梁健康检测系统中参数的处理，就是通过健康检测系统对采集到的各项参数进行计算和分析，最终形成能够和桥梁"健康指纹"或者桥梁健康检测系统内部的专家数据库中的参数进行对比的工作参数，并且还可以根据需要生成用于桥梁结构损伤诊断和进行荷载试验的方案等，这些数据经过处理以后可以根据需要生成当前状态下的桥梁"健康指纹"，以便以后之需。

3. 桥梁健康检测后的评定工作

桥梁健康检测的评定工作，是指通过上述两个工作环节以后，经过健康检测系统对桥梁结构的各项工作状况的参数进行一系列的处理，最后对该结构进行分析、比较等工作，最终确定该桥梁结构的健康状况，判定其是否还能够正常的工作，并且为其以后的维修、加固以及管理等工作的开展提供有力的参考和指导，同时，这些工作最终得出的结果还可以为以后同类桥梁的设计和施工工作提供真实的足尺模型，当前桥梁结构的整体性评估方法基本上可以分为三大类，即：神经网络法、系统识别法、模式识别法。并且桥梁健康检测系统内部已有三种评定方法，还可以根据需要植入其他的评定方法以供选用，其实最终确定的评定方法是在多种评定方法进行比较以后的统一。

7.4.2 桥梁维护加固技术

目前混凝土梁桥修复、加固的方法很多，但根据某公路管理局常用类型的梁桥病特点，对桥梁病害较为严重的，一般采用粘贴钢板、粘贴高强复合纤维材料以及体外预应力等加固方法。另外，对于病害不严重的桥梁，基本以预防性修复养护为主。

1. 梁体局部修补

由于混凝土局部缺陷修复厚度较薄，一般为 2～3cm，普通砂浆难以与原结构混凝土形成完整结构，因此，梁体局部修复一般采用聚合物砂浆等新型材料，以提高修复效果和方便施工。聚合物砂浆或聚合物混凝土材料是由胶凝材料和可以分散在水中的有机聚合物和工程材料搅拌而成的。主要适用于混凝土结构的孔洞、蜂窝、破损、剥落、露筋等表面损伤部分的修复。聚合物材料应要求具有良好的施工和易性、粘接性、抗渗性、抗剥落性、抗冻融性、抗碳化性、抗裂性、钢筋阻锈性能、高强性能等。采用聚合物及其工程材料进行修补时，其中间可布置柔性纤维网。梁体局部修补的施工方法主要有：

（1）凿除浮浆

凿除蜂窝区域底板混凝土浮浆，浮浆凿除后，用水将凿除的混凝土表面清洗干净，保持潮湿状态，但不得有积水。在新旧混凝土间涂刷界面胶，胶层厚度应不超过设计值，同时清除包裹在胶液中的气泡。

（2）聚合物砂浆配制

聚合物各组分应严格按照设计要求分别称重或量取，并应根据配制程序进行次第投放和搅拌配制。

（3）找平处理

先用聚合物砂浆进行局部找平，以方便后续施工。

（4）挂网

混凝土蜂窝找平后，可采用膨胀螺栓等固定镀锌钢丝网。

（5）聚合物砂浆抹平

①初次抹平

镀锌钢丝网固定牢固后，进行聚合物砂浆抹平。根据实际深度分层施工。第一层聚合物砂浆凝固后方可进行下层施工，错开施工的间隔不应大于设计要求。

② 嵌入纤维网

距离底板表面一定距离处，粘贴柔性纤维网，柔性纤维网直接嵌入砂浆，以避免砂浆出现表面裂纹。

③ 二次抹平

将纤维网嵌入后，进行聚合物砂浆最终抹平。聚合物修补砂浆摊铺完毕后应立即压抹并一次抹平，不宜反复抹压。

（6）聚合物砂浆腻子

聚合物修补砂浆施工完成后，采用聚合物砂浆腻子进行表面封闭。具体步骤如下：

① 基面处理：聚合物砂浆基面必须密实、洁净、无油污、灰尘及其他污染物。

② 配料：将聚合物砂浆腻子按使用规定的质量比配比好，搅拌均匀，无疙瘩、颗粒等即可使用。

③ 涂刷：将搅拌好的腻子均匀的涂刷到需要保护的聚合物砂浆表面。为避免出现明显色差，将底板表面全部用聚合物砂浆腻子涂刷一遍。

2. 混凝土裂缝封闭处理

混凝土裂缝封闭目的在于恢复结构物的防水性和耐久性，避免钢筋因裂缝受到水气腐蚀。当混凝土结构有较严重的裂缝病害时，需要在加固前或在实施加固技术的过程中进行裂缝的修补。裂缝封闭主要涉及的是材料问题与施工技术，根据《混凝土结构加固设计规范》及《公路桥梁加固设计规范》的规定，它们仅对裂缝封闭胶提出了强度要求，但未对胶体的伸长率做出明确规定。这对于稳定的非受力裂缝（如预应力构件的纵向裂缝）而言，可以满足裂缝修复的要求，但对于受力裂缝来说，其裂缝随车辆过桥而不断开合，开合程度与受拉区的配筋率及过桥车辆荷载大小相关，因此，对于钢筋混凝土裂缝封闭胶，其不但要满足规范中的强度要求，而且还需要有较高的延伸率，以保证胶体对裂缝有良好的追随性。因此，裂缝封闭胶的选取应建立在对裂缝类型判定和分析的基础上。

（1）表面涂抹法

这是对较小宽度的裂缝（一般宽度小于0.15mm）的处理方法，即在裂缝表面涂抹聚合物防水材料，以防止水气进入裂缝而腐蚀钢筋的方法。涂抹材料常采用专用的裂缝封闭胶或聚合物水泥膏等。

（2）压浆法

该方法是向裂缝中注入裂缝胶或水泥类材料，以填充裂缝空隙。裂缝压浆时应注意的事项有：

① 沿裂缝两侧2～5cm的距离内应清除混凝土表面的污物，并要将缝中的泥土等堵塞物吸出，且缝中不得进水；

② 封缝胶注入口位置尽量设置在裂缝较宽、开口较通畅的部位；

③ 封缝过程中要反复用封缝胶修补固化过程中出现的裂缝；

④ 封缝完毕后必须在封闭的裂缝上涂肥皂水进行试漏。

（3）填料充填法

该法一般用于修补较宽裂缝（裂缝宽度一般大于0.5mm），具体做法是沿裂缝开凿出一条宽10mm左右的U形或V形深槽，然后在槽内填补各种密封材料，但当钢筋已经锈蚀时，应先对钢筋除锈，并在钢筋上涂抹防锈涂料，再充填密封材料。

3. 桥面铺装处治技术

因梁板病害往往与桥面铺装病害结合产生，当梁体产生病害后，若桥面铺装也产生病害，桥梁工程技术人员在对梁体进行处治的同时，常常也对桥面铺装进行病害处治。桥面铺装处置方法应根据桥面铺装病害严重情况而定，一般桥面铺装处治可采用局部修补（局部病害时）和全部凿除重铺（病害较为严重，且面积较大）两种方法。

水泥混凝土铺装层有局部病害时，可将破损处凿毛，深度以使骨料露出为准，用清水冲洗干净断面并充分润湿，涂刷同强度等级的水泥砂浆或其他粘结材料，最后铺筑一层4～5cm厚的水泥混凝土铺装层。当交通流量较大路段，混凝土桥面铺装维修建议首选具有早强、高强、高粘结性能的聚合物混凝土。

沥青混凝土桥面铺装局部出现裂缝时，可将缝隙刷扫干净，并用压缩空气吹净尘土后，采用热沥青封堵；对于局部松散、坑槽现象的破损区域，将损坏区域切割成规则的形状后，用风镐将该区域内的沥青面层挖除，并在其周围及底面上喷洒乳化沥青粘层油，然后再用细粒式热拌沥青混合料人工摊铺、整平、碾压。

若桥面铺装大面积损坏，可考虑全部凿除后重铺。重铺新的桥面铺装前应将原有桥面铺装先凿除，并对桥面进行检查，老桥面应平整、粗糙、干燥、整洁。同时桥面铺装设计时，可结合桥梁上部结构病害严重情况，考虑采用水泥混凝土桥面铺装代替沥青混凝土桥面铺装，同时也可增加桥面铺装的钢筋层数量，以增强桥面铺装层的强度及桥梁的整体性。

4. 粘钢加固技术

粘钢加固技术是一项较为成熟的技术，已有较多的研究成果与专门的规范规定。其中，粘贴钢板加固常适用于受弯及受拉构件（较少应用于受拉构件补强），一般采用环氧树脂系列粘结剂将钢板粘贴在钢筋混凝土结构物的受拉缘或薄弱部位，使之与原结构物形成整体共同受力。其原理为增加受拉区混凝土的配筋率。

由于粘贴钢板加固属于被动加固，粘结钢板补强作用的发挥与受压区混凝土的初始应变密切相关，因此，一般加固前需要采用卸载措施以减小受压区混凝土的初始应变。粘贴钢板加固能改善原结构的钢筋及混凝土的应力状态，限制裂缝的进一步发展，从而达到加固补强、提高桥梁承载能力的目的。但粘贴钢板也有局限性，一是因施工局限，导致钢板不易与粘接胶粘接密实；二是钢板容易锈蚀；三是在实际应用中，钢板与粘接胶常常脱开，这可能与钢板反复承受交变荷载有关。粘贴钢板施工方法可按图7-4步骤进行：

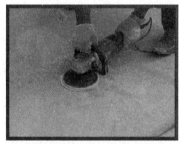 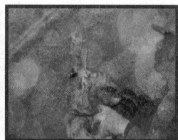 

步骤1：混凝土表面处理　　　　步骤2：混凝土表面钻孔　　　　步骤3：钢板打磨除锈

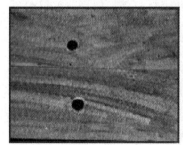  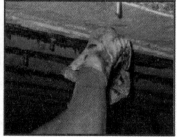

步骤4：钢板钻孔　　　　　步骤5：配胶及粘贴钢板　　　　步骤6：钢板固定及防腐

图7-4　粘贴钢板施工

5. 体外预应力（主动加固）

体外预应力加固技术能够改变原结构内力分布，并降低原结构永久荷载应力水平，因此能够显著提高桥梁结构的刚度和承载能力。体外预应力加固主要依靠锚固端传力改变原结构内力分布，所以其加固时可不需要封闭交通。

根据体外预应力加固中采用材料的不同，分为预应力钢绞线加固技术、预应力碳纤维板加固技术和预应力高强钢丝绳—聚合物砂浆加固技术。根据桥梁结构形式和加固需求的不同，可合理选择加固技术和材料。

（1）预应力钢绞线加固技术（图7-5）

步骤1：安装锚固齿板

步骤2：安装转向装置

步骤3：钢绞线下料

步骤4：穿索

步骤5：张拉

步骤6：锚头防护

图7-5　体外预应力钢绞线加固技术

与其他两种体外预应力加固方法相比，采用钢绞线加固能提供更高的体外预应力，因此，更适用于大跨桥梁的加固。预应力钢绞线加固技术的缺点主要有：

① 由于预应力筋转向块和锚固点处存在巨大的集中力，致使这一区域的受力比较复杂，容易出现早期病害；

② 由于预应力筋一般布置在梁体外部，易受环境（如日照、酸性气体及机械划伤等）的影响，耐火、耐老化性能较差。

（2）体外预应力碳纤维板加固技术（图7-6）

预应力碳纤维板具有高强度、高弹性模量等优点，适用于预应力施加程度要求不高的中、小桥梁加固，但作为板材锚固形式较复杂，张拉及锚固单元需要特殊设计。后期预应力损失程度与锚固单元及粘结胶体性能密切相关。预应力碳纤维板加固防火和耐高温性能较差。但由于其施工方法简单，随着锚固件的工厂化生产，其工程造价与一般粘贴碳纤维布方法相当，因此预应力碳纤维板加固技术有着美好的应用前景。

（3）高强钢丝绳——聚合物砂浆加固技术（图7-7）

与预应力钢绞线相比，高强钢丝绳将较高的集中力分散为较小的均布力，即方便人工张拉施工，又便于锚固。与预应力碳纤维板复杂的锚固单元相比，高强钢丝绳采用简单P锚形式，方便可靠。预应力张拉完成后，采用聚合物砂浆对钢丝绳进行防护，既能起到防腐、防火作用，又能起到一定程度的锚固作用。因此，预应力钢丝绳——聚合物砂浆加固技术十分适用于中、小跨度桥梁加固。

步骤1：夹具安装

步骤2：张拉单元安装

步骤3：基层处理

步骤4：碳板涂胶

步骤5：碳板安装

步骤6：碳板张拉

步骤7：张拉单元锁死

步骤8：锚板安装

步骤9：施工完成

图 7-6　体外预应力碳纤维板加固技术

6. 粘贴碳纤维布法

碳纤维复合材料通常由纤维和基体组成，由于强度高、密度小、厚度薄、耐久性好、基本不增加加固构件自重等优异性能，其已成为旧桥加固补强的常用材料。碳纤维加固施工可按下列步骤进行：

混凝土构件表面处理——涂刷底胶——粘贴碳纤维布——涂刷保护胶——养护——梁体涂装——质量检验，具体施工工艺如下：

（1）施工前的准备作业

拟定施工方案和施工计划，准备碳纤维片材、配套树脂、机具等。

（2）基面处理

① 清除和打磨混凝土表面的劣化层（如浮浆、剥落、疏松、蜂窝、腐蚀风化层等）。

② 打磨基面的棱角、转角部位成圆弧形状。

③ 对缝宽小于 0.1mm 的裂缝，用表面涂抹法密闭；大于或等于 0.1mm 的裂缝用注缝胶压浆封闭。

步骤1：锚具安装

步骤2：下料及锚头制作

步骤3：反力点设置

步骤4：人工张拉

步骤5：锚固

步骤6：浇筑聚合物砂浆

图 7-7　高强钢丝绳——聚合物砂浆加固技术

④ 对混凝土表面有孔洞的，应先用聚合物砂浆将孔洞填充平整。

（3）清洗基面

① 先用钢丝刷将表面松散浮渣刷去，然后用压缩空气除去粉尘。

② 然后用丙酮或无水酒精擦拭表面，当用清水冲洗时，应充分干燥后方可进行下一道工序。

（4）底胶涂刷

① 按比例准确配制好底胶并搅拌均匀。

② 用滚筒均匀地将底胶涂抹在混凝土基面上，并自然风干。

③ 底胶硬化后，打磨凸起部分底胶，尽量使其平整。

（5）碳纤维布粘贴

① 粘贴碳纤维布时，以滚筒沿着纤维方向压挤碳纤维布，并多次滚压，使碳纤维布与浸渍树脂充分结合，对角隅处应向着角隅滚压，对拱起的部位要向相反的方向滚压，以去除气泡。

② 即时观察碳纤维布是否粘贴密实，若发现有间隙或气泡，应及时处理。

（6）罩面防护处理

① 粘贴完碳纤维布后，及时在其表面再次直接均匀涂抹一层浸渍树脂，自然风干。

② 在碳纤维布表面涂抹罩面胶或采取其他措施，以保证各层胶的耐久性。

7.4.3　桥梁加固实例

1. 桥梁概况

江苏某装配式空心板桥，板宽 1240mm，板厚 55mm。空心板混凝土 C40，桥面铺装

图 7-8　桥梁全景图

层采用 100mmC30 钢筋混凝土和 50mm 厚的沥青混凝土。桥面宽度为 24.5m，该桥全景图如图 7-8 所示。

2. 该桥出现的病害

（1）桥面混凝土铺装破损；

（2）铰缝损坏，已经形成单板受力；

（3）全桥各梁底从跨中位置起以 20～30cm 间隔出现横向裂缝；

（4）板底腐蚀、渗水严重；

（5）伸缩缝破坏已失效。

3. 病害原因分析

（1）桥面铺装坑槽病害

1）温度变化使得水泥混凝土和沥青混凝土结合面出现微小的局部裂缝和滑移。

2）沥青混凝土配合比设计及施工不当使得沥青混凝土出现局部松散。

3）雨水滞留于水泥混凝土和沥青混凝土结合面处，导致沥青铺装层在该处悬浮体出现松散并形成坑槽。

4）铰缝部分失效，铰缝周围的悬浮沥青混凝土失去支撑而破坏。

（2）横向裂缝病害分析

1）底板保护层厚度较薄。

2）铰缝构造剪力传递功能部分失效后，荷载横向分布不均程度增大，致使单板受力过大，使板底裂缝宽度进一步增大。

3）混凝土早期强度低及吊装不当。

该桥不仅板底裂缝较为严重，且铰缝也已损坏，根据该桥的主要病害，应对该桥裂缝进行主动封闭，同时增强桥梁的横向整体性，以达到恢复该桥承载力的目的。具体加固方法如下：

① 铰缝病害处理

对铰缝脱落、混凝土空洞等采用压力注胶法进行补强，灌浆料采用 M50 环氧砂浆材料。若铰缝破损严重，应清理铰缝，补强钢筋并重新浇筑 C30 小石子膨胀型混凝土，同时，应在铰缝间填塞楔形钢板。铰缝处理的目的是填塞铰缝空隙，增强铰缝抗剪强度，同时为横向张拉提供支撑。铰缝处理图见图 7-9。

② 渗水，腐蚀处理

先对腐蚀部位进行打磨，直至完全露出新面。然后压缩空气除去粉尘，待完全干燥后用脱脂棉沾丙酮擦拭表面清洁。最后用 AC 混凝土对腐蚀部位进行修补。

③ 板底裂缝修补

a. 将混凝土构件表面的残缺、破损部分清除干净，达到结构密实部位，使其表面平整。

b. 对经剔凿、清除和露筋的构件残缺部分，用环氧砂浆进行修补、复原，达到表面平整。

c. 裂缝部位，宽度小于 0.20mm 的裂缝，用环氧树脂进行表面涂抹封闭；大于

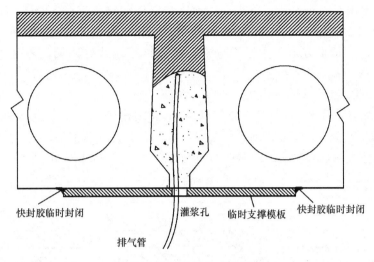

快封胶临时封闭　　　　　　灌浆孔　临时支撑模板　　快封胶临时封闭

排气管

图 7-9　铰缝注浆处理示意图

0.20mm 的裂缝用裂缝胶灌缝。

④ 设置纵、横向预应力碳纤维板。

纵、横向预应力加固空心板桥技术不仅能较大增强空心板桥横向整体性，对空心板桥单板受力问题可有效处治；同时，纵向预应力能够自动封闭板底横向细密裂缝、并抑制裂缝的进一步发展。而且，碳纤维板预应力加固桥梁对桥梁的破坏较小，基本不影响加固后桥梁的常规检查，桥检人员可及时的发现桥梁以后出现的病害。另外，预应力碳纤维板加固的桥梁，再次加固较为方便，不仅可以采取更换部分碳纤维板措施，也可以在该次加固基础上另行结合别的加固方法进行加固，而碳纤维板加固则不会严重影响再次加固施工。每块空心板设置一根纵向碳纤维板，横向设置 7 根横向碳纤维板。加固示意图如图 7-10所示。

⑤ 更换桥面铺装为钢纤维桥面铺装。

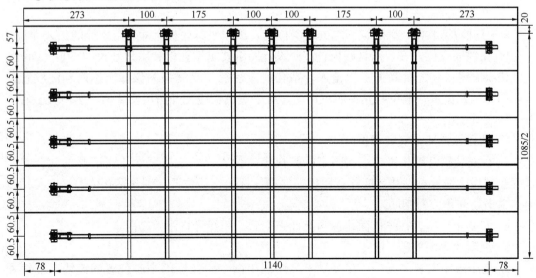

图 7-10　预应力碳纤维板加固桥梁 1/2 平面图

桥面铺装采用 C40 钢纤维混凝土，桥面铺装钢筋网钢筋直径 12mm，间距为 100mm×100mm，为保证钢筋网安装位置的准确，混凝土施工时钢筋网片不沉底，采用焊接撑筋固定钢筋网，且每平方米不少于 6 个点。两层钢筋网片之间要设置足够数量的定位支撑。

⑥ 更换原伸缩缝位 TST 伸缩缝。

更换原伸缩缝位 TST 伸缩缝主要步骤为 a. 切割槽口；b. 安装锚固钢筋；c. 清洗、烘干；d. 填海绵胶条；e. 涂刷 TST 专用粘合剂；f. 安装跨缝钢板；g. 主层施工；h. 表层施工；i. 修整边缘，开放交通。TST 伸缩缝施工图如图 7-11 所示。

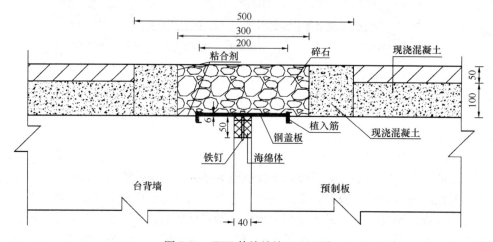

图 7-11　TST 伸缩缝施工立面图

（3）梁桥预应力碳纤维板加固关键工艺施工方法

预应力碳纤维板施工工艺主要为：①钻孔、植筋，安装锚固块（锚固基座、锚固钢板）；②混凝土表面处理；③碳纤维板现场下料、夹持；④碳纤维板安装、预应力张拉、粘贴；⑤锚具及锚固区防护；⑥施工安全及注意事项。各项具体施工工艺表述如下：

① 安装锚固端底板

a. 通过现场放样，确定锚固端的准确位置，根据锚具底板尺寸确定螺栓的植入孔位。

b. 在锚固点位置安装锚具底板，按照设计图纸要求钻孔，利用型号为 NJ500－DK 的高强快凝有机胶将配套高强锚栓植入。钻孔前应注意用钢筋探测仪标出钢筋和波纹管位置，调整钻孔位置，避免钻孔损伤主钢筋。对梁底底板应先开凿出安装槽，然后安装底板嵌入到混凝土中。

② 钻孔、植筋，安装张拉座

a. 在安装碳纤维板张拉端和固定端张拉座的位置，一般按照设计图纸要求钻孔并植入配套高强度锚栓，钻孔前应注意用钢筋探测仪标出钢筋位置，调整钻孔位置，避免钻孔损伤主钢筋和预应力钢筋；

b. 安装张拉座。在螺栓固化达到设计强度后，用螺母将张拉座固定。

③ 混凝土表面处理

a. 在张拉座安装完成后，在混凝土表面划出两个张拉座的中心位置的连线，连线左右各 30mm 范围内为预应力碳纤维板粘贴位置，对这些粘贴位置的混凝土表面进行修补、打磨、找平、清洁等表面处理；

b. 根据碳纤维板粘贴位置附近确定卡板位置及卡板植筋位置。在卡板植筋位置应注意避开并避免损伤主钢筋和预应力筋。

④ 碳纤维板现场下料、夹持

a. 根据张拉座的位置进一步复核碳纤维板的下料长度；

b. 根据下料长度截取碳纤维板；

c. 揭去碳纤维板两端的夹持长度内的防护薄膜，对于无防护薄膜的碳板须用丙酮将碳纤维板两面擦洗干净；

d. 配制专用快速粘结胶（特制），将其涂抹在碳纤维板夹持长度内的上下表面，然后放入波形夹具中，并迅速将波形齿夹具的夹持螺栓拧紧；

e. 将碳纤维板粘贴表面的防护薄膜揭去，对于无防护薄膜的碳板须用丙酮将纤维板粘贴表面擦洗干净，并涂抹碳纤维板粘结胶；同时在梁底混凝土的粘贴表面也涂抹相同的碳纤维板粘结胶。

⑤ 碳纤维板安装、预应力张拉、粘贴

a. 通过连接螺杆将两端已经被波形夹具夹持的碳纤维板安装在张拉座上；

b. 安装张拉系统，调校千斤顶；

c. 驱动千斤顶油泵，对碳纤维板进行预应力张拉，采用张拉力作为主要控制指标并确保误差在 6% 以内；

d. 待碳纤维板张拉完成后，拧紧后锚固螺母；

e. 拆下张拉设备、反力装置等；

f. 用卡板将碳纤维板紧贴混凝土表面，遇碳纤维板与混凝土表面仍有较大间隙的地方，应及时补充碳纤维板粘接胶进行填满。

⑥ 碳纤维板锚固夹持、拆除张拉座

a. 安装锚具上夹板。在锚具夹持面上涂抹快速粘结胶（特制），拧紧锚具夹持螺栓；

b. 松开张拉底座上的后锚固螺母，拆下张拉螺杆；

c. 拆除张拉底座。

7.5 BIM 在桥梁工程施工中的应用

7.5.1 基于 BIM 的施工模拟流程（图 7-12）

应用 BIM 技术可以提前对施工过程中的进度、成本、场地布置、物料计划、施工方案等内容提前进行模拟。比如施工前，可以将大型桥梁三维模型和进度计划关联，按照天、周等单位进行开展进度方案模拟，分析不同施工方案优劣性；也可以对项目重难点部位进行细致的可视化模拟，如材料供应计划，材料运输堆放、构件安装工序等施工方案优化，从而确定各种设施的空间关系和有关工作的进度情况。将桥梁的三维模型与相关施工方法有效结合，进行桥梁关键工序模拟。这个过程中，施工人员可以根据生动、直观的模拟过程，来进行有效的分析。比如分析复杂节点施工工序、预制吊装程序是否合理。一旦发现施工问题及时进行施工方案修正，并再对该工作进行模拟，直至施工前获得高效且可

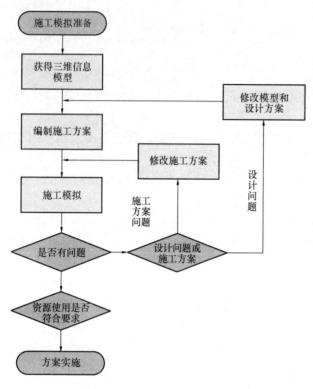

图 7-12　施工模拟实施流程

行的施工方案。

施工模拟主要是指从施工模拟团队成立到现场开工前完成的。运用 BIM 模拟软件 Navisworks 和 Revit 建立的模型，开展施工模拟。首先对设计成果进行进一步的碰撞检查，并将三维可视化的碰撞模型截图和碰撞报告放在 BIM 平台上，让其他参与方，尤其是设计方和施工方共享资料。各项目的参与方针对报告和三维模型的截图提出专业的整改建议，并反馈给 BIM 模拟小组。小组结合这些整改意见，判断施工模拟的结果反映的施工过程是否有问题。如没有问题，则进行计划进度和实际进度对比、资源使用量统计，判断进度、资源使用是否满足要求。若施工过程有问题，则需要设计方与施工方同 BIM 模拟小组一起判断问题的责任方，是设计方还是施工方。如是设计方案的原因，需要设计方根据专业的建议，对设计进行对应的优化，后续的施工方也需要依照修改后的设计方案进行调整。之后 BIM 模拟团队利用调整后的成果文件，再次执行施工模拟来判断修改后的设计方案和施工方案是否满足要求。若是施工方的原因，则需要施工方根据反馈的专业建议修改施工方案，并重新提交优化后的方案，施工模拟小组则根据新的方案再次进行一次模拟。依照模拟结果，汇总施工中各项资源消耗情况，进度实施情况，得出资源消耗汇总表和进度实施数据，与资源使用计划中资源情况和进度情况进行对比，若结果符合预期，则施工模拟结束。若不符合要求，则需要各个参与方一起来审核结果，判断到底是施工方还是设计方的原因导致的偏差，根据最终的反馈做出调整，重复上述的流程，直到施工模拟结果符合要求后结束施工模拟。

由于施工模拟需要反复进行，因此模拟的效率非常关键。为了提高效率，减少模拟过程中的错误，设计时就需要制定好建模要求，包括建模的深度要求，模型构件的命名规则，模型的颜色规范等。在能够满足 BIM 应用需求的基础上应尽量简化模型，提高模拟的效率。另外，编制施工进度计划时，项目分解后对应工作任务的名称要与模型构件集名称对应。这些规则可以保证模拟效率、结果的准确性以及最大可能地消除各参与方之间信息不对称的问题。另外，确定的建模要求保证了模拟过程中模型与进度计划的匹配，减少手动将进度计划与模型构件名称匹配的操作。

7.5.2 BIM 技术在施工阶段的应用

1. 基于 BIM 的进度管理

可用 Navisworks Manage 整合 Microsoft Project 生成的施工节点信息，Navisworks Manage 可以根据 Microsoft Project 生成的施工进度数据与 BIM 模型自动关联，从而使得每个模型的图元具有相应的时间信息，实现 3D 模型数据与时间信息的整合。具体做法：采用 Navisworks Manager、Microsoft Project 和 Autodesk Revit 软件工具组合进行 3D 模型建造和施工项目进度模拟，流程如图 7-13 所示。

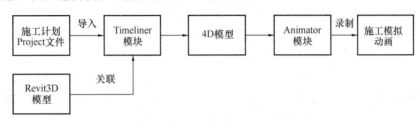

图 7-13　软件操作流程图

在项目计划创建后，需要继续跟踪项目进展。基于 BIM 的进度管理系统提供项目表格、网络图、进度曲线、四维模型等多种跟踪视图。项目表格以表格形式显示项目数据；项目的横道图以水平"横道图"格式显示项目数据和项目信息，以剖析表或直方图格式显示时间分摊项目数据；四维视图以三维模型的形式动态显示建筑物建造过程。4D 动态模拟形象地反映了施工过程以及相关各项数据的变化。通过对日期、工序的选择，更可直观展示当日、当前工序工程进展情况以及工程量变化情况。

其次，在计划实施阶段，在维护目标计划，更新进度信息的同时，需要不断地跟踪项目进展，对比计划与实际进度，分析进度信息，发现偏差和问题，通过采取相应的控制措施，解决已发生问题，并预防潜在问题。对里程碑控制点影响、关键路径以及计划与实际进度的对比分析。通过查看里程碑计划以及关键路径，并结合作业实际完成时间，可以查看并预测项目进度是否按照计划时间完成。关键路径分析，可以利用系统中横道视图或者网络视图进行。关于计划进度与时间进度的对比一般综合利用横道图对比、进度曲线对比、3D 模型对比完成。

2. 基于 BIM 技术的成本管理

传统的成本管理方式，主要是预算人员根据施工图纸算量，并套定额，计算工作量非常大。当实施工程变更时常会遇到变更算量困难，易漏量、不易追溯、无法及时确定相关工程量变化。难以精确计算、分析、汇总变更前后的工程量及预算成本变化程度。

对于 Revit、MagiCAD 等软件建立的三维模型，导入广联达 BIM5D 中，可以将中标合同清单、定额组价、分包合同费用与模型进行关联，在后续应用中，通过模型、流水段的划分将模型获取相关的合同清单、定额资源、分包合同费用等多方面的信息，实现合同成本信息与模型关联。

在项目过程中，处理向业主方的报量、审核分包工程量是合同管理过程中频繁发生的处理过程，期间涉及大量的现场完成情况的确认、工程量的统计及计算。利用 BIM5D 中记录的完成情况、现场签证情况，商务人员可以快速统计已完成部分的清单工程量，快速完成向甲方的进度款申请及分包工程量的审核，实现工程实体部分的收入、预算成本自动核算，并与实际成本进行对比分析，实现实时统计系统各项成本状态，为项目决策及时提供准确的数据。利用 Revit 完成的三维模型，广联达计价软件的计算模型工程量导入 Navisworks 平台中进行 5D 模拟可以大大减少工作量。根据定额模板和计划进度可以自动计算出预算成本；根据清单计价和实际进度则可计算实际费用，结合经费总额可以动态判断任意施工时间点的成本、费用及经费间的关系，绘制成本费用分析曲线。根据成本费用分析曲线，可以对超出经费、实际费用远高于预算成本等情况进行分析和预警，为成本管理提供定量依据，为项目决策及时提供准确的数据。

3. 基于 BIM 的施工场地管理

相对于一般建筑工程项目，桥梁工程项目所处的施工环境更加复杂，业主也可以通过 BIM 模型与施工方协同完成施工前期准备工作，包括甲乙方的材料、设备的采购、施工场地布置等工作。利用 BIM 模型，施工方将施工现场材料堆放和作业场地的规划信息、已经完工的桥梁建筑结构、设备基础的测量数据等数据编入 BIM 模型中，并根据现场情况定期更新。对修正并经过各设计单位、监理单位确定后的 BIM 模型作为办理设计变更的依据和现场施工的依据。由 BIM 模型导出的相关图纸，经监理确认后，作为各专业下单的依据。业主、施工方、设计方和监理通过上述方法实现对工程建设准备进行协同管理。

施工场地布置是按照施工进度计划、施工方案等资料，对拟建的建筑物、对应施工所需的各种设施和设备进行周密规划和合理布局，是施工准备工作的一项重要内容，也是实现安全、文明施工的重要前提。施工场地布置的内容有：所有地上、地下的已有和拟建构筑物、建筑物和管线的尺寸和位置；现场的运输道路垂直运输机械；各种加工厂房、库房及堆场；绿化区域、水电网络线路和照明设施、安全设施等。通过利用提供的 3D 场地实体模型库和一系列辅助工具，可进行各项施工准备阶段的场地布置，运输路径规划、夜间照明布置等工作。对于大型桥梁工程往往施工周期长，大量的施工作业区域及安全通道需要临时照明。若采用常规方法进行实际测试，再进行照明方案的优化及确定，将浪费较大人力、物力和时间。采用 BIM 技术进行模型创建，应用灯光模拟、分析软件，如 AutodeskEcotectAnalysis 软件，将目前市场的灯具模型置于相应区域。由于灯具的模型是各灯具制造商根据实际灯具参数提供的，所以模拟的灯具效果跟实际的灯光效果非常相近。通过对临时照明用不同类型、功率，不同排布间距、方位灯具的模拟，可以有效地得出模拟的效果图和光照强度的伪色图。参照相关照明设计规范，可以快捷、明确地得出模拟的灯具是否符合设计规范。

4. 基于 BIM 的质量安全管理

随着科技的发展，各种新的信息技术不断出现。大型桥梁工程的施工现场往往非常复杂，难于管理，将移动信息技术、航拍技术、VR 技术、现场机器人等数字化施工辅助技术引入桥梁工程施工中，有助于提高施工现场质量安全管理效率。例如，通过使用广联云服务，所有的项目成员都可以通过桌面终端、移动设备和网络界面查看项目信息，开展冲突检测、模型调整和现场验收校核等工作，从而使 BIM 技术贯穿从设计到施工的整个流程。在移动客户端完成问题标记、模型测量、现场记录、附件挂接等一系列工作。并将优化后模型导入云端，通过对比现场施工情况，确定实际工程进度，进行现场管理、验收校核等工作，最后将录入信息传递到桌面终端，并实现数据信息的协同共享。

通过 Revit 建立的三维实体模型导入 Navisworks Manage 中并于进度计划关联，进行施工模拟，可以将施工流程以三维模型及动画演示的方式直观、立体地展现出来，有利于项目经理向相关作业人员进行技术安全交底，尤其是对于特殊节点或施工难点部位的可视化技术安全交底。此过程中，作业人员可以更好地理解相关的施工技术、工艺、流程、安全问题和协作方式，从而降低实际施工时发生问题的可能性、提高管理人员的管理效率。

同时，可以利用 3D 打印技术，将施工难点部位的构件制作出来，并配合相应的模拟动画对工人进行培训，使其在施工开始之前充分地了解施工细节和顺序，减少后期施工错误。3D 打印一般用 STL 格式的 3d 文件，3D 打印机识别 STL 格式的文件，比如 3Dmax、CAD、SketchUp 等类似软件构建的文件。

练 习 题

1. 高性能混凝土的特性有哪些？
2. 高性能混凝土在公路工程中应用优势有哪些？
3. 高性能混凝土在桥梁工程中应用优势有哪些？
4. 改性沥青材料的特点是什么？
5. 路面改性沥青材料研究中存在的主要问题有哪些？
6. 路面改性沥青材料研究问题的解决措施有哪些？
7. 废弃材料的特殊地基处理方法有哪些？
8. 什么是沥青路面冷再生技术？
9. 什么是沥青路面微表处再造技术？
10. 沥青路面微表处的技术特点是什么？
11. 桥梁结构加固的新方法一般有哪些？

第8章 水 利 工 程

8.1 水利现代化概述

8.1.1 水利现代化发展趋势及思考

1. 水利建设概况

水是生命之源、生产之要、生态之基。而水利现代化是国家现代化发展进程中的产物，是保障国家现代化实现的重要组成部分。1949年新中国成立以来，我国水利建设取得了举世瞩目的成就，截至2011年，第一次全国水利普查报告显示：

水库。共有水库98002座，总库容9323.12亿 m^3。其中：已建水库97246座，总库容8104.10亿 m^3；在建水库756座，总库容1219.02亿 m^3。

水电站。共有水电站46758座，装机容量3.33亿 kW。其中：在规模以上水电站中，已建水电站20866座，装机容量2.17亿 kW；在建水电站1324座，装机容量1.10亿 kW。

水闸。过闸流量 $1m^3/s$ 及以上水闸268476座，橡胶坝2685座。其中：在规模以上水闸中，已建水闸96226座，在建水闸793座；分（泄）洪闸7919座，引（进）水闸10970座，节制闸55137座，排（退）水闸17198座，挡潮闸5795座。

堤防。堤防总长度为413679km。5级及以上堤防长度为275495km，其中：已建堤防长度为267532km，在建堤防长度为7963km。

泵站。共有泵站424451座。其中：在规模以上泵站中，已建泵站88365座，在建泵站698座。

农村供水。共有农村供水工程5887.46万处，其中：集中式供水工程92.25万处，分散式供水工程5795.21万处。农村供水工程总受益人口8.12亿人，其中：集中式供水工程受益人口5.49亿人，分散式供水工程受益人口2.63亿人。

塘坝窖池。共有塘坝456.51万处，总容积303.17亿 m^3；窖池689.31万处，总容积2.52亿 m^3。

灌溉面积。共有灌溉面积10.02亿亩，其中：耕地灌溉面积9.22亿亩，园林草地等非耕地灌溉面积0.80亿亩。

灌区建设。共有设计灌溉面积30万亩及以上的灌区456处，灌溉面积2.80亿亩。设计灌溉面积1万（含）～30万亩的灌区7316处，灌溉面积2.23亿亩；50（含）～1万亩的灌区205.82万处，灌溉面积3.42亿亩。

地下水取水井。共有地下水取水井9749万眼，地下水取水量共1084亿 m^3。

地下水水源地。共有地下水水源地1847处。

中国以占世界 6% 的淡水资源、9% 的耕地，解决了占全球 21% 人口的吃饭问题，保障了经济社会持续快速发展。

作为水利大省的江苏，江苏河网密布、湖泊众多，水资源和水问题突出，在水利建设方面也取得了令人瞩目的成绩。共建成水库 1079 座，水电站 39 座，过闸流量在 $1m^3/s$ 以上的水闸 33319 座，堤防总长度 55331.54km，泵站 88887 处，农村供水工程 112.04 万处，为江苏的社会经济发展做出了巨大贡献。

2. 水利现代化内涵

水利现代化也是全面建设小康社会和国家基本实现现代化的重要组成部分，是全面建设小康社会和基本实现现代化的基础、命脉和保障。人类在社会经济的不同发展阶段，对水利的要求是不同的。在社会生产力较低，物资相对贫乏的年代，人们的第一需求是发展生产力，解决温饱问题。因此要求水利建设要确保防洪安全，其次要满足社会生产发展对供水的需求。当社会的温饱问题基本解决，社会生产力已经能够满足人们生活的基本需求，人们有多余的财力用于其他消费时，便开始追求生活的舒适。其中首先被关注的就是生活空间的舒适，如居住空间、城市空间、休闲空间等，人们自然而然地会要求在水边有清洁、舒适的休闲娱乐空间。但往往事与愿违的是，由于社会生产、生活水平的提高，污染物排放量也大量增加，水域环境不断恶化。现实与期望的差距，人们对改善环境的呼声日益强烈，使决策者把保护水资源、保护水环境作为水利工作的重要内容。同时由于经济实力的增强，国家也有财力用于污染治理和水域环境的整治。

3. 水利现代化特点

水利现代化要坚持以人为本，运用先进的治水理念引领水利，运用先进的科学技术武装水利，运用现代化的信息手段和制度装备水利、管理水利。水利现代化的基本特征是：

1）科学的治水理念和思路；

2）安全可靠的防灾减灾能力和资源保障能力；

3）先进的技术装备和信息化管理手段；

4）依法管理和高效服务的现代管理理念；

5）高层次人才队伍和高素质职工队伍；

6）全社会共同推进的动态过程。

4. 水利现代化面临的主要问题

由于我国水资源时空分布严重不均，北旱南涝，资源性缺水与洪涝灾害并存，加之目前水环境破坏现象加剧，水土流失和水资源污染严重，我国水利保障水平明显偏低，水利发展已明显滞后，影响制约我国社会主义现代化建设。中国水问题已成为经济发展和社会进步的严重制约因素。具体为：

1）人口不断增长，水资源量日益短缺；

2）城市化处于快速发展期，供水需求将持续增长；

3）工业和城市化快速发展，污水排放量会大幅度增长；

4）粮食需求呈刚性增长，农业节水难度增加；

5）水利工程老化失修，保障能力下降；

6）水资源开发利用难度加大，供需矛盾仍十分突出；

7）市场经济不断完善，体制创新和培育水市场任重道远；

8）地区资源和经济水平差异悬殊，水是缩小差距的关键之一。

5. 水利现代化指导思想与任务

1）指导思想

《江苏水利现代化规划（2011—2020）》提到，江苏省水利现代化的指导思想是：深入贯彻落实科学发展观，全面落实中央《关于加快水利改革发展的决定》、省委省政府《关于加快水利改革发展推进水利现代化建设的意见》，紧紧围绕"两个率先"战略目标，坚持以人为本、人水和谐的治水理念，以积极推进水利现代化建设为主题，以加快转变水利发展方式为主线，以改革创新为动力，更加注重水安全、水资源、水环境统筹，更加注重大中小工程配套，更加注重城乡水利协调，更加注重工程措施和非工程措施结合，加强基础设施建设，突出科学管理，强化依法行政，不断提高水利的防洪保安、水资源保障、水生态保护和服务民生能力，率先走出一条具有江苏特色的水利现代化道路，为江苏基本实现现代化奠定坚实的水利支撑保障。

2）基本原则

坚持科学治水、以人为本。遵循水的自然规律和经济社会发展规律，正确处理人与自然、人和水的关系，合理开发、优化配置、全面节约、有效保护、高效利用水资源。着力解决人民群众最关心、最直接、最现实的水利问题，大力发展民生水利，让人民群众得益受惠。

坚持适度超前、跨越发展。根据全国水利现代化试点要求，与江苏经济社会基本现代化建设目标相衔接，依托流域重点水利工程建设、区域重大基础设施建设，因势利导，适度超前，解决好水利发展中的热点、难题，创新水利发展模式，实现水利改革重大突破，为全国水利现代化发展提供示范。

坚持统筹兼顾、建管并重。兼顾全面和重点、当前和长远、需要和可能，实行防洪除涝抗旱并举、开源节流保护并重、建设管理改革并进，促进流域与区域、农村与城市水利协调发展，实现经济效益、社会效益和生态效益有机统一，充分发挥水利综合效益。

坚持因地制宜、突出重点。依据各地经济社会状况、自然地理条件和水利发展特点，因地制宜，分地区、分领域合理确定现代化建设目标、任务和措施，充分考虑与防洪安全、供水安全和生态环境安全等与民生密切相关的发展任务，科学安排水利现代化建设进程。

坚持改革创新、依法管水。加强水利重点领域和关键环节改革攻坚，破除制约水利发展的体制机制障碍，着力构建充满活力、富有成效、更加开放、有利于科学发展的水利体制机制。坚持依法治水，强化依法行政，推进水利综合执法，着力提高水利公共服务能力。

3）主要任务

一是建成标准较高、协调配套的防洪减灾工程体系。实现防汛调度指挥决策科学化、应急处置规范化、防汛抢险专业化。通过科学调度和社会化管理，提高水利工程体系的洪水调控能力和安全保障能力，有效防御设计标准以内的洪涝，遇超标准洪涝保护大面积地区和重点防护对象的安全，最大限度减轻灾害损失，保障人民生命财产安全和全省经济社会发展大局稳定。

二是建成优化配置、高效利用的水资源保障体系。基本建立最严格的水资源管理制度，形成较完善的跨流域、跨区域水资源配置网络，建成与经济社会发展水平和水资源承载能力相适应的节水型社会，水资源利用效率达到中等发达国家水平，城乡供水安全基本保障。一般干旱年份全省生活、生产用水基本不受影响，特殊干旱年份城乡居民饮用水和重点行业用水有保障。

三是建成有效控制、河湖健康的水生态保护体系。建立水功能区限制纳污制度和水域占用补偿制度，实现水工程水量水质优化调度，增强河湖水系联通性和流动性，重点河湖水质逐步改善、生态逐步修复，水域面积率稳中有升，水土流失有效治理，地下水超采有效控制，水环境优美和谐。

四是建成标准较高、协调配套的排灌工程体系。建设引排顺畅、生态良好的农村河网体系，水质达标、水量保证的农村饮水安全保证体系以及职能明确、服务到位的基层水利服务体系，保障农业现代化和新农村建设的水利需求，改善农民生产生活条件，实现农村水利基本现代化。

五是建成依法治水、管理规范的水工程管理服务体系。进一步改革水管理体制与机制，提高水利管理水平和服务能力。实施最严格的水资源管理制度，提高水资源综合管理能力和水平，促进水务一体化发展。强化水利工程建设项目管理制度建设，改革公益性水利工程建设管理模式。

六是建成综合配套、保障有力的政策法规支撑体系。加强制度创新，建立稳定的水利建设、工程良性运行、水利事业发展的投入增长机制，完善的水法规体系和水利综合执法体系，为水利现代化建设提供强有力的资金和法制保障。加强科技创新，以水利信息化引领和促进水利现代化。建设高素质水利人才队伍，为水利现代化建设提供强有力的科技和人力资源保障。建设具有现代气息和水乡特色的江苏现代水文化。

4）建设内容

① 建成"六大体系"，即：

标准较高、协调配套的防洪减灾工程体系；

优化配置、高效利用的水资源保障体系；

有效控制、河湖健康的水生态保护体系；

功能齐全、长效管护的农村水利工程体系；

依法治水、管理规范的水工程管理服务体系；

综合配套、保障有力的政策法规支撑体系。

② 实施八项工程：流域骨干工程、南水北调工程、区域百河治理工程、沿海及丘陵山区供水工程、重要河湖水生态环境治理工程、城市水利工程、农村水利工程、江苏金水工程。

③ 强化四线管理：用水总量控制红线、用水效率控制红线、纳污总量控制红线、河道管理"蓝线"。

④ 推进四项改革：水资源管理体制改革、水利工程建设管理体制改革、水利工程管理体制改革、水资源费与水价改革。

⑤ 夯实四个保障：法制保障、投入保障、人才保障、科技保障。

8.1.2 新技术在水利工程中的应用

水利工程是推动农业和经济发展的重要部分，为了实现水利工程施工的质量和效率的提升，需要科学的对施工技术进行控制和管理。并科学的对施工新技术进行应用，使得水利工程的施工效率和组织管理质量得到有效的提升，促使水利工程项目可以满足农业生产和经济发展的基本需求。

与其他施工工程相比，水利施工的特点比较明显。其主要表现是很容易受到各种不同施工环境的影响和制约。水利工程施工一般都是位于河流沿线或者是海洋沿线上，这些地区充沛的水资源很容易给水利施工过程带来影响。其中还有一部分的水利施工场地自然环境复杂，直接导致在施工的过程中面临施工基础结构不稳的现象。这些客观存在的原因使得施工单位在进行施工之前需要做足大量的功课，施工的沿线需要进行勘测，只有这样才能有效地保证施工地基的合理性与安全性。

水利施工的目的在于进行相应地区的防洪、灌溉等。因此，这些功能也给水利工程的施工带来了更高难度的技术方面的要求，施工工程应该不断地尝试使用新技术，进而提升施工工程的整体功效。特别是对于一些大型的水利施工工程而言，其修建程度的好坏直接影响着当地社会经济的发展。由于水利工程施工过程中，会需要设置很多的库区，而库区的安全一旦受到威胁，就会直接地影响下游人们的安全。

此外，大型水利工程施工时，还常常会设置一些截流区域对原有的河流流向进行一定的改变，这种导向的过程如果任何环节出现问题，都会使得整个的施工工程的效果大打折扣。因此，在进行水利工程施工的过程中应用新科技新技术能够给予施工质量有效的保障，还能够使得施工质量得到很大程度的提升，降低各类安全隐患的发生，提高水利工程的施工效率，并最大限度地降低施工对周边环境的影响，促使水利工程可以满足生态、绿色、环保的需求。

例如混凝土施工新技术、围堰技术以及防水毯施工技术等，以下列举出的就是比较突出的几种新技术。

（1）混凝土施工新技术在水利施工中的应用

首先，堆石混凝土技术的应用。由于自密实混凝土具有高流动、抗分离性能好等优点，这些优点使得在进行堆石混凝土的施工过程中颗粒比较大的块石能够进行自行的填充，从而使得形成混凝土堆石体。这种混凝土的新技术具有使用水泥量少、水化温升小、造价成本较低等特点，因此，在筑坝的时候受到了普遍的欢迎。

其次，变态混凝土技术的应用。变态混凝土指的是将适量的水泥灰浆与碾压混凝土进行充分的搅拌，使得变态混凝土总量的 $4\%\sim7\%$ 之间具有可振性，随后将振捣器插入进行振动，进而使得混凝土形成常规状。这种变态混凝土的技术是我国独创的一种混凝土施工新技术，其具有施工速度快、水泥用量少、造价成本低、坍落度为零等很多优点。

最后，绿化混凝土施工技术的应用。这种混凝土施工的新技术将混凝土的防护功能与植物的生态型的功能进行了有效的结合，其主要的施工过程是通过制作一些不规则的孔径使得植物的根系穿过混凝土，以增强混凝土的防护性。同时还可以利用一些盐碱改良剂改善混凝土的盐碱性，进而使得其利于植物的生长。这种绿化混凝土施工使得施工工程与生态功能有效地结合起来，进而使得混凝土具有很好的透气性，并且使得混凝土建筑的构件具有很大的抗冲击能力。这些施工优势大大地提升了水利施工工程的抗洪能力，降低了工程造价，使得环境效益与经济效益得到了很好的融合。

（2）围堰技术在水利工程施工中的应用

围堰技术是指在水利工程施工中，为了保证在干地开展水利工程的建造，而修建的一种临时性的水利工程保护工程。在水利工程中修建围堰的主要目的是防止水和土进入水利工程建筑物的修建位置，以方便围堰内的排水、基坑的开挖和建筑物的修建。围堰主要用于水利工程建筑中，围堰除了作为建筑物的一部分外，通常情况下在水利工程完成后便会拆除。在实际水利工程建设中，由于施工的自然条件、所建筑的水利工程项目都不可能相同，所以决定了采用的围堰种类也不尽相同，根据实际的施工情况，一般按材料的性质划分，有混凝土围堰、木板桩围堰、土石围堰、管柱围堰、钢围堰、木笼围堰等多种，随着科技的进步，越来越多的新材料应用到水利工程施工中，采用新工艺新材料的围堰也逐渐应用到施工中。

水利工程中围堰技术的应用最为核心的要点就是对于导流的控制，加强其导流的效果也就能够在较大程度上提升其围堰的水平，进而为具体的施工创造良好的条件。在围堰修建之前，应该充分关注水利工程施工现场中的一些水流状况，进而才能够尽可能的依据相关的水流状况来提升其围堰的效果。随着水利工程中水下施工操作的不断增加，围堰技术的重要性也得到了进一步的体现。

新型围堰中的浮式拱围堰施工技术，是在不放空水库的情况下将拱围堰先围住一部分坝面，创造"干作业"环境进行修补，施工完成后，将拱围堰空腔内的水排出，拱围堰自动升起漂浮在水中，用拖轮牵引到下一个施工单元，充水、下沉、就位、止水和抽干围堰内的积水，又创造出另一个"干作业"环境进行施工。针对满台城大坝冻融破坏最严重部位，建造一空心半圆钢筒围堰。

另一种轻型围堰即钢板桩围堰是将钢板打入河床之中，在钢板之间填土形成围堰。适用于流速大、水比较深的河道之中。

小型围堰技术：小型围堰可以综合考虑新的施工工艺，即围堰体由上下两个部分组成，下部直接采用绞吸式挖泥船吹填的砂砾石，上部采用人工或机械将吹填的砂砾石备用料运至堰体顶部；吹填用的围堰子堤采用编织袋装砂砾石填筑；防冲采用编织袋装砂砾石和工程拆除的碴石铺砌；防渗采用黏土心墙。

由于围堰子堤所承受的水头差极小，故其所需的断面较小，工程量小，且采用编织袋装河滩上的砂砾石填筑，不用挖毁耕地，能较好地保护生态环境。围堰体采用绞吸式挖泥船吹填，施工进度很快，且挖泥船可停靠在需要疏浚的河道处，可直接疏浚河道。防渗采用黏土心墙，能较好地解决渗漏和渗透稳定问题。因此新型围堰具有显著的经济效益和社会效益。

组合式围堰：在某大桥边主墩承台施工，采用了一种双壁钢围堰和吹砂围堰相结合的新型组合围堰施工技术，在水位有明显季节性变化的河流中进行建筑物施工比较合适。该工程实例表明，采用该项施工技术，节约了施工投入，达到降本增效的目的，加快了施工进度，且便于质量控制。

（3）新型防渗技术在水利工程施工中的应用

防渗墙技术。防渗墙是在修建水利工程或者是有渗漏情况建筑物时有效防止地下水渗漏的重要手段，它在水利工程、地铁站和房建等基础处理领域应用广泛。防渗墙的设计首先要保证渗透系数最低值，其次要注意控制墙体建设，墙体厚度要小，最后要具有较好的持久性和柔韧性。防渗墙施工工艺多样，各有特点，可以根据工程的需求采取不同方法。一般有以下几种：多头深层搅拌水泥土成墙是利用多头深层搅拌桩机一次多探头钻入，将水泥浆与土体本身搅拌混合，最终凝结成水泥土桩，再把桩与桩之间相互搭接最终形成水泥土防渗墙。链斗法主要是利用链斗式开槽机及其排桩上的旋转链斗移置土，并将排桩下放置成墙需要的深度。同时，开槽机开挖沟槽，进行泥浆护壁。薄型抓斗法采用薄型抓斗挖土开槽，用泥浆护壁，从而形成浇筑塑性混凝土或者用自凝灰形成的薄壁防渗墙。射水法成墙则是利用造孔机成型器内喷嘴，射出高速水流切割土层，成型器上下运动切割修整孔壁，用泥浆护壁，循环出渣。槽孔形成后，浇筑水下混凝土或塑性混凝土，形成薄壁防渗墙。

灌浆防渗技术。灌浆防渗技术是将浆液压送到建筑物的地基裂缝或者是断层土孔隙中，灌浆可以对被灌地层或者建筑物的抗渗性以及整体性进行改善，对地基条件进行改变。在水利工程施工中，比较常用的施工方法主要有以下两种：①高压喷射灌浆防渗方法，其将高压水泥浆液射入被冲击破坏的地层中，使水泥浆液和被灌地层土粒进行掺和，形成固结体，能够起到很好的防渗作用。②土坝坝体劈裂式灌浆方法，利用一定的灌浆压力，将坝体的轴线方向劈裂，同时，灌注合适的泥浆，这样能够形成连续的防渗泥墙，对漏洞裂缝进行堵塞，对坝体的防渗能力也能进行提高，使坝体更加具有稳定性。

（4）金属结构安装新技术在水利施工中的应用

金属结构安装的新技术在水利施工的应用包括两个方面：其一为永久性的船闸"人"字门的安装；其二为压力钢管的全位置自动焊接。其前者主要是通过在水利枢纽的下部位置安装"人"字门的方式，将基座插件、二期混凝土放在之后进行的一种施工新技术。而后者则主要是将国内和国外的施工焊接原理进行有效结合后，研制出的一种新型的压力钢管施工新技术。这两种金属结构安装的新技术都大大地减少了传统水利施工过程中的技术难关，提升了水利施工工程的工作效率。

（5）生物砌块新技术在水利施工中的应用

水利工程施工中，生物砌块技术也是一种全新的施工技术。生物砌块技术主要是使用无砂混凝土进行相应的施工工程。生物砌块是沿着施工的湖周边砌孔，这样不但能够吸收水体中的各种微生物，又能够为水体中的生物创造良好的生长环境。特别是对于一些生态环境比较恶劣的地区而言，城市的江河河流本身的污染就比较严重，这时采用生物砌块技术能够对环境带来很良性的影响。换句话说，生物砌块技术能够有效改善环境，是现如今最前沿的一种水利工程施工新技术。

（6）振冲技术在水利施工中的应用

水利工程施工中，振冲技术也是一种全新的技术形式。其主要是通过起重机吊起振冲器，并利用潜水电机让偏心块运行，进而使得振冲器发生高频振动。借助这种高频振动，让水流通过高压水泵射出，在振冲作用下，振冲器沉降入土。这个环节经过多次后，形成大直径的负荷地基。在这种振冲技术中，建筑物及承担物的负荷由地基中的石桩和振密共同承担。因此，经过振冲技术后，地基的承载能力得到大幅度提升，沉降的不均匀性得到很大的缓解。振冲技术能够有效降低水利工程的总体价格，节约成本，且操作简单便捷，在具体的使用中十分受欢迎。

我国的水利工程建设在近些年取得了极大进展，其诸多方面都有了长足发展，但在目前的社会环境下，仍然有许多有待完善的地方。随着科技的发展，水利工程施工的新技术也不断涌现，并在我国的水利工程建设中发挥了极其重要的作用。具体的施工单位要看到新技术在水利施工中的重要性，最大限度地合理利用新技术，进而提高水利施工质量，缩小与国外的差距。新技术的广泛运用是需要一定时间的，施工单位要熟悉新技术的施工原理，掌握新技术的施工过程，进而改善水利施工质量，促使我国的水利工程建设不断进步。

8.1.3 新工艺在水利工程中的应用

我国为提高水利工程的质量，使其能够长期的为人们服务，在水利工程施工中采用新技术新工艺对水利工程的具体的部位进行优化处理，整个水利工程的质量将有很大的提高。近年来，在很多工程项目中，水利工作者不断开拓创新，总结出多个新技术、新工艺运用到施工中，解决了工程施工中的局限性，节约了能源，提高了工作效率。如：板式导流法、防水毯防水施工、生物砌块技术、长距离输水系统水利过渡过程计算、绿化混凝土、人工湿地技术等。这些技术工艺的出现节约了资源，降低了工程成本，缩短了施工工期，提高了经济效益，树立了"人与自然同在，工程建设与环境保护相结合"的现代水利施工理念。

8.1.4 新材料在水利行业的应用

随着水利水电工程的日益扩大，新材料的应用越来越普遍，近年来由于材料的施工工艺和化学工业的发展，为水利水电工程应用新材料、新工艺提供了广阔前景。目前，各种各样的新材料、新设备出现于市面中，在很大程度上保证了水利工程的建设质量，而土工合成材料是水利工程建设中最基本的施工材料，在其施工过程中发挥着重要的作用。

（1）新型水工混凝土修补材料：国外不少资料介绍采用弹性聚氨酯、氯丁橡胶、氯磺化聚乙烯等来处理混凝土的裂缝。另外，对磨损和气蚀破坏的混凝土，对受冻融破坏部位的混凝土，也可用高分子材料进行补强。高分子材料还可用于堵漏止水、水下修补等方面。

（2）高分子化学灌浆材料，有丙烯酰胺，聚氨酯、环氧树脂、甲基丙烯酸甲酯、木质素、尿醛树脂、糠醛树脂等众多配方，分别适用于防渗、加固、堵漏等不同情况。我国在实际工程中都已试用，并取得了较好成熟的经验。而且在材料改性方面有所进展。主要是使黏度和高强度统一起来，用于加固基岩和混凝土的细微裂缝；降低或消除毒性，避免污染环境，解决某些高强度材料的低温和水下固化问题；降低成本、开拓料源等方面。

（3）塑料膜防渗作为防渗材料应用的塑料薄膜材料有聚氯乙烯、聚乙烯、聚酰胺等。为了减缓塑料薄膜老化速度，永久性渠道多采用埋藏式铺设。还可用塑料膜作土石坝的隔水心墙和斜墙。

（4）土工编织物。其材料主要有聚丙烯、聚乙烯、聚酯和聚酰胺等。就其制造工艺而言，有编织型和无纺型两种。可作反滤层代替天然的砂砾滤料；作为排水体代替天然的粗粒料；铺于两种土料之间，作为分隔层，防止相互混杂；也可作为加筋土的加筋材料。由于化纤织物具有施工方便、经济便宜、透水性好、强度高、组织均匀、抗腐蚀性好等优点，在欧美各国得到广泛应用。我国有关部门对有机编织物也进行了初步研究。

（5）暗管排水工程中高分子材料的应用：1）塑料管；2）塑料砂浆滤管。

（6）用高分子材料制造塑料滴灌设备。塑料滴灌设备的优点是：滴灌工程设备投资少，无锈蚀，施工安装方便，管道能适应地形和布置的需要而弯曲，运行可靠。

（7）用聚氯乙烯胶泥作渠道混凝土衬砌的接缝和渡槽的接缝填料，能适应变形，且粘结力强，防渗性能好，价格便宜。总之，水利水电建设必须大力加强对新材料的研究、应用，以节约能源，保证质量，降低造价，提高施工速度。

下面以土工合成材料为例加以详细说明。

① 土工合成材料的含义及使用范围

随着科技水平的不断提高，相关研究者将各种不同的化学材料进行综合，研制出了土工合成材料，并将其应用在岩土工程中。土工合成材料中的原材料主要包括塑料、纤维、橡胶等，将这些直接放置在土质结构中，可以对土质结构起到一定的保护作用。因其效果好，因此受到业界人士的广泛关注，在扩大其适用范围的同时还不断改革，研制出土工膜、土工织物以及土工复合材料等。这些材料因具有施工简便、耐腐蚀能力好、自重轻、性能好、成本低、强度高等优点而被广泛应用在水利工程的建设当中。

目前社会经济的发展对各项工程项目提出了更高的要求，工程项目在建设过程中，其质量与施工技术都受到了人们的广泛关注。现阶段，由于人们对于工程的施工质量提出了更高的要求，施工人员也开始将土工合成材料应用在其施工当中，从而有效地提高工程的施工质量。在水利工程基础施工中，施工人员一般会将在坝体结构、防渗墙结构等部位应用土工合成材料，这样可以有效地提高坝体结构的抗渗性能，并且因其施工简便、成本低，使水利工程在建设过程中达到了节能环保的要求，顺应了当前社会的发展要求。正是因为土工合成材料比其他材料更具有优势，因此在现代化水利工程建设中得到了广泛的应用。

农业是我国的第一产业，在改革开放初期，为了促进农业的发展，降低洪涝灾害对农业的影响，各地纷纷建立起水利工程，然而由于受到当时条件的限制，人们根本不能够使用一些先进的技术与材料进行施工，这就导致水利工程在应用过程中无法充分发挥其工作，存在着渗漏等各种安全隐患。因此在现代化社会发展中，为了提高水利工程的整体性与抗渗性能，国家已明令禁止使用违规材料，在水利工程建设中通过使用优质的材料来提高水利工程的施工质量，使其充分发挥功能。

② 土工合成材料的施工技术

土工合成材料作为一种新型材料体系在岩土工程施工中得到了广泛的应用，在水利工程建设中，土工合成材料具有非常重要的作用，施工人员不仅将该材料应用在基础结构当中，还会将其应用在主体结构施工当中。并且在应用该材料之前，设计者必须要根据工程的实际情况进行合理的计算，这样才能够保证其施工质量。在现代化水利工程建设当中，施工人员一般会将土工合成材料应用在防渗墙当中。

坡面铺膜防渗：当前，土工合成材料在工程中的应用最常见的也就是在坡面进行铺设，在其施工过程中，施工技术的选择与施工体系的建立是最为关键的模式。就当前的水利工程施工而言，其多数工程项目都是以土石坝为主的坝体结构模式，这种施工方式的选用对于整个工程的施工而言极为关键，同时在施工的过程中还需要对焊接工艺进行系统控制。焊接技术的应用直接决定着焊接工程质量，同时也决定着整个工程的施工效益要求。因此，在施工的过程中复合土工膜的施工极为关键和重要。

堤身削坡与堤脚开挖：堤身削坡和堤脚开挖可采用人工配合机械施工，堤身按设计要求进行削坡，使其坡度达到设计标准，削坡后仔细清面，尽可能将坡面清理干净，整体上满足平整度要求，堤身堤顶分别开挖止滑槽。堤脚基础按设计断面开挖，达到相对不透水层后再向下开挖1米，宽1米深的沟槽，并清理开挖断面，同时做好基坑排水及基坑边坡稳定工作。

施工铺设复合土工膜：在进行坝体土工膜铺设时，可以是顺坝轴方向铺设，最好是垂直坝轴线铺设。但是为了减少焊缝的长度，通常采用顺坝坡铺方案。对于高坝来讲，土工膜铺设通常采用坝上部分垂直坝轴线来铺设，不但能满足应力最小要求，也能满足焊缝少的特点；坝底可采用顺坝铺设，以减少焊缝。复合土工膜铺设时，要按设计及规范要求，从堤顶铺到坡底基槽，并埋入相对不透水层。铺设完毕后，应尽快回填堤脚和上部护坡，以避免开挖断面局部土质差而产生滑坡，铺膜时，注意张弛适度，避免应力集中和人为损伤，要求土工膜与地基结合面务必吻合平整，切不可有上、下游方向凸出的褶皱。

③ 防渗土工合成材料在工程施工中常出现的问题

防渗土工合成材料在工程施工中经常出现的问题有：经常遭受石块或其他尖棱物的穿刺破坏；薄膜受到下层气体或液体的顶部产生应力集中导致破坏；铺设在支撑土与混凝土面板之间的土工薄膜由于受到温度、重力、土体位移、浪击和水位变化等因素的影响，可能引起界面滑动，使土工薄膜产生过度拉伸、撕裂或擦伤；在斜面上用土或混凝土面板保护土工薄膜，当水位骤降时，土体中的孔隙水压力和库水位失去平衡而造成失稳滑动。只要按照施工规范和施工组织设计施工，确保施工质量，就可避免或减少类似问题的出现。

土工合成材料是一种新型的岩土工程材料，是以合成纤维、塑料、合成橡胶等聚合物以及玻璃纤维为原料制成的各种类型产品，置于土体表层或各层土体之间，起到保护或加强土体的作用。土工合成材料可分为土工织物、土工膜、土工复合材料和土工特种材料等类型。近年来被广泛应用于各类岩土工程，特别是在水利防渗工程中得到广泛应用。

8.2 水利信息化

8.2.1 水利信息化的基本概念与架构

信息化是当今世界经济和社会发展的大趋势，也是我国产业优化升级和实现工业化、现代化的关键环节。水利信息化就是指充分利用现代信息技术，深入开发和广泛利用水利信息资源，包括水利信息的采集、传输、存储、处理和服务，全面提升水利事业活动效率和效能的历史过程。

水利信息化可以提高信息采集、传输的时效性和自动化水平，是水利现代化的基础和重要标志。为适应国家信息化建设、信息技术发展趋势、流域和区域管理的要求，大力推进水利信息化的进程，全面提高水利工作科技含量，是保障水利与国民经济发展相适应的必然选择。水利信息化的目的是提高水利为国民经济和社会发展提供服务的水平与能力。

水利信息化建设要在国家信息化建设方针指导下，适应水利为全面建设小康社会服务的新形势，以提高水利管理与服务水平为目标，以推进水利行政管理和服务电子化、开发利用水利信息资源为中心内容，立足应用，着眼发展，务实创新，服务社会，保障水利事业的可持续发展。

通常水利部门应当及时向社会提供有价值的水文水利信息，包括雨情信息、汛旱灾情信息、水质水量信息、水利工程信息等。这些信息资源可以直接为政府及水利行政决策部门进行防洪抗旱、水资源的开发利用以及水资源的管理决策提供支持。各类水库、水利枢纽是水利行业的重要管理节点，水库、水利枢纽的信息化建设是水利信息化的重要基础之一。水库、水利枢纽信息化建设要从全局的高度规划枢纽的组织机构、业务流程、人财物资源，要设计建设具有开放性的信息化集成平台，实现信息共享和业务流程优化，提高枢纽管理水平、运行调度水平、装备自动化水平、防洪抗旱调度决策水平，使水利枢纽技术水平和管理水平得到提升。

水利信息化的首要任务是在全国水利业务中广泛应用现代信息技术，建设水利信息基础设施，解决水利信息资源不足和有限资源共享困难等突出问题，提高防汛减灾、水资源优化配置、水利工程建设管理、水土保持、水质监测、农村水利水电和水利政务等水利业务中信息技术应用的整体水平，带动水利现代化。

而水利工程信息化系统的发展趋势是向全分散式系统方向发展，并与计算机技术、网络技术和通信新技术紧密结合，未来的发展主要表现在以下几个方面。

①系统结构方面：随着面向对象设计思想的深入以及设备的整体化设计，系统结构将向部分分散式或全分散式发展。随着加工工艺和科技的进步，仪器、仪表将向小型化、集成化、智能化发展。

②通信方面：随着网络技术和通信技术的不断发展，特别是物联网技术的快速发展，使得多种设备接入网络成为可能。

③用户系统方面：随着组态技术的不断成熟，监控系统将不断地向"无人值班，少人值守"运行模式发展，随着面向组件开发技术的成熟以及 Silverlight 的富互联网应用（RIA）的发展，使得开发基于 Web 方式的远程监控和管理系统成为现实，如虚拟会议系统、监控系统、机器人远程控制系统等。

水利信息化系统采用图 8-1 所示的系统架构，按一般层次划分为信息采集层、网络通信层、数据资源层、运行信息管理层和用户终端层。信息、采集层负责将各闸、站数据收集工作，网络通信层负责将信息采集层的数据通过多种传输方式转发出去，数据资源层负责接收、存储网络通信层转发的数据，运行信息管理层根据不同的事务分类管理，用户终端层提供信息的查询、浏览服务等。

8.2.2 水利信息化的应用与实践

（1）水利信息化发展

我国水利信息化工作起步于"七五"期间，现已取得一些成绩。实时水雨情信息的基本站网和传输体制的建立和完善，使我国初步实现了应用计算机进行信息的接收、处理、监视和洪水预报；办公自动化的水平也逐步提高，开始部分实行远程文件传输、公文管理

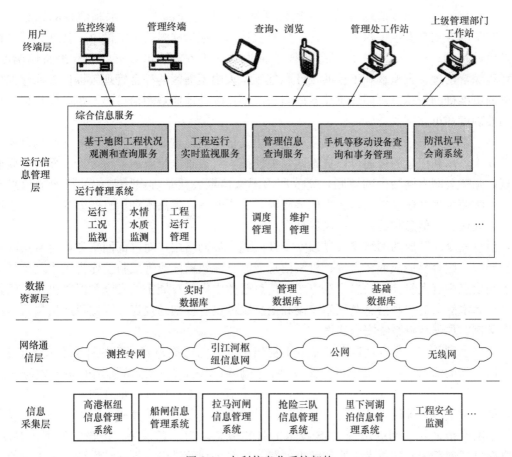

图 8-1　水利信息化系统架构

和档案管理；2000 年已经实现全国水雨情信息传输全部网络化，大大提高了防汛信息的时效性；同时，在全国范围内初步建立了"国家水文数据库"；此外，经过几年的发展现已形成了以水利部信息所为中心，各级信息机构为骨干，专业信息网站为依托，多层次多渠道纵横交错的水利科技信息工作网络系统。

　　虽然我国的水利信息化事业在这几年取得了长足进步，但还存在一些问题，例如认识不到位、投资不足、缺乏统一规划、缺乏公用信息平台、自动化水平低、信息共享差、专业技术人员缺乏等，尚不能满足水利现代化的要求。此外，更由于水利信息具有量大、结构复杂、标准化程度低的特点，且不断的动态变化，更增加了信息化的困难。

　　信息技术发展有 3 个主要趋势：在软件领域，向网络服务、功能齐全、使用方便方向发展；硬件向性能高、体积小、美观方向发展；网络技术则向高速快捷、多网合一、安全保密的方向发展。水利信息化的发展也是如此。事实上，信息技术正在加速向水利行业渗透，远程遥测自动化技术为水资源监控提供了"千里眼"，计算机主频的不断提高使得对大面积水流进行快速实时模拟成为可能，而 GIS 技术将水资源与自然界的交互作用真实地再现在人们眼前，不断发展的数据库技术使得大量有关水资源的各类数据存储检索变得容易，RS 技术使大面积灾害监测和评估成为现实。所有这些表明，水利信息化正在朝着多元化、共享、三维立体和安全性的方向发展。

多元化：随着当今信息技术的飞速发展和向水利行业的渗透，水利信息的采集、处理、共享的方式都发生了很大的变化。计算机技术、通信网络技术、微电子技术、计算机辅助设计技术、3S技术等一系列高新技术将为水利政务、防汛减灾、水资源监控调度、水环境综合治理、大型水利工程的设计和施工、大中型灌区的综合管理等提供多元化的更丰富的更准确的信息。例如遥感技术的引进，不仅弥补地面观测信息的不足，而且提高信息的准确度和可靠度。

共享性：共享性、增殖性以及可重复利用是信息的最重要特性。在国际互联网迅速发展的今天，水利信息的传递可以更迅速，更便捷，过去难以想象的事情今天轻而易举就能实现。坚持公网专网结合的原则，充分利用国家信息公共基础设施和相关行业的信息资源，不断完善水利信息专网，实现优势互补，资源共享，提高水利信息的共享度，为水利行业的现代化、信息化的发展提供保证。

信息安全：开放的网络将会导致安全性问题，如网络用户对内部网络和系统有访问权和控制权，则容易造成黑客入侵、机密信息泄露、参数被修改等威胁。作为国家基础产业的水利信息中有大量涉密信息，在应用和信息服务中需要有周密的安全和保密机制。国家保密局和水利部对水利信息及网站建设和信息服务也有详细的规定，因此要严格执行国家保密条例，加强信息系统安全建设。

数字水利是在"数字地球"的基础上提出来的，它的提出有深刻的社会和技术背景。一方面，新的治水思路立足于可持续发展，把水利放在自然和经济协调的系统中综合考虑，水利信息的种类和来源大大扩展了，增加了信息加工和处理的难度和深度，迫切需要先进的技术手段来提供支持；另一方面，信息技术飞速发展、计算机主频不断提高、操作系统不断升级、互联网的出现、3S技术的日趋成熟，为信息采集、传输、处理、共享、控制提供了前所未有的技术手段和解决方案，将对水利的科研、规划、设计、施工和管理产生全方位的影响，为水利行业全面技术升级提供了可能。

3S技术是以处理地球表面信息为主要特征的空间信息技术。人类信息资源80％与空间位置有关，水利信息更是大多数与空间位置紧密联系，这就决定了3S技术在水利行业有广泛的用途。RS是采用航天航空技术对地面进行连续观测，通过相应技术进行分析处理而得到地表信息的技术；GPS是高精度、全天候和全球性的无线电导航、定位和定时的多功能系统，它可以对地表空间位置进行准确定位，常应用于水下地形测量、防洪抢险实时指挥等方面；GIS是对各种地理空间数据、属性数据、遥感影像数据进行存储、查询、显示和空间分析的技术，它将水利专业属性数据与地理空间数据联系结合起来，为水利信息化表达提供强有力的技术手段。

RS和GPS技术可以用于从外部获得记录地球性质和状态的基础数据，其发展已经形成覆盖全球的监测运行系统，建立起从航天观测到深度观测的多层次、立体化地观测系统，可以快速获取和更新水利数据。它和传统的地图数据一起，为水利信息系统的建立和共享提供数据基础。GIS是数字工程的基础部分，可以实现海量数据的存储、管理、发布，空间数据的快速查询与分析，制图与输出，与RS，GPS的集成与应用等。特别是，GIS技术实现了以空间地理坐标为单元的信息全面的整合，促进数据转化为信息，信息转化为知识的升华。同时，它也可以为数字水利的建设提供专业的分析算法和专业模型，以便对各种水利数据进行深层次的分析，其系统具有辅助决策功能，为有关部门提供科学的计算结果和决策依据。此外，它支持 Internet /Intranet 技术，支持 B/S，C/S 模式，可实现网络化，达到数据资源的共享。

数字水利以新的治水思路为指导，紧密跟踪当前科技的最新技术和发展趋势，从水利信息流入手，将以计算机为核心的信息技术全面引入水利行业，对实现中国水利现代化、信息化提供了可操作的具体内容。2010 年，全国各大流域机构都将全面建成以 3S 技术为基础、以大型数据库为支撑的"数字化流域"、"数字化河流"，进而形成全行业的水利信息公用平台和覆盖全国的水利信息网络，再加上规划的 10 个大型应用系统全面建成并投入运行，全行业实现信息化。

（2）水利信息化技术的应用现状

1）地理信息系统技术应用

地理信息系统（GIS）功能十分强大，应用十分广泛，遍及各行各业。在水利行业 GIS 技术得到广泛应用已经有 10 多年了，并且逐步发挥了巨大的作用，其主要体现在地理位置确定、地理信息展示、行业信息展示、信息统计分析及功能集成等方面。主要应用介绍如下：

基础地理信息管理。GIS 技术基本功能是反映地理坐标，并通过地理坐标确定有关信息的坐标和相对位置。从信息管理方面水利行业与其他许多领域一样，首先要求得到基础地理信息，如：地形、地貌、河流、水系、行政区、交通等信息。

水利专题信息展示。在基础 GIS 平台上展示水利专题信息，主要包括：水库、堤防、蓄滞洪区、水闸、测站等水利工程信息，和雨情、水情、灾情等水情信息及水利管理信息。将这些信息在 GIS 平台中分类、分图层、分区域展示。

统计分析功能运用。GIS 技术的分析功能十分强大，在水利工作中发挥了重要作用，如降雨分布信息、水资源量统计、洪水淹没面积计算、受灾面积和人口财产统计等。这些分析结果为水情预报、防汛会商决策、水量调度等提供了较为可靠详实的数据支持，初步实现了在水利及防汛工作中对雨情、水清、灾情的粗略估算向定量分析转变。

系统集成功能。GIS 作为地理信息管理基础平台，系统集成功能是其重要的基本功能之一。常用的 GIS 集成主要有相关功能模块和相关专业模型的集成。集成功能模块包括：信息服务、数据库、图形库、防汛会商、防汛值班及部分办公自动化等功能模块；集成专业模型包括：气象预报、水文预报、水动力学计算、水库调度等模型。

空间三维 GIS 技术应用。GIS 技术的发展和应用历经了从二维平面 GIS 平台到三维空间立体 GIS 平台的过程，随着三维空间 GIS 技术的日益成熟，三维空间 GIS 技术的应用更加广泛。三维 GIS 技术的主要特点是在 GIS 平台中展现空间立体环境，并在三维环境中展示与管理相关信息。

2）数据库技术应用

数据库（DB）技术是信息技术发展和应用的核心内容之一，是水利信息化建设的基础，几乎所有的水利信息系统建设都离不开数据库技术的应用。数据库技术的应用主要包括数据存储和管理。目前，已经完成了国家级水情数据库建设，实现了对国家重点关心的降雨信息、水情监测信息和历史水情信息进行查询与管理，流域和省级水情数据库建设正在紧锣密鼓地进行中，部分有条件的省市已率先完成了水情数据库建设，制定了国家防汛工情数据库建设规范，正在进行工情数据的入库工作；部分省市正在根据国家规范开展工情数据库建设工作；部分地区根据需要建立了洪灾灾情信息管理数据库，以及根据防汛指挥系统和防汛决策支持系统建设需要建立了系统专用数据库。数据库技术的运用和推广，进一步推动了防洪减灾信息管理的规范化，使信息存储、更新和查询更加方便，并且为数据挖掘奠定了基础。

数据库技术在水利信息化建设与管理中应用较为成熟，为水利信息的数据管理提供了强大的支持，但是随着水利信息化建设中数据量的膨胀式增加，国产数据库产品对海量数据的管理还存在一定的不足。

3）网络技术应用

信息化水平的主要标志之一是网络技术的运用水平，水利信息化建设亦是如此，网络技术为气象、水情、工情、旱情、水质、生态、灾情等信息，以及水利管理信息的传输、共享、分析、管理和发布提供了强力的技术支撑。

计算机网络技术作为基础设施已经成为我国水利工作中信息采集、传输、处理和共享的重要手段。根据网络应用范围的需要建设有局域网和广域网；根据网络通信安全保障的需求分为公共网络和水利专网；根据信息传输是否有线分为有线网和无线网。

国家防汛抗旱指挥系统一期工程关于计算机网络建设的主要任务是依托公网资源和已建的防汛通信专网，组建国家防汛抗旱指挥系统一期工程计算机网络。主要包括：一期工程骨干网，建设中央网络中心与 7 个流域机构、31 个省（自治区、直辖市）和新疆生产建设兵团防汛抗旱部门之间的互联网络；一期工程流域省区网（地区网）：建设流域和省（自治区、直辖市）与所辖的 125 个水情分中心、4 个工情分中心、28 个旱情试验站（分中心）、4 个重点工程管理局之间的互联网络；一期工程城域网（园区网）：建设同城异地办公的同级水文、防汛抗旱部门及网络中心之间的互联网络；一期工程部门网：建设 31 个省（自治区、直辖市）水情、工情中心及 4 个重点工程局的局域网；建设中央、7 个流域机构、31 个省（自治区、直辖市）和新疆生产建设兵团网络中心；建设一期工程网络管理、服务及安全系统。

网络技术除了以通信传输技术为主的计算机网络硬件技术以外，网络编程技术也是网络技术应用的重要内容之一，通常谈到的网络化技术是指网络化软件的开发和应用，即是指具有网络发布功能的 Web 技术而不是广义的 IT 技术。Web 技术的应用起步于 2000 年前后，此后国家各级各部门编制的网络化软件系统主要采用 Web 技术。例如各级防汛指挥、水情测报、决策支持、信息服务、会商管理、办公自动化等系统中网络化软件系统部分都是基于 Web 技术的。

计算机网络技术的发展为水利信息共享和交换提供了条件，作用重大、效果显著，但是由于信息量逐步增加，网络容量有限，信息传输和交换速度往往难以满足实际应用的需求；再者，互联网稳定性不足，系统较为脆弱，可靠性不够强，如某一环节出现故障就会影响整个网络系统的正常运行。因此网络技术应用还应该全面考虑出现网络故障后的应急解决方案。

4）遥感技术应用

随着遥感技术（RS）的发展，影像识别精度的提高、数据处理能力的增强、影像获取成本的降低，遥感技术在水利信息化建设中的作用日趋重要。遥感影像的来源渠道较多，有美国、日本、法国、印度等国外的遥感影像产品，也有我国自己的遥感影像产品或者航片，遥感技术的应用主要是通过接收或购置遥感影像数据，确定洪、旱灾害的位置、识别洪水淹没情况和受灾情况、分析旱灾影响范围和受灾面积、评估可能受到的灾情影响，以及根据遥感影像分析河流水质变化和水土保持状况，为防汛指挥、救灾活动、环境保护、生态建设提供信息支持。

近年来，由于7大流域和部分省市已经建成一定精度的三维空间地理信息系统基础平台，将遥感影像成果与三维平台相结合，不仅直观展示水利信息，还可以进一步分析可能的发展趋势，为水利建设与管理提供高水平的信息支持。

5）虚拟现实技术应用

虚拟现实技术（VR）是利用计算机技术生成逼真的三维虚拟环境。虚拟现实技术最重要的特点就是"逼真感"与"交互性"。虚拟现实技术可以创造形形色色的人造现实环境，其形象逼真，令人有身临其境的感觉，并且与虚拟的环境可进行交互作。

现在虚拟现实技术在水利信息化建设中的应用日渐广泛。构建防洪工程的三维虚拟模型，如大坝、堤防、水闸等三维虚拟模型，实现了防洪工程三维空间示景；洪水流动和淹没的三维动态模拟，实现了三维空间场景中的洪水演进动画过程，三维场景中洪水淹没情况的虚拟展示；防洪工程规划中枢纽布置三维虚拟模型，包括大坝、泄洪洞、发电厂、变电站等，为工程规划提供直观三维视觉效果场景；云层和降雨效果渲染三维虚拟模型，模拟云层流动、降雨过程等动态效果等等。

由于虚拟建模过程工作量较大，占用计算机空间较大，三维虚拟模型与地理信息系统和网络的耦合运用还不够完善，有关应用还处在局部范围，现阶段没有大规模推广应用。

6）卫星定位系统技术应用

卫星定位系统（GPS）应用是随着 GIS，Web 和 RS 等信息技术的应用而发展起来的。防洪决策、抢险救灾，都需要了解险情、灾情发生的准确位置，虽然拥有了地理信息系统平台和卫星遥感影像，但是灾情的位置仍然难以确定，"5.12"抗震救灾行动中就出现过类似的窘境，因此利用 GPS 技术将灾情发生的位置和 GIS 平台及 RS 影像有效连接起来，实现灾区和灾情的准确定位意义重大。另一方面，利用 GPS 和通信网络技术结合，将险情和灾情信息及时传达或通知到相关负责人，大大提高抢险救灾效率，有关应用在浙江、福建、广东等地区十分普遍。在水利信息化建设中 GPS 对河流、工程等有关信息的定位与管理发挥了重要作用。

由于卫星定位系统通信容量有限，对于数据量较大的水情和灾情信息传输速度较慢，普及应用受到一定限制。

社会的发展是一个变加速的进程，安全保障日益得到重视，在建设和谐社会和以人为本的社会理念指导下，保护生命安全和环境安全的要求放到治水工作的首要位置。水利信息化建设对防灾减灾、环境保护、水资源管理、工程管理，进一步提高我国科学治水水平，建立人与水和谐的社会与环境，发挥着十分重要的作用。加快水利信息化技术的推广与应用，推进水利信息化建设是社会发展的必然需求。

8.2.3 GIS 技术及其在水利行业应用

地理信息系统（GIS）通常泛指用于获取、储存、查询、综合、处理、分析、显示和应用地理空间数据及其与之相关信息的计算机系统。在水利信息化系统建设中，GIS 是系统构建的框架，是辅助决策的工具。是成果展示的平台。国内水利行业应用 GIS 技术始于 20 世纪 90 年代初期，大致经历了认识了解、初步应用和结合 GIS 技术进行深入研究三个阶段。近年来随着 GIS 在水利领域的应用范围不断扩大，应用层次也逐渐深入，一些部门将它作为分析、决策、模拟甚至预测的工具。其社会经济效益也比较明显地显示了出来。

目前 GIS 技术在水利行业的应用主要有以下四种类型。

1）GIS 在防洪减灾方面的应用

防汛决策支持系统或信息管理系统的平台：在国家防汛指挥系统总体设计框架下，目前流域或省、自治区、直辖市的防汛决策支持系统或防汛信息管理系统都以 GIS 为平台。GIS 在这些系统中的作用主要有以下几个方面：空间数据处理、查询、检索、更新和维护；利用空间分析能力和可视化模拟显示为防汛指挥决策提供辅助支持；为各类应用模型提供实时数据；优化模型参数；预报预测和防汛信息及决策方案的可视化表达。

灾情评估在灾情评估中，GIS 作为基础平台，它充分利用了自己的查询和分析功能以及可视化模拟的能力，发挥了很多别的系统不具备的作用：基础背景数据（包括地理、社会、经济）的管理；空间和属性数据查询、检索、统计和显示的基础；灾情数据的提取和分析；灾情的模拟和可视化表达；对决策起辅助作用的工具。

洪涝灾害风险分析与区划洪涝灾害风险分析是分析不同强度的洪水发生概率及其可能造成的损失。它包括洪水的危险性分析、承载体的易损性和损失评估。GIS 发挥的作用有：多源、多尺度和海量数据的管理；空间数据的叠加与综合处理；图形处理的特殊功能。

由于城市社会经济地位和社会影响的特殊性，防洪工作尤其重要。所以 GIS 在城市防洪中发挥的作用除了一般防洪减灾决策支持系统外，还利用其时空特征分析和高分辨率数据的处理功能在城市防洪减灾中发挥了更多更大的作用，目前比较突出的有以下几个方面：城市积水、退水的预报预测；现有排水设施水管网、泵站等信息的管理；排水设施的规划，设计和施工管理；暴雨时空特征分析（4DGIS）；以街道为统计单元和以街区为空间单元的社会经济数据空间展布；暴雨分布及积水街道分布的可视化显示；高分辨率、多层次、多源和更新频繁的数据的存储、维护和管理。

2）GIS 在水资源管理方面的应用

水资源信息的面非常广，具有多源、多时相、多种类和动态这几个基本特征。水资源信息管理系统发挥了从时间、空间上了解水资源的现状与变化，通过模拟可视化直观地表示水资源状况，有助于让研究人员和决策人员了解水资源的变化规律，通过信息处理和分析，提供管理的基础信息与手段，完善水资源信息的管理与更新，实现数据共享。

在水资源信息管理系统中 GIS 发挥的作用大致有以下几个方面：历史数据管理和实时数据的动态采集和加载；信息的空间与属性双向查询和分析；时空统计；以多种方式直观地可视化表达各类信息的空间分布及模拟动态变化过程；区域水资源的空间分析；区域水资源管理模式区划，如地下水禁采与限采区划、水环境区划等。

3）GIS 在水环境和水土保持方面的应用

由于社会经济高速发展中过多的人类活动影响，我国水系的污染已经十分严重，为了进一步了解和监测水环境和水土保持的情况，水利部门已有包括 170 多个主要测站的全国水环境信息管理系统。水环境信息管理系统是空间决策支持系统的基础或者是组成部分，而 GIS 是其基础，同时也是提取数据和显示数据的平台。

这些以 GIS 技术为支撑的信息管理系统和空间决策支持系统的功能主要有以下几个方面：自然、地理、社会经济等基础背景数据，水利工程与设施，监测站点，水质与水量的历史与实时数据，水环境评价等级，水质标准及法规和条例，决策项目和边界条件数据，水污染预测数据的采集和管理；建立数据空间数据和属性特征的拓扑关系，用来进行数据的双向查询；通过对区域或上下游水质的空间分析，找出某处水质参数严重超标的污染源；各类数据的可视化表达和可视化共享；水质水量模拟与预测；污染排放管理与控制；取水口位置最优化选择和各类突发事件的处理方案及优化。

在水土保持方面，GIS 也发挥着十分重要的作用。其应用是一种全过程的应用，从土壤侵蚀发生与否的判断开始、一直到土壤侵蚀过程的模拟与预测。所以与其他领域比较，水土保持中一些应用模型大多采用与 GIS 紧密结合的方式，也就是直接用 GIS 为建模平台和决策依据，这是一个比较鲜明的特点。

4）GIS 在水利水电工程建设和管理方面的应用

水利水电工程建设与管理是水利水电工程的重中之重，它的选址、规划、设计和施工管理都必须严格慎重，考虑到各个方面的因素。此时 GIS 在空间分析和模拟方面的强大优势就显现出来了。

水利水电工程建设与管理中利用 GIS 功能最多的有以下几个方面：通过进行三维可视化显示及贯穿飞行模拟，实现位置或路线的优化；空间信息的处理，叠加与分析，得出可作为决策辅导的信息；通过仿真模拟淹没分析，得到各种分析数据；利用 GIS 平台实现交互式的工程布置方案修改。

GIS 是一门与计算机软硬件、元数据库的建设、数据挖掘、遥感技术、网络技术和数据库管理、数字摄影与自动化成像等技术有着紧密相关的学科，而上面的那些技术又是在不断发展的，每项技术的发展都给 GIS 带来了深刻的变化，所以 GIS 在水利行业的应用和发展，不仅取决于 GIS 技术的发展，更取决于水利行业数字化的进程。在水利部以信息化带动水利现代化的战略方针指导下，GIS 在水利行业的应用将会越来越广，用途也将会越来越大，而且会迅速成为管理和决策主要支撑技术。

8.2.4 建筑信息化模型（BIM）在水利工程中的应用

建筑信息模型（Building Information Modeling，简称 BIM）是建筑学、工程学及土木工程领域的一种新型辅助工具。它通过建筑过程的数字展示方式来协助数字信息交流及合作。建筑信息模型可以用来展示整个建筑生命周期，包括了兴建过程及营运过程，提取建筑内材料的信息十分方便，建筑内各个部分、各个系统都可以呈现出来。随着国内建设水平的不断提高，BIM 在建筑行业的应用越来越广。

现阶段 BIM 的使用者以设计单位为主，就应用广度和深度而言，BIM 在中国的应用还只是刚刚开始，但会逐步推广和深入到建筑行业各个领域。从全球化的视角来看，BIM 的应用已成主流。

1. 应用 BIM 技术的优势

设计单位应用 BIM 技术就是为了更好地迎合市场和经营的需求，在激烈的市场竞争中赢得商机，取得建设项目的设计任务并出色地完成设计任务。实际上，BIM 技术就是借助 Revit、Beastly 等三维设计软件，建立一个"赋含"各类参数的项目参数化、可视化三维模型，为建设项目全生命周期应用 BIM 技术打下坚实基础，设计单位应用 BIM 技术的优势如下：

① 提高设计效率，争得方案设计主动权

项目方案设计阶段即讲求经济性同时又强调时效性，可以借助 BIM 技术的体量、族等设计手段快速、准确地生成项目简易模型，并借助 BIM 技术的环境设置工具，生成不同方案的环境构型、漫游体验、三维展示等表达手段，即时、高效、快捷地表达设计理念，提高效率，在方案规划阶段就争得建设单位的青睐，从而取得方案设计的主动权。

② 调整设计工作重心

根据相关调查研究显示，建设项目传统 CAD 二维平面设计工作的重心在施工图阶段，一般占整个建设项目设计工作量的 50% 以上，且由于项建书、工程初步设计阶段设计工作的协同程度较低，往往导致施工图阶段变更频出、预算不平衡等。BIM 技术则与传统 CAD 二维平面设计过程相反，它将设计关口前移，使得工可、初设阶段的工作量比重上升，在减轻施工图阶段工作量的同时，提高了设计精度和质量，回归了设计工作的本来面目。

③ 整合资源，协同创新

传统 CAD 二维平面设计也可以实现不同专业间的协同设计，但是其协同程度亦被限制在二维平面，作为外部参照的外专业图纸仍以平面图纸的形式进行协同，智能化程度较低。BIM 技术层面的协同设计，是以各专业协同建立的三维可视化模型为基础的协同设计，各项目参与方可以实时向数据库上传设计计划、参数数据等，数据库将实时更新，将最新的设计成果以三维模型的形式整合、呈现在每一位设计人员面前，实现真正意义上的"所见即所得，无缝协同"，整合资源，极大地提高设计质量，减少设计误差。

④ 提高企业的市场竞争力

BIM 技术作为一种全新的设计理念和应用技术，涉及工程建设领域规划、设计、建造、运维等一系列创新和变革，是未来工程建设领域信息化的又一次技术革命。设计企业作为工程建设领域的中坚力量，其信息化技术水平决定着企业参与日益激烈的市场竞争的能力，设计企业推广和应用 BIM 技术不仅能大幅度提升企业自身信息化水平，响应国家和地方对数字城市规划和建设的需求，同时能缩短设计周期，减少设计误差，进一步提升设计质量，增强企业竞争力。

2. BIM 在水利工程建设中的应用

以海河口泵站工程为例，阐述 BIM 技术在此项目中的应用情况，重点分析在项目实施阶段利用相关 BIM 软件建设数字模型，基于 BIM 模型平台进行设计、施工进度、质量控制、投资控制协同管理，做到对泵站实施有效的动态控制，从而进一步探索 BIM 技术在项目全周期管理，为打造水务建设项目数字化管理模式提供建议和尝试。

海河口泵站为在华北地区首次采用竖井式贯流泵，从泵房结构设计、贯流泵机电设备设计与安装及配套等均为首次使用。泵房结构尤其是流道层结构复杂、大直径竖井式贯流泵的安装难度大、构筑物较多且需交叉作业、机电设施存在很多不确定性，而且工期只有24 个月，对于建管、设计、监理、施工各方来说都是个艰巨的任务。通过 BIM 技术的应用可有效地进行泵站建管、设计、监理、施工协同实施，在 BIM 平台上将各方有效组合为一个整体，便于对整个项目的建设管理过程全盘掌控。

（1）BIM 技术在项目建设前期阶段的应用

BIM 技术可以在项目初步设计阶段介入，根据批复可行性研究报告和初步设计理念，设计出满足要求的概念模型，通过 BIM 相关软件中的工程量计算功能，初步确定出设计概算；在有多种设计方案的前提下，通过对每个方案 BIM 模型的展示，直观、有效的让建设单位对设计方案进行选定；同时，也能够使建设单位在项目建设前期阶段对工程概算有更加形象的了解，降低了后续因工程量增减而带来的费用增加风险。

此外，通过 BIM 技术的应用，设计师可以直观的看到所设计建筑物是否达到想要的使用和观感效果，避免重复，可以极大的减少设计单位的设计工作量，且 BIM 技术的计量功能避免了传统的手工计算工程量的繁琐和误差，提高了设计效率。同时，在设计单位内部，能够有效地减少部门之间的沟通障碍，如设计部门和概算部门，建筑设计和结构设计部门之间等，缩短决策阶段的周期。

（2）BIM 技术在项目建设实施阶段的应用

BIM 技术与项目质量控制的结合。在海河口泵站工程项目质量管理中，BIM 技术的作用主要体现在以下几个方面：通过各部位施工前建立的模型，对进出水流道等异型部位进行了充分的解析，对施工工艺进行模拟，使管理人员对这些异型结构、复杂工艺有了更加直观的理解，每个阶段要做什么，工程量是多少，下一步做什么，每一阶段的工作顺序是什么，都变得显而易见，使管理内容变的"可视化"，增强管理者对工程内容和质量掌控的能力；通过 BIM 模型可以发现各专业管路之间的碰撞情况，并通过修改设计方案避免碰撞情况的发生。工程设计图纸涉及结构、钢筋、水机、电气、消防、自动化控制等多专业出图，每个专业均有自己单独的图纸，每个部位施工，需要仔细查看各个专业在此部位的预埋管线布设情况，在过去类似工程建设中给技术管理工作带来了极大的困扰，但由于 BIM 技术在该工程中的应用，各个部位施工前，根据设计图纸做出相关的 BIM 模型，避免了专业之间的碰撞和矛盾，同时，在施工过程中按照模型进行检查，避免了预埋管件的遗漏；通过 BIM 技术的 3D 扫描功能，能够对已建成建筑的成品质量进行外观扫描，然后与设计图纸进行对比分析，发现质量问题出现的部位和偏差数据，为施工人员分析质量控制水平提供数据支持，为后续工程施工质量工作改进提供指导方向。

BIM 技术在项目管理进度控制中的应用。BIM 技术在项目管理进度控制中的作用主要体现在两个方面：①是实施前，将 BIM 模型与海河口泵站工程施工进度相结合，直观的展示各部位随时间的变化情况，并且根据进度计划拆分工程量、人工、材料等需求计划，提前备料，合理安排材料进场时间；②体现在对进度计划的动态调整上，实施过程中，每季度更新一次 BIM 模型，来演示实际进度和计划之间的差异，针对差异点进行分析，从而有目的的调整各分部分项工程的施工进度，从而在进度控制过程中做到有的放矢，提升管理的效率。

（3）BIM 技术在项目运营维护方面的应用

在运营维护方面，BIM 集成的建筑信息数据库，有助于建筑的运营维护管理，能够为保修服务的快速响应、降低运营维护成本提供数据支撑。

通过点击 BIM 模型可以查阅设备的信息，如使用期限、维护情况、所在位置和供应商的情况等，能够对寿命即将到期的设备进行预警，提醒运管单位及时进行更换；也可准确定位虚拟建筑中相应的设备，并对设备是否正确运行提供信息。通过基于 BIM 的物业管理系统可以管理大型复杂的设备和隐蔽工程，并直接查看相互位置关系，从而为日常维修、设备更换带来很大的方便。

此外，运用 BIM 技术还能够模拟制定在突发事件下的应急处理措施，如提供在地震或火灾等突发情况下的最佳逃生路线。

（4）BIM 应用的效果

通过海河口泵站 BIM 技术应用研究，根据模型建立、碰撞检查、3D 扫描仪的应用及 4D 施工模拟的应用情况，取得了显著的效果。可视化的模型更有利于各方沟通，将 BIM 信息模型导出为常用格式，即使没有专业软件也能共享成果，方便各方交流。

在本项目深化设计过程中，BIM 技术为设计图纸的审核工作及辅助设施的设计工作提供了有力的支持和参考依据，优化原设计的节点使之更加合理，同时减少了工程技术人员的重复劳动，减少了设计的错误。4D 施工模拟的应用，提前解决了主副厂房管线、结构的碰撞问题，减少了返工，优化了施工流程，从而有效地缩短了工期。使施工方降低了管理成本，也为泵站提前运营提供了有利条件，创造间接经济效益。

目前，我国正在进行着世界最大规模的基本建设，工程项目规模日益扩大，结构形式愈加复杂，尤其是超大型工程项目层出不穷，使企业和项目都面临着巨大的投资风险、技术风险和管理风险。然而，当前的管理模式和信息化手段都无法适应现代化建设的需要。应用 BIM 技术，从根本上解决建筑生命期各阶段和各专业系统间信息断层问题，从设计、施工技术到管理全面提高信息化水平和应用效果，已成为建设企业的迫切需求。通过 BIM 的应用实现了建筑全生命期的信息共享，使项目所有的参与方能够协同工作，从而实现工程项目的精细化管理，可以说 BIM 技术的应用是建筑领域里面的第二次的革命，必将引领未来建筑领域的发展方向。

8.3 PPP 模式在水利工程项目管理中的应用

8.3.1 PPP 模式的基本概念与实施流程

（1）PPP 的基本概念

近年来，我国的基础设施取得了巨大的发展，但由于我国是政府主导基础设施供给，因财力、技术及管理等原因导致城市基础设施建设高投入、低效率和高消耗，基础设施供给严重不足，已成为国民经济发展的"瓶颈"。尤其是交通运输、电力、通信、水利、能源行业最为突出，各级政府采取积极的财政政策，加大对基础设施的投资力度，基础设施投资高速增长。我国基础设施投资的资金来源主要有国家预算内资金、国内贷款、引进外资和自筹资金等。由于大型基础设施建设项目具有融资数额大、建设周期长、风险大的特点，单靠中央和地方财政的投入不能满足城市基础设施建设投资的需要。地方政府财政收入有限、银行缺乏放贷能力和严格的管制，基础设施投资的资金来源渠道较窄，阻碍了基础设施投资的发展势头。拓宽融资渠道，成为各级政府着重考虑的问题，积极引导私营部门进行基础设施投资将成为基础设施建设的重要任务，PPP 模式作为一种新型的项目融资模式，在基础设施项目建设中的应用越来越广泛，给企业发展带来难得的发展机遇。

PPP（Pubic-Private-Partnership）模式是公私合作制的简称，又称公私伙伴关系，是20世纪90年代初在英国公共服务领域开始应用的一种政府和私营企业相互合作的新型模式。这种模式强调的是政府与私营部门"双赢"或"多赢"的理念、公平公正的风险分担，能够充分发挥政府与私营部门各自的优势。这种新型的融资模式典型的结构为政府公共部门通过招投标等形式确定 PPP 项目公司，通过签订特许合同与 PPP 项目公司形成契约关系，由 PPP 项目公司负责整个项目的筹资、建设和运营。为保证 PPP 项目公司在资金不足时能够有效地获得项目贷款，政府通常要与能够提供相应贷款的金融机构构成一份直接协议，这份协议不对项目担保，而是给借贷机构的一份有效承诺。采用 PPP 融资模式的实质是政府公共部门与私营企业签订特许经营权来加快基础设施建设获得社会效益的新型融资模式，从20世纪90年代开始在西方流行，目前已经在全国范围内被广泛使用，并日益成为各国政府实施经济目标及提升公共基础设施服务水平的核心理念和措施。对于PPP 的划分，各国在应用时的划分不一样，通过查阅国内外相关文献对 PPP 模式划分总结，将该模式有广义和狭义之分。广义上是指公共部门或企业与私人部门为提供公共产品或服务以某种形式进行合作，其目的是改善公共产品或服务的一种合作方式。而狭义上是指公共部门与私营部门共同参与公共产品生产、提供公共服务的制度安排，是一种融资模式。本文所采用的 PPP 模式的概念定位狭义的概念，将 PPP 模式理解为一种新型的融资模式。

（2）PPP 模式的内涵

1）PPP 是以公共部门与私营企业相互合作的新型融资模式。PPP 融资以需要建设的基础设施为项目主体，是政府通过与私营企业相互合作获得项目建设资金的一种实现形式。项目是以运用过程中产生的效应、形成的资产以及政府对该项目的政策支持作为融资安排。项目在运营的过程中所产生的经济收益和通过政府的政策支持所获得的效益作为偿还项目贷款的资金来源。

2）采用 PPP 模式可以吸收更多的民间资本参与到基础设施建设中，通过引入市场机制来提高投融资效率、降低融资风险。这也是其他的基础设施融资模式所不足之处。政府公共部门通过签订特许经营权与私营企业形成契约关系，由政府公共部门与私营企业共同负责项目的整个运营周期。PPP 模式的操作规则是在项目的前期使私营企业参与进来，这不仅可以使私营企业更好地了解项目的建设情况，降低企业的投资风险，而且在项目投资建设的过程中引进私营企业先进的管理方法和技术，还能对项目全过程进行有效的监督和控制，从而有利于降低整个项目的投资风险，较好的保障政府的社会效益和私营企业的经济效益。

3）PPP 模式可以保证私营企业在基础设施建设中能够获得一定的利益。私营企业的投资目的是能够通过项目获得投资收益，没有利益的项目吸引不到民间资本。通过将PPP 模式运用到项目，政府可以给予投资基础设施建设的私人企业一定的政策扶持，来吸引私营企业投资基础设施，如对私营企业在税收下进行优惠，为私营企业获得贷款提供担保等。通过采用这些政策扶持可提高私营企业投资农村水利设施项目的积极性。

4）PPP 模式在减轻政府财政对农村水利设施投资不足和降低投资风险的前提下，提高农村水利设施的服务质量。在农村水利设施中采用 PPP 模式，使政府与私营企业共同参与到农村水利设施的建设和运营。通过私营企业参与到农村水利设施建设，不仅可以解决政府财政资金不足的问题，而且还可以将项目的一部分风险转移给私营企业，进而降低政府在项目投资上风险。同时政府与私营企业之间为实现互利目标，将会更好地服务公众和社会。

（3）PPP 投融资模式的主要类型

目前 PPP 模式已经被西方发达国家广泛应用到基础设施建设中，我国在城市公共基础设施领域中也逐渐开始采用这种模式，但是各国在应用时的分类标准不一。参考国内外相关文献，结合国际应用情况，将 PPP 模式划分为三大类：合同承包类、特许经营类和私有化类。

1）合同承包类

合同承包类 PPP 项目，一般是由政府公共部门出资建设，私营企业通过与政府签订承包合同，由私营企业负责项目的一项或多项职能工作，例如利用私营企业先进的施工技术负责项目的工程建设，或者利用私人企业先进的管理经验负责项目的管理维护或提供部分服务，其获得收益的主要方式是由政府支付其全部费用。在这种模式中，私营企业承担的风险相对于其他类的 PPP 模式来说风险程度比较低。

2）特许经营类

特许经营类 PPP 项目是政府公共部门与私营企业签订特许经营协议，由私营企业负责项目部分或全部投资，对于此类项目产生的风险和收益由政府和私营企业共同承担。依据项目在运营过程中产生的实际收益，政府公共部门可能向私营企业收取一定的特许经营费或给其一定的补偿，项目的资产最终归政府公共部门所有。农村水利设施采用特许经营权可以充分发挥政府与私营企业双方各自的优势，可以更好地节约建设成本和减少建设工期，同时私营企业会竭诚提高服务质量来吸引客户以获得更大地效益。

3）私有化类

私有化类 PPP 项目是在政府公共部门的监督下由私营企业负责项目的全部投资，建设项目的所有权给私人企业所有，项目主要是向用户收取一定的费用作为投资回报。对于此类项目，由于项目的所有权给私人企业所有，不具备有限追索的特性，因此私人企业承担的风险最大。

（4）PPP 基本模式

PPP 参与者主要包括政府、社会资本方、融资方、承包商和分包商、专业运营商、原料供应商、产品服务购买方、保险公司、其他参与方等。按照合约方式实施项目运行管理模式，主要包括 PPP 项目合同、融资合同、保险合同、履约合同等，如图 8-2 所示。

1）BOT 模式

BOT 模式，即 Build-Operate-Transfer（建设-运营-移交），指由社会资本承担新建项目设计、融资、建造、运营、维护和用户服务职责，合同期满后项目资产及相关权利等移交给政府的项目。这种模式的特点在于，它的本质就是融资，主要适用于新建项目，增加公共产品和服务的供给，风险主要由社会资本承担。

2）BOO 模式

BOO 模式，即 Build-Own-Operate（建设-拥有-运营），指由社会资本承担新建项目设计、融资、建造、运营、维护和用户服务等职责，社会资本长期拥有项目所有权的项目

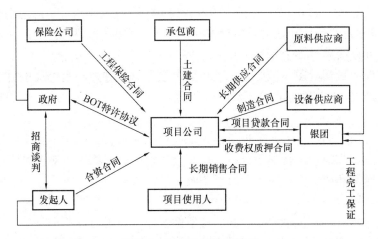

图 8-2　PPP 的基本模式图

运作方式。它是由 BOT 模式演变而来，主要适用于新建项目，也属于融资性质。

3）BOOT 模式

BOOT 模式，即 Build-Own-Operate-Transfer（建设-拥有-运营-转让），指由社会资本承担项目的融资、建造，在规定的期限内拥有所有权并进行经营，期满后将项目移交给政府。该模式的特点是项目周期长，投资回报率适当，具有融资性质。

4）TOT 模式

TOT 模式，即 Transfer-Operate-Transfer（移交-运营-移交），指政府将已将建设好的项目的一定期限的经营权有偿转让给社会资本由其进行运营管理；社会资本在约定的期限内通过经营回收全部投资，双方合同期满后，社会资本再将该项目交还给政府。相比其他模式，该模式省去了建设环节，使项目经营者免去了建设阶段的风险。

（5）PPP 模式运作的基本流程

1）项目前期准备阶段

在 PPP 模式中，项目前期准备阶段包括项目发起和项目准备两个部分。

① 项目发起

项目发起阶段的工作主要内容包括启动准备和前期调研：组建项目实施班子、制定整体工作计划、开展项目调查等。

实施 PPP 模式是一个系统工程，其复杂、专业程度极高。一要组建一个 PPP 项目实施团队，由市政府牵头，规划、建设、土地、发改、财政、审计、国资委、法制办等部门组成领导小组；二是制定具体工作实施方案，明确部门责任分工、目标任务和实施工作计划安排等；三要根据城市总体规划和近期建设规划，由政府组织相关部门或机构梳理城市基础设施领域拟新建项目和存量项目，决定可以通过 PPP 模式运作的具体项目清单，构建 PPP 项目库。

② 项目准备

项目准备阶段工作主要是项目策划实施方案研究和编制：一是聘请顾问团队；二是项目协议；三是开展项目的前期论证，确定项目范围和实施内容（项目建设规模、主要内容和总投资）；四是前期沟通，研究项目模式，设计项目结构，编制项目实施方案；五是设计项目主要商业原则；六是财务分析，编制财务模型；七是确定投资人比选方式和原则（确定投资人应具备的条件和能力及招标方式；双方的主要权利和义务）；八是组织相关单位讨论方案；九是实施方案公示和报批。

在项目实施的最初阶段，需要考虑项目的可融资方式和财政是否负担得起，并要评估传统方式与 PPP 方式之间的效率比较，分析该项目是否适合采用 PPP 方式，拟定项目协议。

聘请专业咨询机构，负责研究项目模式，设计项目结构，编制项目实施方案，关键是设计项目主要商业原则，进行财务分析，编制财务模型。组织专家对项目实施方案进行论证，并报市政府批准和省住房城乡建设厅备案。

2）项目招投标实施阶段

项目招投标实施阶段包括协议编制、竞争性程序、签署协议三个部分。

① 协议编制。细化研究协议文件编制：研究和分析项目的技术、商务边界条件（如：投资、运营成本与收益测算，回购总价、回购期限与方式，回购资金来源安排和支付计划）；落实建设内容分工、投资范围（投资建设期限、工程质量要求和监管措施）；研究和编制项目协议等法律文件（项目移交方式及程序、项目履约保障措施、项目风险和应对措施等）；落实招标条件。

② 竞争性程序。主要包括：发布项目信息；投标人准备投标文件；制定评标标准、评标细则和评标程序；成立评标工作组，开标、组织评标；编写评标报告，推荐候选人；与候选人澄清谈判。

③ 签署协议。先草签项目协议，中标人在约定时间内办理好项目公司成立的有关事宜，资金到位，政府配合完成资产交割及项目审批有关事宜，正式与项目公司签约。

3）项目实施阶段

实施阶段包括项目建设和项目运营两个部分。

① 项目建设。首先，项目公司与各联合单位签订正式合同，包括贷款合同、设计合同、建设合同、保险合同以及其他咨询、管理合同等；其次，项目公司组织各相关单位进行项目开发。在开发过程中，政府及相关部门对项目开发的过程进行监督，出现不符合合同的情况及时与项目公司沟通，并确定责任主体。工程验收试运营合格以后，开发阶段结束，项目进入运营阶段。

② 项目运营。政府与项目公司签订特许经营权协议，约定特许经营期限。在整个项目运营期间，项目公司应按照协议要求对项目设施进行运营、维护。为了确保项目的运营和维护按协定进行，政府、贷款人、投资者和社会居民都拥有对项目进行监督的权利。

4）合同终结阶段

转移中止是项目运作的最后一个阶段，包括项目移交和项目公司解散等内容。

①项目移交。特许经营期满后，项目公司要将项目的经营权（或所有权与经营权同时）向政府移交。在移交时，政府应注意项目是否处于良好运营和维护状态，以便保证项目的继续运营和服务提供的质量。

②项目公司清算。项目移交以后，项目公司的业务随之中止。因此，项目公司应按合同要求及有关规定到有关部门办理清算、注销等相关手续。

总之，PPP 模式应用于水利基础社会上建设中、其本身具有较强的应用成效、可以有效地对相关管理工作中对不足进行改进、并且更好地提高自身的融资效率和融资效果、这对于解决相关资金紧缺问题、缓解地方政府财政资金不足有着重要的意义、同时也能更好地成公私结合的投资合作模式、帮助水利基础设施建设工作更好地开展和完成。

8.3.2 PPP 典型案例

对典型的 PPP 项目应用于水利工程建设案例加以研究，吸取项目中失败之处的经验教训，可以有效地预测项目潜在的风险，总结出项目中成功之处加以借鉴，从而指导 PPP 新的项目实施。

（1）国外的澳大利亚阿德莱德水务项目

项目概述：本项目的实施目的在于缓解当地长期供水不足的问题，由当地市政府组织实施 PPP 招标工作，中标者为由威立雅水务公司等三家公司共同组成的联合水务。联合水务公司依照协议约定主要负责水务和污水处理相关的全部工厂、水网和污水管道的管理、运营和维护，以及基建工程项目的管理和交付、资产管理计划的实施等工作。此项目中具体包括 6 个水处理场，以及 4 个污水处理厂和污水再利用厂的建设和改造工作，服务人口约 110 万。

项目管理：该项目重点分三部分：资产管理、基建工程管理及环境管理。资产管理方面合同规定，南澳大利亚水务公司可审计对方提供的资产管理计划，以确保收支平衡。管理计划由两公司协商规定，包含 1 年期、5 年期和 25 年期，最后由南澳大利亚水务公司对其可行性调整。基建工程管理方面，设施的管理、运营和维护由联合水务公司负责。此外，双方起草了设计、招标文件以及相应的基建工程合同，在合同签订后，联合水务公司负责确保项目按时按预算完成。在环境管理方面的责任，双方在事先也做了明确规定，与此同时还共同起草完善了项目的环境管理计划。

项目实施：由于得到了政府的大力支持，阿德莱德水务项目得以在相关设备和基础设施方面准备的较为充分，而且在技术层面和人力资源管理方面做了充足准备。同时在技术研发方面，联合水务公司同时与多所大学共同合作，并在阿德莱德设立了研发中心。联合水务公司在人力资源战略也取得了一定成绩，在改善员工生活水平的同时，还在公司内部形成了独特的企业文化。

项目成果：通过引入费率合同和创新污泥处理措施，联合水务公司指标完成率超过 99％。且该项目的成功对于联合水务将业务扩展到更多国家和地区有着多方面有着积极影响。在经济效益方面，PPP 模式不仅为公司节约成本 2 亿美金，同时为国家节约了近 4300 万美元资金，不仅如此，它还为南部澳大利亚出口创收做出贡献。在社会环境效益方面，该项目先后引入控制体系和环境管理体系，对污水处理技术做出改进，为建立世界级的研发中心提供保证。

经验教训：多了解 PPP 中心和咨询机构中对其他相似案例的总结，可以帮助项目在最大限度上避免潜在问题的出现。在 PPP 项目中对项目风险的合理分配要考虑到各方风险和收益的匹配性，这样才能实现风险的有效转移。模式在水务部门的成功实施，可以达到三方面的作用：实现财务平衡；承担环保责任；促进服务水平的提高。PPP 模式通过竞争性的招标，可以向消费者提供的方案比政府传统提供模式更加有效。

（2）国内典型项目

以下国内案例选自 2015 年发布的社会资本参与到重大水利工程建设运营的第一批试点项目，这些项目为投资方带来部分收益的同时，社会公益性强。可以为引导社会资本如何参与到水利工程建设提供借鉴参考。

1) 黑龙江奋斗水库

黑龙江省奋斗水库是黑龙江省近 10 年来的第 1 个新建水库工程。该工程项目主要用于城镇供水，结合防洪，兼顾灌溉、发电和航运等综合作用。水库主要建筑物包括大坝、坝后式电站厂房、导流溢洪道、过道泄水建筑物等。工程总投资约 14.26 亿元，总工期为 36 个月。奋斗水库工程建成后，每年可向城镇提供水资源 5314 万 m^3，可满足穆棱市和鸡西市各个乡镇和林业局的用水需求。

经验分析：注入社会资金，填补水利工程建设资金缺口。奋斗水库工程总投资为 14.26 亿元，政府出资 8 亿元，社会资本为 6.26 亿元，占总投资的 43.90%。社会资本参与到奋斗水库工程建设，很大程度上减轻了国家财政负担。据有关全国政府性债务审计结果显示，统计到 2013 年 6 月底，我国政府的负债率已经高达 55.7%。面对如此沉重的债务压力，政府对水利工程项目的投资更加力不从心。以往水利工程建设都是依靠财政支出，通过政府引进社会资本的投入，弥补了政府财政资金的不足，而社会资本通过基础设施的投资，也可以获得长期而稳定的收益。

增强约束机制，提高管理绩效。PPP 项目处于政府和社会的双重监督和管理之下，社会资本不仅以利润最大化为目标，也要提升服务质量。水利工程建设和其他行业发展一样，同样需要并且也能够进一步发挥市场机制的主导作用，可以充分调动市场主体的积极性和创造性。奋斗水库通过引入 PPP 模式，政府部门不再承担项目建设实施的具体事宜，与社会资本相互约束从制度上排除了权力寻租和暗箱操作，从源头上有效避免了工程建设领域的腐败现象。

促进水利行业投资效率。政府部门在投资公共项目的时候，由于缺少市场竞争以及获得利润的动力，无论在工程建设还是在经营维护方面都缺乏效率，而社会资本会因为受到了利润最大化的驱使，在奋斗水库项目建设的过程中就会严格把控工期延误等问题，提高运营服务的效率。激发了社会资本的活力，可以有效地充分利用各方面的资源，提高水利行业的投资效率。

2) 湖南莽山水库

湖南莽山水库是湖南境内唯一的大型水库，是解决该地区洪涝灾害干旱缺水的唯一有效途径。工程总投资为 16.1 亿元。项目法人投资 42000 万元中 30% 作为项目法人资本金，即 12600 万元，其余 29400 万元，由项目法人向银行贷款等途径融资。项目法人资本金分二期到位，第一期资本金 5000 万元在注册成立项目公司时到位，第二期 7600 万元在 2016 年 6 月 30 日前到位，建设期利息由项目法人承担。投融资额度占总投资的 22.60%。灌区工程中央及省配套资金 60668 万元，县财政配套资金 23012 万元由项目法人负责筹措到位，工程款由县政府分 3 年按 4：3：3 比例偿还，按照 8.55% 偿还建设期资金利息。

经验分析：激发管理体制活力。在水利项目中引入社会资本，有利于转变思想，为水利工程建设领域注入新鲜血液。莽山水库通过引入社会资本参与建设管理，改变了过去单纯的由政府出资模式，双方合作，政府部门与社会资本一起参与项目建设，引入先进的管理理念和管理技术，可严格管控人员编制，明显改善了过去由政府主管的水利工程人员超编、松懈懒散等问题。

借助市场主导作用。市场决定资源配置是最有效率的。社会资本在获得莽山水库特许经营权后，在特许经营期内可充分发挥市场主导作用，最大限度激发项目潜在能力。以往政府投资项目公益性较强，收益低，盈利项目单一，引入社会资本后，可以利用社会资本的管理和资源优势来提高莽山水库效益及周边生态效益。

缓解政府资金筹措压力。在莽山水库建设施工过程中，枢纽工程总投资为105763万元，政府资本金59910万元，项目法人投资为42000万元，建设期利息为3853万元。可见社会资本占了整个工程总投资的39.7%，很大程度上缓解了政府的资金筹措压力。社会资本更加灵活而且能够快速到位，保证了水库项目建设实施进展不受资金不到位而延误工期。

3）陕西南沟门水利枢纽

南沟门水利枢纽工程在陕西延安黄陵县境内，该工程由洛河引洛入葫工程和芦河南沟水利枢纽工程这两项水利枢纽工程组成。该项目建设总投资概算为19.21亿元（政府出资为54540万元、其他途径贷款为137560万元），工期预计44个月。政府部门投资主体是延安水务投资建设有限责任公司，政府与陕西延长石油投资有限公司和华能国际电力开发公司按照40：30：30比例出资，成立延安南沟门水利枢纽工程有限责任公司，作为南沟门水利枢纽工程的项目法人。

经验分析：采用资本金与担保贷款组合的方式填补资金缺口。陕西南沟门水利枢纽工程采用社会投资主体的自有资金和担保贷款，代替了部分政府财政出资，有效化解了资金缺口问题。转变了以往都是依靠政府支出的模式，可减轻政府财政压力，这一模式对于经营性较强的水利工程项目具有较强示范价值。

利用竞争性会谈筛选优质合格的社会投资主体。在水利工程项目建设中政府部门占有主导地位，考虑到该项目资金需求量大、具有较好的财务收益，当地政府部门特地邀请了多家投资主体对南沟门水利枢纽工程进行洽商谈判，通过竞争方式来择优选择社会投资主体，签立合同以及项目投资运营等各项协议，避免了合作伙伴信用不良等影响南沟门水利工程项目建设。

改善项目法人治理结构和提高管理水平。南沟门水利枢纽项目由投资三方依照公司法进行组织管理，依照现代化企业模式运行，建立了比较完善的法人治理结构，在项目建设管理、运营维修中都严格执行有关技术标准和规章制度，一方面保障了投资者权益，另一方面大力提高了水利工程建设运营效率，充分保证了南沟门水利工程的顺利实施和良好运营以及后期的维修服务。

4）贵州马岭水利枢纽

贵州马岭水利枢纽工程是国家层面联系的社会资本参与重大水利工程建设试点项目中的大型项目。该工程地处黔西南州兴义市境内马别河干流上，是马别河干流上梯级规划的第9个梯级。国家发改委在2015年7月29日对该工程的可行性研究报告进行了批复，该工程的主要任务有城乡供水、防洪灌溉、发电航运、排涝抗旱等。设计年平均供水量达到21067万 m³，水库总库容为1.29亿 m³，总灌溉面积达到5.78万亩，多年平均发电量达1.24亿 kW·h。该枢纽工程总投资预计为26.24亿元，总工期计划为38个月。

经验分析：扩大社会资本参与基础设施领域。贵州马岭水利枢纽工程采用 PPP 合作模式，扩大了社会资本参与工程建设的领域范围，水利工程作为基础设施的一种，PPP模式在马岭水利工程建设中的顺利实施和发展意味着社会资本可以有效地参与到更多工程建设领域。该项目的成功实施有利于今后吸引更多的社会资本参与到输水工程、水源工程、供电工程等重大水利工程建设。

利益共享和风险分担。政府与社会合力出资兴建马岭水利枢纽工程项目，遵循平等合作、互相尊重、互利共赢、利益共享、风险共担等原则。当地政府在项目建成后授予私人特许经营权，社会资本可以获得长期稳定的收益，同时，社会与政府部门分担风险，当地政府主要承担政策和法律法规等风险，社会资本承担技术风险和市场风险等，通过发挥双方优势，将工程建设风险降到最低。

转变水利工程建设模式。该项目中政府与社会资本合作，结合了市场在资源配置中的决定性作用与政府在经济发展中的指导性作用，充分利用市场机制和资源，强化基础设施建设，转变建设模式。PPP模式的发展是中国经济进入新常态和拉动经济增长的新引擎。

5）江西峡江水利枢纽

峡江水利枢纽工程是赣江流域上一座大型的控制性水电站，同时也是我国目前规模量最大的水电站之一。该水利枢纽工程项目总投资为992216万元，国家政府拨款为288000万元，江西省省级财政部门负责安排113700万元，剩下的590516万元资金通过其他渠道筹集。该工程的一期下闸蓄水阶段验收于2013年顺利通过，如期完成了工程控制性节点目标，取得了航运、发电、防洪等综合效益。

经验分析：以水利工程的可经营性来吸引社会资本投入。峡江水利工程具有公益性的同时也带有经营性，可保障社会资本投资获得合理回报。借助工程的营利性项目和设施的作用，有效吸引社会资本注入，缓解项目建设的资金不足问题，该工程中社会资本金额总投资59.5%。峡江水利枢纽项目建成后将经营性比较强的水电站经营权部分剥离出来授予社会资本，同时科学合理划分社会资本的参与范围，保证社会资本在特许经营期内获得稳定的收益，使水利工程建设投资对于社会资本更具有吸引力。

采用邀请招标择优选择社会投资合作主体。政府部门与社会资本成功合作的关键是选择合适的项目投资主体。为了保证合作方质量，江西省水利厅在该工程项目招标过程中，邀请了数家有投资意愿的相关公司来投标，通过会谈协商竞争性报价等公开公正的方式合理择优选择中标企业，保证了项目建设主体的合格优质。

订立多项合同文件明确权责利关系。规范项目合作双方权利义务、建立奖惩约束机制的有效形式主要是采用规范、严谨的合同文本。为了避免各种利益和责任纠纷，峡江水利枢纽项目在实施开展前，相关利益主体就签订了多项合同文件，如出资比例和利益分配合同、发电相关合同书、特许经营期协议等，明确界定各合作方的责权利关系，保证峡江水利枢纽项目实施和运营等各项工作的顺利展开。

综上，政府通过水利工程项目的建设实施提供公共服务，社会资本以项目目标的实现来获得收益，政府和社会资本都是通过项目的建设实施达成自身的目标；总体来说在水利工程中引入PPP合作模式具有以下优势：减少政府部门财政压力，填补资金不足缺口；引入约束机制，提高水利工程项目建设质量和效率；充分利用市场在资源配置中的决定性作用；利益共享和风险分担机制；提高管理效率和水利行业投资效率。

8.3.3 PPP 模式的局限性

我国现行的水利工程项目管理的方法目前的主导模式是平行发包模式，在项目法人制、招投标制和建设监理制框架下建立的一种管理模式。

首先招投标是面向全社会进行竞标，利用市场这只看不见的手来选择优质的建设管理单位和先进的管理技术。参加竞标的企业必须具有足够的资质和技术力量才能完成相应的设计、施工任务。其次，大型水利工程项目一般是政府作为业主，政府发包，各个施工、设计单位和供应商承包。业主负责向承包人提供资金，承包人负责设计建造和监理，项目竣工验收后交付给业主，业主单位负责对项目的管理和运营。

PPP 模式最核心的一个特点就是融资，它的本质是一种新的融资方式，它的最主要特征是与政府合作。合作即企业和政府的关系是平行关系，而不是承包人与发包人、业主与承包商的关系。以 BOT 模式为例，政府通过提供优惠政策吸引外来企业和资金来完成政府提供的项目，政府选择具有足够资质和技术设备力量的企业进行合作，一旦确立合作关系，企业对整个项目负责，企业承担整个项目的风险，相应的在合同期内，也完全掌握项目的运营权，在合同期满后将工程移交给政府。从上述对比中可以看出，BOT 模式局限性有以下几点。

（1）企业自身技术力量的局限性

企业自身技术力量的局限性导致 BOT 模式具有了既定的局限性。社会资本和私人部门面对大型水利工程项目是无能为力的，目前国内没有任何一个设计、施工单位能够独立承担整个水利工程项目的所有设计建造工作。且私人部门缺乏政府的支持，资金不充足、技术力量不足，BOT 企业资金来源广泛，易引起利益冲突，也缺乏有效的信用管理，很难从银行获得足够的贷款。与大型的设计、施工单位相比，他们没有任何竞争的余地。因此，企业自身的局限性，也导致了 BOT 模式应用范围有局限性，BOT 模式的效果也有一定的局限性。

（2）当下管理模式带来的局限性

BOT 模式可以说是一种创新，它不仅创新了政府建造水利工程的融资方式，也带来了一种改革工程项目管理模式的新思路，即企业能够将整个项目从设计到建造一气呵成。BOT 模式不是将政府的业主身份转让给企业，企业也不是项目的承包商，政府是将项目的经营权临时转让给企业，为企业提供政策和资金支持。企业是工程的建造者也是经营者，在经营期间收回成本并获得利润，最后企业再将建好的工程移交给政府。这种模式与目前的发包-承包，设计-施工-建设分开进行的模式不同，它强调直接与政府合作，设计、施工均由企业负责，企业负责融资投资，风险由企业承担。政府需要企业的技术，企业需要政府的资金、政策支持，二者在相互需求的前提下开展合作。这种合作的方式首先走出了招投标的框架，政府选择企业，企业选择项目，二者协商谈判达成一致的方式。这种模式的创新性也是他的局限性，企业与政府谈判是一个长期的过程，会导致投资费用增加，工期变长，企业的融资投资风险大，一旦失败就无法挽回。而政府发包，公开招投标的方式不仅可以免去企业融资投资的风险，还能省去协商时间，让有能力的企业进行项目的设计、施工和监理。从缩短工期和减少投资的角度看，BOT 模式具有一定的局限性。

（3）水利工程的特点带来的局限性

众所周知，大型水利工程的特点就是投资大、工程量大、工期长、投资回报周期长、工程各部位的质量要求和工艺要求高低不一，施工单位的实力与资质参差不齐。水利工程要作为一个整体才能充分发挥它的功能，如果仅仅对整个工程的某一个部位采用 BOT 模式开展设计施工，显然是不科学的。大型的水利工程一般都是分阶段施工，最后统一验收交付使用。分阶段施工，分阶段验收使用显然不科学而且不可行。因此，BOT 模式只能使用在小型水利工程或者水利基础设施，如用于灌溉的水库、堤坝等基础设施。水利工程的特点决定了 BOT 模式的应用范围局限于水利基础设施的建设，而不能参与到更广泛的建设中。

PPP 模式作为一种新兴的管理模式，目前在水利工程的实际应用中存在一定的局限性，但是 PPP 模式具有灵活性，可以有机的与工程项目结合，虽然只体现了 PPP 的融资目的，但也取得了一定效果，为以后 PPP 模式进一步发展提供了宝贵经验。为了进一步促进 PPP 模式的发展，也应该采取一些措施：①完善好法治体制建设，在总体目标、工作思路、政策措施和反馈评价等方面做好顶层设计；②建立专门的监管机构。可设立 PPP 管理中心作为专门的 PPP 模式推广应用监管机构；③进行全面的评估咨询。加强 PPP 项目调研论证，从项目建设的可行性、招投标方案的全面性、投资意向主体的可靠性、建设与运营技术的科学性、运营维护成本与收益的周期性等方面进行全方位分析评估；④强化风险管控。加大宣传和培训力度，增强风险意识，保障 PPP 推广规范有序、科学操作，防范风险。⑤提供金融架构支持。除了商业银行或政策性银行等传统金融机构外，政府还可以专门设立或者引进其他投资主体共同出资建立专门的 PPP 项目信贷银行、担保基金或其他金融机构。

练 习 题

1. 水利现代化面临的主要问题是什么？
2. 新工艺在水利工程中的应用有哪些？
3. 新材料在水利行业的应用有哪些？
4. 简述遥感技术在水利工程中的应用？
5. 简述 GIS 技术在水利工程中的应用？
6. PPP 模式运作的基本流程是什么？
7. 简述 PPP 模式在水利工程项目管理中的应用？
8. 简述 BIM 技术水利工程项目管理中的应用？

第 9 章　BIM 基础实训教程

9.1　BIM 工作流程

BIM 工作流程更加强调和依赖设计团队的协作。仅仅安装 BIM 软件来取代 CAD 软件，仍然沿用现有的工作流程，所带来的帮助非常有限，甚至还会产生额外的麻烦。传统 CAD 工作流程：设计团队绘制各种平面图、剖面图、立面图、明细表等，各种图之间需要通过人工去协调（图 9-1）。

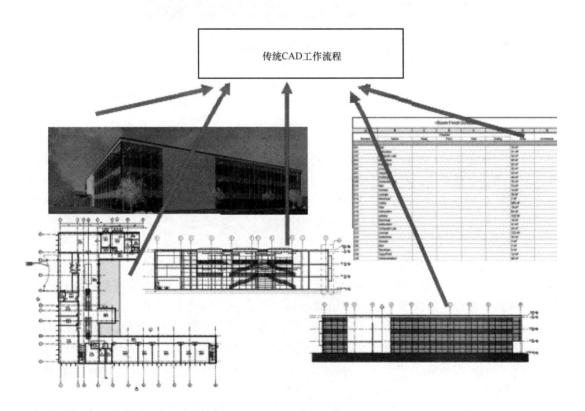

图 9-1　传统 CAD 工作流程

BIM 工作流程：设计团队通过协作共同创造三维模型，通过三维模型去自动生成所需要的各种平面图、剖面图、立面图、明细表等，无需人工去协调（图 9-2）。

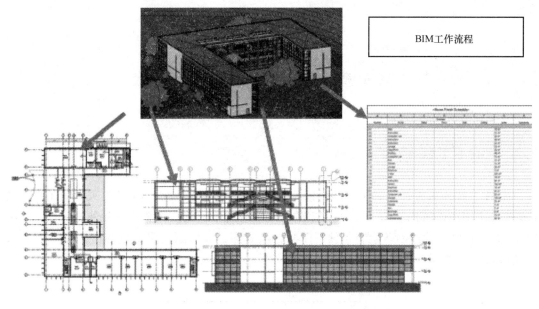

图 9-2　BIM 工作流程

9.2　BIM 的价值

1. 可视化：可视化即"所见即所得"的形式。

通过三维建模将复杂的建筑实物直观地表现出来，并可同构件之间形成互动性和反馈性，使建筑信息模型化的整个过程都能可视化。模型三维的立体实物图形可视，不仅可以用来展示效果图及生成报表，更重要的是，方便在项目设计、建造、运营过程中更好地进行沟通、讨论与决策，这对建筑行业而言作用与意义非常巨大。

2. 协调性

协调性是建筑业中的重点内容，不管是业主还是设计单位及施工单位，无不在做着协调及相配合的工作。BIM 建筑信息模型可在建筑物建造前期对各专业的碰撞问题进行协调，生成协调数据，解决各专业项目信息出现"不兼容"现象，并提供出来。当然 BIM 的协调作用也并不仅是解决专业间的碰撞问题，使用有效 BIM 协调流程进行协调综合，将减少不合理变更方案或问题变更方案。例如：管道与结构冲突、各个房间出现冷热不均、预留的洞口没留或尺寸不对等情况。

3. 模拟性

模拟性并不是只能模拟设计出的建筑物模型，还可以模拟不能够在真实世界中进行操作的事物。在设计阶段，BIM 可以对设计上需要进行模拟的一些东西进行模拟实验。例如：节能模拟、紧急疏散模拟、日照模拟、热能传导模拟等；在招投标和施工阶段可以进行 4D 模拟（三维模型加项目的发展时间），也就是根据施工的组织设计模拟实际施工，从而来确定合理的施工方案来指导施工。同时还可以进行 5D 模拟（基于 3D 模型的造价控制），从而实现成本控制；后期运营阶段可以模拟日常紧急情况的处理方式的模拟，例如地震人员逃生模拟及消防人员疏散模拟等。

（1）3D 画面的模拟（图 9-3）

图 9-3

（2）能效、紧急疏散、日照、热能传导等的模拟（图 9-4）

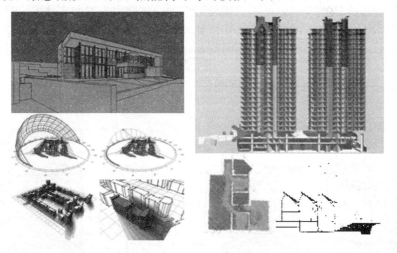

图 9-4

（3）4D（发展时间上）的模拟
（4）5D（造价控制上）的模拟
（5）对地震人员逃生及消防人员疏散等日常紧急情况的处理方式的模拟（图 9-5）

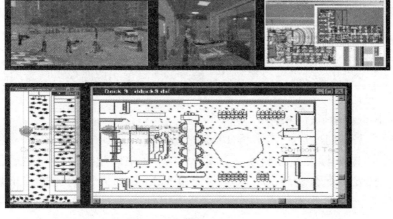

图 9-5

4. 优化性

事实上整个设计、施工、运营的过程就是一个不断优化的过程，尽管优化和 BIM 也不存在实质性的必然联系，但在 BIM 的基础上可以做更好的优化、更好地做优化。优化受三个因素的制约：信息、复杂程度和时间。没有准确的信息做不出合理的优化结果，BIM 模型提供了建筑物实际存在的信息，包括：几何信息、物理信息、规则信息，还提供了建筑物变化以后的实际存在。现代建筑物的复杂程度大多超过参与人员本身的能力极限，复杂程度高到一定程度，参与人员本身的能力将无法掌握所有的信息，必须借助一定的科学技术和设备帮助。基于 BIM 的优化可以做下面的工作：

（1）BIM 及与其配套的各种优化工具能对项目进行尽可能的优化处理；

（2）利用模型提供的各种信息进行优化，如几何信息、物理信息、规则信息、建筑物变化以后的各种情况信息；

（3）复杂程度高的建筑到处可以看到异形设计，这些内容看起来占整个建筑的比例不大，但是占投资和工作量的比例和前者相比却往往要大得多，而且通常也是施工难度比较大和施工问题比较多的地方，对这些内容的设计施工方案进行优化，可以带来显著的工期和造价改进。

5. 可出图性（图 9-6）

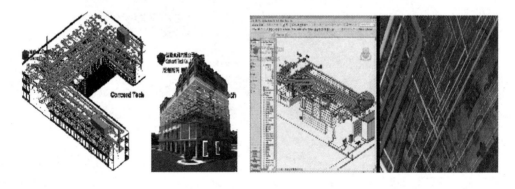

图 9-6

BIM 并不是为了出大家日常多见的建筑设计院所出的建筑设计图纸及一些构件加工的图纸。而是通过对建筑物进行了可视化展示、协调、模拟、优化以后，可以帮助业主出如下图纸：

（1）综合设计施工图＝建筑设计图＋经过碰撞检查和设计修改；

（2）综合管线图（经过碰撞检查和设计修改，消除了相应错误以后）；综合结构留洞图（预埋套管图）；

（3）碰撞检查侦错报告和建议改进方案。

由上述内容，我们可以大体了解 BIM 的相关内容。BIM 目前在国外很多国家已经有比较成熟的 BIM 标准或者制度了，那么 BIM 在中国建筑市场内是否能够同国外的一些国家一样发展那么顺利呢？这必须要看 BIM 如何同国内的建筑市场特色相结合，当能够满足国内建筑市场的特色需求后，BIM 将会给国内建筑业带来一次巨大变革。

9.3 Revit 软件介绍

Revit 是 Autodesk 公司一套系列软件的名称。Revit 系列软件是专为建筑信息模型（BIM）构建的，可帮助建筑设计师设计、建造和维护质量更好、能效更高的建筑。Revit 助力建筑信息模型 AutodeskRevit 作为一种应用程序提供，它结合了 AutodeskRevit Architecture、AutodeskRevit MEP 和 AutodeskRevit Structure 软件的功能，是我国建筑业 BIM 体系中使用最广泛的软件之一。

9.4 Revit 基本术语

1. 项目

项目是单个设计信息数据库模型。项目文件包含了建筑的所有设计信息（从几何图形到构造数据），包括用于设计模型的构件、项目视图和设计图纸，通过使用单个项目文件，用户仅需跟踪一个文件便可以轻松地修改设计，并使修改的设计反映在所有关联区域（如平面视图、立面视图、剖面视图、明细表等）中，方便了项目管理，项目使用文件扩展名为".RVT"。

2. 项目样板

项目样板文件在实际设计过程中起到非常重要的作用，它统一的标准设置为设计提供了便利，在满足设计标准的同时大大提高了设计师的效率。基于样板的任意新项目，均继承来自样板的所有族、设置（如单位、标注符号、标高标头、填充样式、线样式、线宽和视图比例）和几何图形。样板文件是一个系统性文件，其中的很多内容来源于设计中的日积月累，因此我们样板文件也是在不断完善中。项目样板使用文件扩展名为".RTE"。

3. 族

项目是由族构件组成的，族是参数信息的载体。一个族中各个属性对应的数值可能有不同的值，但是属性的设置（其名称与含义）是相同的，族文件扩展名为".RFA"。

Revit 包含系统族、可载入族和内建族三种族。

（1）系统族：是不能够删除和修改的族，保存在样板和项目中，不能作为外部文件载入或创建。系统族包含用于创建基本建筑图元（如：建筑模型中的墙、楼板、天花板和楼梯）的族类型，包含但不限于：标高、轴网、图纸和视口等图元类型。

（2）可载入族：使用族样板在项目外创建的".RFA"文件，是可载入到项目中的外部族，具有属性可自定义的特征，因此可载入族是用户最经常创建和修改的族。例如：门、窗、家具、梁、柱……

（3）内建族：指在当前项目中通过"内建模型"或"内建体量"命令新建的族，与之前介绍的"可载入族"的不同在于"内建族"只能存储于当前的项目文件，不能单独存成 RFA 文件，也不能用在别的项目文件中。

4. 族样板

Revit 根据族的用途和类型，提供了很多种类的族样板，其中包含在开始创建族时以及 Revit 在项目中放置族时所需要的信息，在自建族时首先需要选择合适的族样板。族样板不可以被修改，文件扩展名为".RFT"。

5. 类别

类别是以建筑构件性质为基础，对建筑模型进行归类的一组图元。例如 Revit 中包含的族类别有门、窗、柱、家具、照明设备等。

6. 类型

每种类别构件有多个类型。类型用于表示同一族的不同参数（属性）值。如某个"单扇平开门 .rfa"包含"900mm×2100mm"、"800mm×2100mm"、"900mm×2300mm"（宽×高）三种不同类型。

7. 实例

放置在项目中的实际项（单个图元）。在建筑（模型实例）或图纸（注释实例）中都有特定的位置。比如窗"900mm×2100mm"在 1F 和 2F 的窗底高分别是 900mm 和 300mm。

8. 图元

图元：是建筑模型中的单个实际项，包括基础图元、模型图元（模型构建是建筑模型中其他所有类型的图元）和视图专有图元（注释图元，详图）。类别只是模型图元的组成。

9.5 软件界面介绍

1. 软件初始界面（图 9-7）

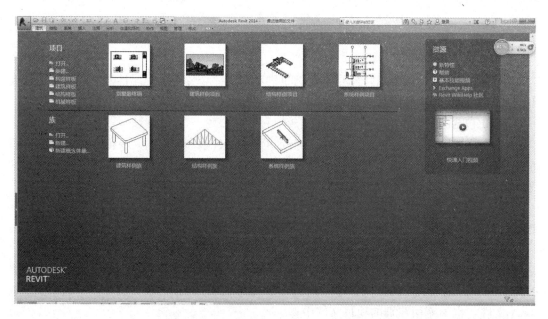

图 9-7

2. 软件功能区界面（图 9-8）

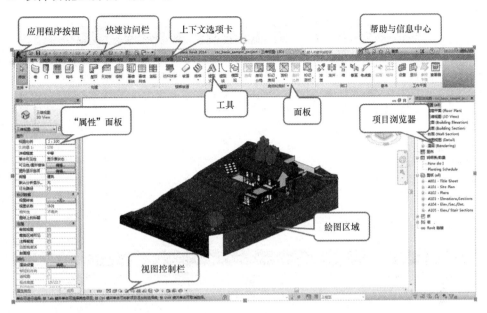

图 9-8

3. 应用菜单（图 9-9）

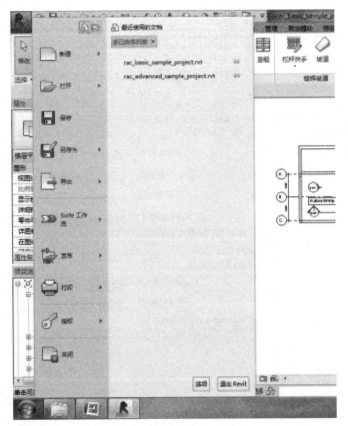

图 9-9

4. 功能区（图9-10）

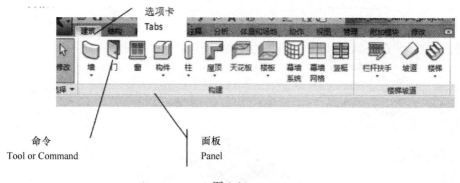

图 9-10

5. 选项卡（图9-11、图9-12）

图 9-11

图 9-12

建筑、结构、系统选项卡的显示可以从"选项"对话框"用户界面"中进行调整。"选项"对话框可以从"应用菜单"中打开。

6. 上下文选项卡（图 9-13）

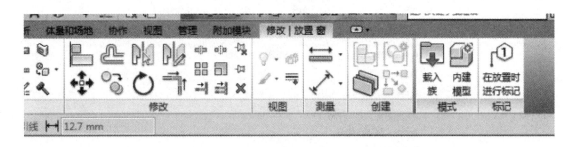

图 9-13

7. 属性面板（图 9-14）

8. 项目浏览器（图 9-15）

图 9-14

图 9-15

9. 视图控制栏（图 9-16）

图 9-16

10. 视图立方体（图 9-17）

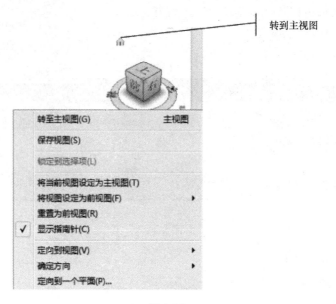

图 9-17

11. 导航栏（图 9-18）

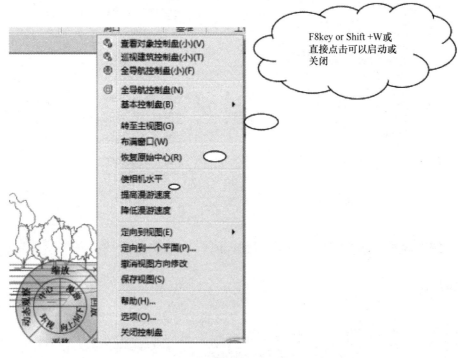

图 9-18

12. 鼠标

Ctrl＋鼠标中建 —— 缩放视图

Shift＋鼠标中建 —— 旋转视图

9.6　实例建模教程

根据下面给出的平面图、立面图、三维图，建立房子模型，具体要求如下：

（1）建立房子模型：

1）按照给出的平、立面图要求，绘制轴网及标高，并标注尺寸。

2）按照轴线创建墙体模型，其中内墙厚度均为 200mm，外墙厚度均为 300mm。

3）按照图纸中的尺寸在墙体中插入门和窗，其中：门的型号：M0820，M0618，尺寸分别为 800mm×2000mm，600mm×1800mm。窗的型号：C0912，C1515，尺寸分别为 900mm×1200mm，1500mm×1500mm。

4）分别创建门和窗的明细表：门明细表包含"类型"、"宽度"、"高度"以及"合计"字段；窗明细表包含"类型"、"底高度"、"宽度"、"高度"以及"合计"字段。明细表按照类型进行成组和统计。

5）建立楼板模型，厚度为 200mm，建立屋顶模型，厚度为 400mm。

（2）建立 A2 尺寸的图纸，将模型的平面图（图 9-19）、东立面（图 9-20）、南立面（图 9-21）、西立面（图 9-22）、北立面（图 9-23）以及门明细表和窗明细表分别插入至图纸中，并根据图纸内容将图纸视图命名，图纸编号任意。

（3）将模型文件以"房子.rvt"为文件名保存。

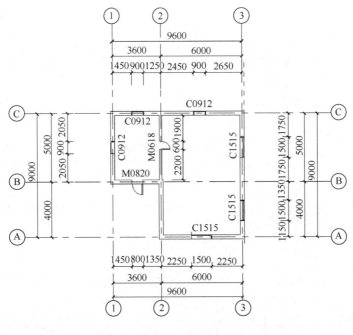

图 9-19　平面图

1. 新建项目

我们在任何一个项目绘制前，都需要选定特定的项目样板，在建立一个族文件时要选定特定的族样板。

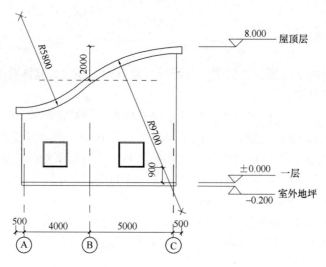

图 9-20　东立面图

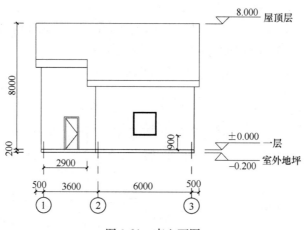

图 9-21　南立面图

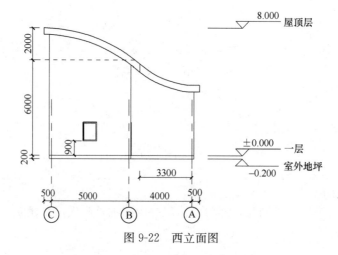

图 9-22　西立面图

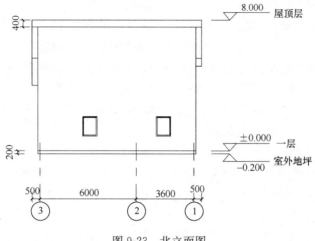

图 9-23 北立面图

进入初始界面单击"新建",在"新建项目"对话框中选择"建筑样板"文件,单击新建"项目"选项,"确定"进入。

图 9-24

2. 绘制标高轴网

（1）绘制标高（图 9-24）

在 REVIT 软件中一般先画标高后建轴网。

在项目浏览器中双击"南立面"进入视图,并观察南立面图。建筑样板默认给出"标高 1"和"标高 2",选择"标高 2",修改高度为 8.00m。

在"建筑"选项卡"基准"面板中单击"标高"（快捷命令 LL）。利用绘制面板中的"拾取线"命令,设置偏移量为 200,拾取标高 1,当蓝色虚线预览在下方时单击生成标高 3,选中"标高 3"在类型选择器中修改标高类型为"下标头"。

分别双击标头输入图纸中相应的标头名称。

（2）绘制轴网（图 9-25）

在项目浏览器中的"楼层平面"下双击"一层"进入视图。在"建筑"选项卡"基准"面板中单击"轴网"（快捷命令 GR）,只需要在任意一个平面视图中绘制一次,其他平面和立面、剖面视图中都将自动显示。

选择直线命令,从上到下垂直绘制第一根轴网,轴号为"1",根据题目要求修改轴网的属性,选中 1 轴,单击属性面板中的"编辑类型",进入"类型属性"对

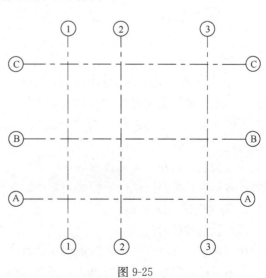

图 9-25

话框中修改轴线中段为连续,勾选平面视图轴号端点 1 和端点 2。

利用复制命令创建 2、3 轴。鼠标选中 1 轴在修改面板中单击"复制"(快捷命令 CO),勾选"约束"和"多个",移动光标在 1 轴上捕捉一点单击作为复制基准点,然后水平向右移动光标输入间距值为 3600 后按 Enter 键生成 2 轴,继续向右移动光标输入数值为 6000 回车,按两次 Esc 键退出复制命令完成纵向轴网的绘制。

在"建筑"选项卡"基准"面板中单击"轴网",从左往右绘制横向轴网。修改轴号名称为 A。同样用复制的命令绘制 B、C 轴。

(3)尺寸标注(图 9-26)

选择"注释"选项卡"尺寸标注"面板中的"对齐"命令,单击 1 轴和 2 轴并在空白处单击生成尺寸标注,同样的方法为其他轴网之间添加尺寸标注。

3. 创建墙体(图 9-27)

进入一层平面视图,在"建筑"选项卡"构建"面板中选择"墙"下拉菜单中的"墙,建筑"。在"类型选择器"中选择"基本墙-常规-300",单击"编辑类型",在"类型属性"对话框中复制出新的墙类型命名为"外墙",继续复制出新的墙类型命名为"内墙",编辑"类型参数"结构厚度为"200"。

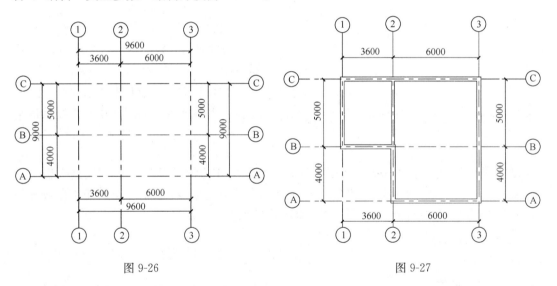

图 9-26   图 9-27

选择"外墙",在绘制面板中选择"直线"命令,选项栏"定位线"为"墙中心线",在属性面板中设置实例属性"底部限制条件"为"室外地坪","顶部限制条件"为"直到标高:屋顶层","顶部偏移"为"-4000"。按照平面图图纸,以"1 轴"与"C 轴"的交点为起点顺时针绘制外墙。

外墙绘制好后在"类型选择器"中切换成"内墙",在属性面板中设置实例属性与绘制的外墙一致,按照图纸所示位置绘制内墙。

4. 创建门窗(图 9-28)

(1)创建并放置门

在"建筑"选项卡"构建"面板中选择"门"。在"类型选择器"中选择任一"单扇门"类型,单击"编辑类型"进入"类型属性"对话框,复制新的门类型命名为 M0820,

修改高度为"2000"，宽度为"800"，类型标记为"M0820"。同样的方法复制出门类型"M0618"，修改高度为"1800"，宽度为"600"，标记类型为"M0618"，单击"确定"。

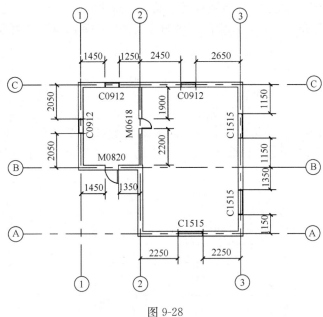

图 9-28

按照平面图中所示位置将门放置在墙上，在放置门前单击"在放置时进行标记"，不勾选引线。按空格键可以控制门的左右开启方向，在墙上合适位置单击鼠标左键放置门，拖动临时尺寸标注蓝色的控制点至图纸中标注的位置，修改临时尺寸标注的数值，以此来确定门的位置。

（2）创建并放置窗

在"建筑"选项卡"构建"面板中选择"窗"。在"类型选择器"中选择任一"单扇窗"类型，单击"编辑类型"进入"类型属性"对话框，复制新的窗类型命名为C0912，修改高度为"1200"，宽度为"900"，类型标记为"C0912"，同样的方法复制出"C1515"，修改高度为"1500"宽度为"1500"，标记类型为"C1515"，单击"确定"。在放置时均在实例属性中设置底高度为900。

按照平面图中所示位置将窗放置在墙上，在放置窗前单击"在放置时进行标记"，不勾选引线。按空格键可以控制窗的开启方向，在墙上合适位置单击鼠标左键放置窗，拖动临时尺寸标注蓝色的控制点至图纸中标注的位置，修改临时尺寸标注的距离，以此来确定窗的位置。

5. 创建门窗明细表（图 9-29）

在"视图"选项卡中单击"明细表"下拉菜单中的"明细表/数量"，在"新建明细表"对话框左侧的类别中选择"门"。阶段选择"新构造"，单击"确定"，进入"明细表属性"对话框，在左侧可用字段

<门明细表>			
A	**B**	**C**	**D**
类型	高度	宽度	合计
M0618	1800	600	1
M0820	2000	800	1

<窗明细表>				
A	**B**	**C**	**D**	**E**
类型	宽度	高度	底高度	合计
C0912	900	1200	900	3
C1515	1500	1500	900	3
总计: 6				

图 9-29

中选择明细表中需要出现的字段"类型"、"宽度"、"高度"、"合计"等，双击或单击"添加"到右侧的明细表字段中，注意上下顺序的调整。在"排序/成组"菜单下，排序方式设置为"类型"，单击"确定"自动跳转到生成的门明细表。

同样的方法创建窗明细表，选用的字段为"类型"、"底高度"、"宽度"、"高度"、"合计"。

6. 创建屋顶（图9-30）

进入"一层"楼层平面视图，单击"参照平面"（快捷命令RP），使用拾取线的绘制工具，输入偏移量为500，拾取3轴向右偏移500mm生成一条垂直的参照平面。单击"建筑"选项卡"屋顶"下拉菜单中的"拉伸屋顶"，跳出"工作平面"对话框，单击"拾取一个平面"后确定，拾取图中参照平面并在"转到视图"对话框中选择"东"立面，进入"东"立面视图。

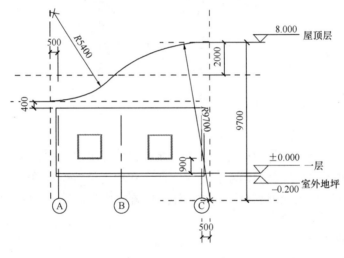

图9-30

利用参照平面绘制辅助线，找到圆弧圆心位置，根据东立面图给出的尺寸，使用绘制面板中"圆心端点弧"命令绘制屋顶上半部分的弧，输入半径为9700mm。

使用绘制面板中"起点终点半径弧"命令绘制出拉伸屋顶下半部分的圆弧，半径为5400mm。在属性面板中输入"拉伸终点"为－10600。

轮廓绘制好后，在类型选择器中选择"基本屋顶-常规－400mm"的屋顶类型。单击✔生成拉伸屋顶。进入"三维视图"，在修改墙面板中单击"附着顶部｜底部"，先选中所有内外墙再单击屋顶，使墙附着至屋顶上。

利用竖井来剪切屋顶，进入"屋顶层"楼层平面视图，选择"建筑"选项卡下的"竖井"工具，利用绘制面板中直线命令绘制竖井轮廓。在属性中设置"底部限制条件"为"一层"，"顶部限制条件"为"屋顶层"，单击✔生成竖井，完成屋顶的绘制。

7. 创建楼板（图9-31）

将视图切换至"一层"楼层平面视图，单击"建筑"选项卡中的"楼板"命令，进入楼板绘制模式。单击"编辑类型"进入"类型属性"对话框，复制新的楼板类型命名为"楼板"，在类型参数中修改厚度为200。选择绘制面板中的"拾取墙"命令，利用Tab键

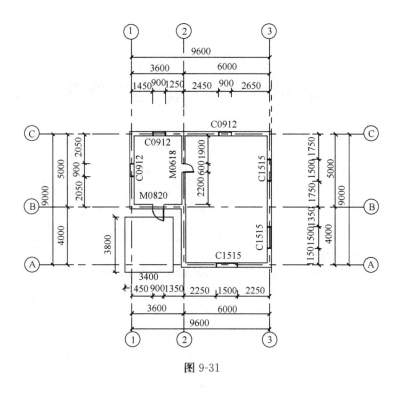

图 9-31

拾取所有外墙单击生成楼板轮廓，单击 ✓ 生成楼板。

8. 布图

单击"视图"选项卡下"图纸组合"面板中的"图纸"工具，在弹出的"新建图纸"对话框中单击选择"A2 公制"，单击"确定"，此时绘图区域打开一张新创建的 A2 图纸，将平面图添加至图纸中，并放置合适的位置，在项目浏览器"图纸"下自动添加了图纸"J101-未命名"，并重命名图纸的名称为"平面图"，同样的方法依次创建东立面图、西立面图、南立面图、北立面图和门明细表、窗明细表的图纸并根据视图名称重命名相应图纸名称。

9. 保存

单击左上角应用程序菜单中的"保存"，输入文件名为"房子"，选择文件类型为"RVT"，单击保存，完成模型。

第10章 机 电 工 程

10.1 机械设备安装技术

10.1.1 机械设备安装

机械设备安装的一般程序：

施工准备→设备开箱检查→基础测量放线→基础检查验收→垫铁设置→设备吊装就位→设备安装调整→设备固定与灌浆→零部件清洗与装配→润滑与设备加油→设备试运转→工程验收。

1. 施工准备

（1）技术准备

仔细研究机械设备使用说明书，安装工程施工图，机械设备平面图、立面图、剖面图、工艺系统图、局部放大图以及机械设备安装规范和质量标准等；熟悉机械设备的原始数据、技术参数和使用性能；对安装人员进行必要的技术培训、技术训练，对技术难点进行咨询和辅导；对大中型、特殊的或复杂的安装工程应编制施工组织设计或施工方案。

（2）开箱检查

1）在设备交付现场安装前，开箱检查单位由施工单位、建设单位（或其代表）、供货单位共同参加。

2）验收内容：

根据设备装箱清单和随机技术文件对设备及其零部件按名称、规格和型号逐一清点、登记和检查，有无缺损件，表面有无损坏和锈蚀，其中重要的零部件还需按质量标准进行检验，形成检验记录。

2. 设备基础与检验

基础的施工是由土建施工单位部门来完成的，建设单位、监理和安装单位要对基础施工进行必要的技术监督和最后的基础验收。基础施工大约包括几个过程：挖基坑、打垫层、装设模板、绑扎钢筋、安装地脚螺栓或预留孔模板、浇灌混凝土、养护、拆除模板等。

（1）设备基础分类

设备基础按组成材料分为：

① 素混凝土基础：由砂、石、水泥等材料组成的基础，适用于承受荷载较小、变形不大的设备基础。

② 钢筋混凝土基础：由砂、石、水泥、钢筋等材料组成的基础，适用于承受荷载较大、变形较大的设备基础。

③ 砂垫层基础：在基底上直接填砂，并在砂基础外围设钢筋混凝土圈梁挡护填砂，适用于使用后允许产生沉降的结构，如大型储罐。

（2）设备基础常见质量通病

设备基础的质量通病多种多样，影响机械设备安装的设备基础主要质量通病有：

1）设备基础上平面标高超差。标高高于设计或规范要求会使设备二次灌浆层高度不够，标高低于设计或规范要求会使设备二次灌浆层高度过高，影响二次灌浆层的强度和质量。

2）预埋地脚螺栓的位置、标高及露出基础的长度超差。预埋地脚螺栓中心线位置偏差过大会使设备无法正确安装；标高及露出基础的长度超差会使地脚螺栓长度或螺纹长度偏差过大，无法起到固定设备的作用。

3）预留地脚螺栓孔深度超差（过浅），会使地脚螺栓无法正确埋设。

（3）设备基础外观质量要求

1）设备基础外表面应无裂纹、空洞、掉角、露筋。

2）设备基础表面和地脚螺栓预留孔中油污、碎石、泥土、积水等应清除干净。

3）地脚螺栓预留孔内应无露筋、凹凸等缺陷，孔壁应垂直。

4）放置垫铁的基础表面应平整，中心标板和标高基准点应埋设牢固、标记清晰、编号准确。

3. 设置设备安装基准线和基准点

机械设备定位基准的面、线或点对安装基准线的平面位置和标高的允许偏差，应符合表 10-1 的规定。

机械设备定位基准的面、线或点与安装基准线的平面位置和标高的允许偏差　表 10-1

项　　目	允许偏差（mm）	
	平面位置	标高
与其他机械设备无机械联系的	+10	+20 -10
与其他机械设备有机械联系的	+2	+1

4. 地脚螺栓安装

（1）地脚螺栓的分类

设备与基础的连接主要是地脚螺栓连接，通过调整垫铁将设备找正找平，然后灌浆将设备固定在设备基础上。地脚螺栓按埋设形式可分为固定式地脚螺栓、活动式地脚螺栓、胀锚式地脚螺栓和粘接式地脚螺栓，常用的是固定式地脚螺栓和活动式地脚螺栓。固定式地脚螺栓按安装方式不同可分为预埋地脚螺栓、预留孔地脚螺栓和用环氧砂浆锚固地脚螺栓三种。

胀锚地脚螺栓中心到基础边缘的距离不小于 7 倍的胀锚地脚螺栓直径；钻孔时应防止钻头与基础中的钢筋、埋管等相碰；安装胀锚地脚螺栓的基础强度不得小于 10MPa。

（2）地脚螺栓的验收要求

安装预留孔中的地脚螺栓应符合下列要求：

① 地脚螺栓在预留孔中应垂直，无倾斜。

② 地脚螺栓任一部分离孔壁的距离不宜小于 15mm；地脚螺栓底端不应碰孔底。

③ 地脚螺栓安放前，应将预留孔中的杂物清理干净。

④ 地脚螺栓上的油污和氧化皮等应清除干净，螺纹部分应涂少量油脂。

⑤ 螺母与垫圈、垫圈与设备底座间的接触均应紧密。

⑥ 拧紧螺母后，螺栓应露出螺母，其露出的长度宜为螺栓直径的 1/3～2/3。

⑦ 应在预留孔中的混凝土达到设计强度的 75% 以上时拧紧地脚螺栓，各螺栓的拧紧力应均匀。

5. 垫铁安装

（1）垫铁作用

利用垫铁可调整设备的水平度，并能把设备的重量、工作载荷和拧紧地脚螺栓产生的预紧力，均匀地传递给基础；可使设备的标高和水平度达到规定的要求，为基础的二次灌浆提供足够的操作空间。

（2）垫铁分类

垫铁有铸铁垫铁和钢板垫铁两种，形状可分为平垫铁、斜垫铁、开孔垫铁、开口垫铁、钩头成对斜垫铁、调整垫铁等六种。大多用于不承受主要负荷（主要负荷基本上由灌浆层承受）的部位；承受负荷的垫铁组，应使用成对斜垫铁，调平后用定位焊焊牢固。螺栓调整垫铁，只需拧动调整螺栓即可灵敏调节设备高低。

1）垫铁组的使用，应符合下列规定：

① 承受载荷的垫铁组，应使用成对斜垫铁；

② 承受重负荷或有连续震动的设备，宜使用平垫铁；

③ 每一垫铁组的块数不宜超过 5 块；

④ 放置平垫铁时，厚的宜在下面，薄的宜放中间；

⑤ 垫铁的厚度不宜小于 2mm；

⑥ 除铸造垫铁外，各垫铁互相间应用定位焊焊接牢固。

2）每一垫铁组应放置整齐平稳，接触良好。设备调平后，每组垫铁均应压紧，并应用手锤逐组轻击听音检查。对高速运转的设备，当采用 0.05mm 塞尺检查垫铁之间及垫铁与底座面之间的间隙时，在垫铁同一断面处以两侧塞入的长度总和不得超过垫铁长度或宽度的 1/3。

3）机械设备调平后，垫铁端面应露出设备底面外缘；平垫铁宜露出 10～30mm；斜垫铁宜露出 10～50mm。垫铁组伸入设备底座底面的长度应超过设备地脚螺栓的中心。

4）安装在金属结构上的设备调平后，其垫铁均应与金属结构用定位焊焊牢。

6. 设备安装调整

在机械设备安装中，设备的坐标位置调整（找正）、水平度的调整（找平）、高度的调整（找标高）以及紧固地脚螺栓是一个综合调整的过程，当对其中一个项目进行调整时，对其他项目可能产生影响，全部项目调整合格，需要多次反复才能完成。

（1）设备找正

设备找正是用移动设备的方法将其调整到设计规定的平面坐标位置上，即将其纵向中心线和横向中心线与基准线的偏差控制在设计或规范允许的范围内。

（2）设备找平

设备找平是指在安装中用调整垫铁高度的方法将其调整到设计规定的水平状态，水平度偏差控制在设计或规范规定的允许范围内。设备的水平度通常用水平仪测量。检测应选择在设备的精加工面上。有的设备在安装中其水平度的要求是以垂直度来保证的，例如有立柱加工面或有垂直加工面的设备。

（3）设备找标高

设备找标高是指在安装中用调整垫铁高度的方法将其调整到设计规定的高度位置，高度偏差控制在设计或有关规范允许的范围内。

7. 设备灌浆

设备底座与基础之间的灌浆（二次灌浆）在设备找正调平、地脚螺栓紧固、各检测项目合格后进行。可使用的灌浆料很多，例如普通混凝土、高强度混凝土、无收缩混凝土、微膨胀混凝土、环氧砂浆等，灌浆料通常由设计选用，设计未提出要求时，宜用无收缩混凝土或微膨胀混凝土。灌浆工艺应根据选用的灌浆料按设计文件或有关规范的规定执行。

（1）灌浆方法和灌浆料

1）灌浆方法

设备灌浆分为一次灌浆和二次灌浆。一次灌浆是在设备粗找正后，对地脚螺栓孔进行的灌浆。二次灌浆是在设备精找正后，对设备底座和基础间进行的灌浆。

2）灌浆料

灌浆料是以高强度材料作为骨料，以水泥作为结合剂，辅以高流态、微膨胀、防离析等物质配制而成。它在施工现场加入一定量的水，搅拌均匀后即可使用。灌浆料具有自流性好、快硬、早强、高强、无收缩、微膨胀；无毒、无害、不老化、对水质及周围环境无污染，自密性好、防锈等特点。在施工方面具有质量可靠，降低成本，缩短工期和使用方便等优点。从根本上改变设备底座受力情况，使之均匀地承受设备的全部荷载，从而满足各种机械，电器设备（重型设备高精度磨床）的安装要求，是无垫铁安装时代的理想灌浆材料。

（2）灌浆的验收要求：

1）灌浆材料可以选择细碎石混凝土、无收缩混凝土、微膨胀混凝土、环氧砂浆和其他灌浆料（如 CGM 高效无收缩灌浆料、RG 早强微胀二次灌浆料）等。其强度应比基础或地坪的强度高一级，灌浆时应实，并不应使地脚螺栓倾斜和影响设备的安装精度。

2）当灌浆层与设备底座面接触要求较高时，宜采用无收缩混凝土或水泥砂浆。

8. 调整、试运行

（1）试运转前的准备工作

试运转前的准备工作，应包括以下几项主要内容：

1）熟悉设备说明书和有关技术文件资料，了解设备的构造和性能，掌握其操作程序、操作方法和安全守则。

2）对大型设备和较复杂设备要编制试运转方案，应经有关技术主管批准和同意。

3）试运转时用的工具、材料（特别是润滑剂）、安全防护设施及防护用品都应准备齐全。

4）设备应清洗干净，周围环境应打扫干净。

5）控制系统、安全防护装置、制动机构等，经检查调试，应达到运行良好、灵敏可靠、电机转向与运动部件的运转方向符合技术文件规定。

6）各运动部件手摇移动或人力盘车时应灵活，无阻滞，各操作手柄扳动自如、到位、准确、可靠。

（2）设备试运转内容和步骤

1）电气（仪器）操纵控制系统及仪表的调整试验。

2）润滑、液压、气（汽）动、冷却和加热系统的检查和调整试验。

3）机械和各系统联合调整试验。

4）空负荷试运转。空负荷试运转应在上述三项调整试验合格后进行。

5）试运转的步骤为：先无负荷，后负荷；先单机，后系统；最后联动。

10.1.2 机械设备安装精度的控制

1. 机械设备安装的分类

解体安装：对某些大型设备，由于运输条件的限制，无法将其整体运输到安装施工现场，出厂时只能将其分解成零部件进行运输，在安装施工现场，重新按设计、制造要求进行装配和安装，称为解体安装。这类安装，不仅要保证设备的定位位置精度和各设备间相互位置精度，还必须再现制造、装配的精度。在安装现场，无论环境条件，还是专用机具、量具都无法达到制造厂的标准，要保证其安装精度是比较困难的。

2. 影响设备安装精度的主要因素及控制方法

（1）影响设备安装精度的主要因素

1）基础的施工质量（精度）：包括基础的外形几何尺寸、位置、不同平面的标高、上平面的平整度和与水平面的平行度偏差；基础的强度、刚度、沉降量、倾斜度及抗震性能等。

2）垫铁、地脚螺栓的安装质量（精度）：包括垫铁本身的质量、垫铁的接触质量、地脚螺栓与水平面的垂直度、二次灌浆质量、垫铁的压紧程度及地脚螺栓的紧固力矩等。

3）设备测量基准的选择，直接关系到整台设备安装找正找平的最后质量。安装时测量基准通常选在设备底座、机身、壳体、机座、床身、台板、基础板等的加工面上。

4）散装设备的装配精度：包括各运动部件之间的相对运动精度，配合表面之间的配合精度和接触质量，这些装配精度将直接影响设备的运行质量。

5）测量装置的精度必须与被测量装置的精度要求相适应，否则达不到质量要求。

6）设备内应力的影响：设备在制造和安装过程中所产生的内应力将使设备产生变形而影响设备的安装精度。因此，在设备制造和安装过程中应采取防止设备产生内应力的技术措施。

7）温度的变化对设备基础和设备本身的影响很大（包括基础、设备和测量装置），尤其是大型、精密设备。

8）操作者的技术水平及操作产生的误差：操作误差是不可避免的，问题的关键是将操作误差控制在允许的范围内。这里有操作者技术水平和责任心两个问题。

（2）检测方法

主要形状误差、位置误差的检测方法及其误差评定

1）主要形状误差：是指被测实际要素对其理想要素的变动量。主要形状误差有直线

度、平面度、圆度、圆柱度等。

2）位置误差：关联实际要素的位置对基准的变动全量称为位置误差。主要位置误差有平行度、垂直度、倾斜度、圆轴度、对称度等。

3. 影响设备安装精度的控制方法

提高安装精度的方法应从人、机、料、法、环等方面着手。尤其要强调人的作用，就是说应选派具有相应技术水平的人员去从事相应的工作，再加上有适当、先进的施工工艺，配备完好适当的施工机械和适当精度的测量器具，在适宜的环境下操作，才能提高安装质量，保证安装精度。

（1）尽量排除和避免影响安装精度的诸因素。

（2）应根据设备的设计精度、结构特点，选择适当、合理的装配和调整方法。采用可补偿件的位置或选择装入一个或一组合适的固定补偿件的办法调整，抵消过大的安装累计误差。

（3）选择合理的检测方法，包括检测仪和测量方法，其精度等级应与被检测设备的精度要求相适应。

（4）必要时选用修配法：修配法是对补偿件进行补充加工，抵消过大的安装累计误差。这种方法是在调整法解决不了时才使用。

（5）合理确定偏差及其方向：设备安装时允许有一定的偏差，如果安装精度在允许范围之内，则设备安装为合格。但有些偏差有方向性，这在设备技术文件中一般有规定。当设备技术文件中无规定时，可按下列原则进行：

1）有利于抵消设备附属件安装后重量的影响；

2）有利于抵消设备运转时产生的作用力的影响；

3）有利于抵消零部件磨损的影响；

4）有利于抵消摩擦面间油膜的影响。

设备精度偏差方向的确定是一项复杂的、技术性极强的工作，对于一种偏差方向，往往要考虑多种因素，应以主要因素来确定安装精度的偏差方向。

10.1.3 机械设备安装方法

随着科技进步，机械设备安装出现了许多安装新技术，例如：

（1）激光对中技术和激光检测技术

瑞士 DAMALINI 公司推出的"激光对中仪"和"激光几何测量系统"，可进行机械轴对中以及铅垂度、平行度、平面度、直线度等测量。测量精确度高、操作简单，并有数据显示、储存和打印系统，已在电站工程施工中应用。

（2）大型构件和设备用计算机控制的液压同步提升技术和无线遥控液压同步技术

大型构件和设备液压同步提升技术是一项非常有特色的建筑安装施工新技术，它是将构件和设备在地面拼装后，整体提升到预定高度安装就位。在提升过程中，不但可以控制构件的运动姿态和应力分布，还可以让构件在空中滞留和微动调节，实现倒装施工和空中拼接，完成人力和现有设备无法完成的任务，使大型构件和设备安装过程既简便快捷，又安全可靠。在计算机控制的基础上，加上无线通信远程控制系统，实现遥控。例如：上海东方明珠电视塔钢天线、超大型龙门吊整体提升、石化厂火炬安装等工程。

（3）早强、高强二次灌浆技术

最新研制的混凝土二次灌浆材料，直接灌入设备基础，不用振捣、无收缩，24 小时抗压强度可达 50MPa。设备安装二次灌浆一天，即可把紧地脚螺栓，施工简便快捷，早强，高强。

（4）设备模块化集成技术的应用

随着设备模块化施工的发展，这类设备安装将越来越多。

（5）机械、电控、液压、计算机一体化测控技术

（6）管线综合布置技术

工程领域 BIM 技术应用，三维可视化技术能够实现管线综合排布在计算机中模拟施工。

10.2 电气设备安装技术

10.2.1 变压器的基础知识及安装技术

1. 变压器的基本知识

（1）变压器的作用

变压器是利用电磁感应原理来改变交流电压装置，主要构件是初级线圈、次级线圈和铁芯（磁芯），它具有变压、变流和变阻抗的作用，是一种通过电磁感应作用将一定数值的电压、电流、阻抗的交流电转换成同频率的另一数值的电压、电流、阻抗的交流电的静止电器。变压器的种类很多，应用十分广泛。

（2）变压器的技术参数

变压器的技术参数有额定容量 S_N、额定电压 U_N、额定电流 I_N、额定温升 τ_N、阻抗电压百分数 $u_d\%$ 等，这些参数都标在变压器的铭牌上。此外，在铭牌上还标有相数、接线组别、额定运行时的效率及冷却介质温度等参数或要求。

1）额定容量 S_N

额定容量是设计规定的在额定条件使用时能保证长期运行的输出能力，单位为 kVA 或 MVA，对于三相变压器而言，额定容量是指三相总的容量。

2）额定电压 U_N

额定电压是由制造厂规定的变压器在空载时额定分接头上的电压，在此电压下能保证长期安全可靠运行，单位为 V 或 kV。当变压器空载时，一次侧在额定分接头处加上额定电压 U，二次侧的端电压即为二次侧额定电压 U。对于三相变压器，如不作特殊说明，铭牌上的额定电压是指线电压；而单相变压器是指相电压。

3）额定电流 I_N

变压器各侧的额定电流是由相应侧的额定容量除以相应绕组的额定电压计算出来的线电流值，单位为 A 或 kA。

4）额定频率 f_N

我国规定标准工业频率为 50Hz，故电力变压器的额定频率都是 50Hz。

5）额定温升 τ_N

变压器内绕组或上层油的温度与变压器外围空气的温度（环境温度）之差，称为绕组或上层油的温升。在每台变压器的铭牌上都标明了该变压器的温升限值。我国标准规定，绕组温升的限值为65℃，上层油温升的限值为55℃，并规定变压器周围的最高温度为+40℃。

6）阻抗电压百分数 $u_d\%$

阻抗电压百分数，在数值上与变压器的阻抗百分数相等，表明变压器内阻抗的大小。阻抗电压百分数又称为短路电压百分数。短路电压百分数是变压器的一个重要参数。它表明了变压器在满载运行时变压器本身的阻抗压降大小。它对于变压器在二次侧发生突然短路时，将会产生多大的短路电流有决定性的意义；短路电压百分数的大小，对变压器的并联运行也有重要意义。

2. 变压器的安装技术

变压器通过一次、二次侧绕组进行电压的变换、隔离或变换相序，完成着输电、供电和用电不同电压等级的需求。变压器的种类很多，其安装技术也不相同。本条主要知识点是：基础验收；设备开箱检查；设备二次搬运；器身检查；变压器的干燥；变压器就位；附件安装；变压器接结线；变压器试验；送电前检查；送电试运行。

（1）基础验收

变压器就位前，要先对基础进行验收。基础的中心与标高应符合设计要求，轨距与轮距应互相吻合，具体要求：轨道水平误差不应超过5mm。实际轨距不应小于设计轨距，误差不应超过±5mm。轨面对设计标高的误差不应超过±5mm。

（2）设备开箱检查

1）开箱后，按照设备清单、施工图纸及设备技术文件核对变压器规格型号应与设计相符，附件与备件齐全无损坏。

2）变压器外观检查无机械损伤及变形，油漆完好、无锈蚀。

3）油箱密封应良好，带油运输的变压器，油枕油位应正常，油液应无渗漏。

4）绝缘瓷件及环氧树脂铸件无损伤、缺陷及裂纹。

5）充氮气或充干燥空气运输的变压器，应有压力监视和补充装置，在运输过程中应保持正压，气体压力应为0.01～0.03MPa，

6）干式变压器在运输途中，应有防雨及防潮措施。

（3）变压器的干燥

1）加热方法：安装现场通常采用电加热。如油箱铁损法、铜损法和热油法。热风法和红外线法仅用于干燥小型电力变压器。必须严格按照规定控制加热温度。

2）排潮方法：常用的有真空法、自然通风法、机械通风法和滤油法等。排真空时应视箱壁的弹性变形，最大不超过壁厚的两倍。

3）加热干燥时监控温度。必须对各部温度进行监控。当为不带油干燥，利用油箱加热时，箱壁温度不宜超过110℃；箱底温度不得超过100℃；绕组温度不得超过95℃；带油干燥时，上层油温不得超过85℃；热风干燥时，进风温度不得超过100℃。干式变压器进行干燥时，其绕组温度应根据其绝缘等级而定。

4）器身检查。干燥后的变压器应进行器身检查，所有螺栓压紧部分应无松动，绝缘表面应无过热等异常情况。

（4）变压器的试验

变压器的交接试验应由当地供电部门许可的有资质的试验室进行，试验标准应符合现行国家标准《电气装置安装工程 电气设备交接试验标准》GB 50150—2016 的规定。

1）极性和组别测量

检查变压器接线组别或极性与设计要求是否相符。可以采用直流感应法或交流电压法分别检测出变压器三相绕组的极性和连接组别。

2）绕组连同套管一起的直流电阻测量

① 安装现场常用的有电桥法和电压降法。

② 当电力变压器三相绕组作星形连接，而且中性点引出时，测出各绕组与中性点之间的电阻，即为各相绕组的直流电阻。

③ 当电力变压器三相绕组作三角形连接，测出各端线之间的电阻，再通过相应公式换算得到各绕组电阻。

3）变压器变比测量

把电力变压器的高压绕组接到试验电源上，低压绕组开路，用电压表测出高压和低压绕组的端电压，高压侧与低压侧的电压之比即为变压器的变比。

4）绕组连同套管一起的绝缘电阻测量

用 2500V 摇表测量各相高压绕组对外壳的绝缘电阻值，用 500V 摇表测量低压各相绕组对外壳的绝缘电阻值，测量完后，将高、低压绕组进行放电处理。

5）绝缘油的击穿电压试验

① 绝缘油的击穿电压试验在专用的油杯中进行，试验用的油杯、电极按标准规定清洗后，静置 10min，开始加电压试验。

② 电压从零开始，以 2～3kV/s 的速度逐渐升高。一直到绝缘油发生击穿或达到绝缘油耐压试验器最高电压为止。这样重复进行，至少 5 次，并最后取 5 次的平均值。

③ 变压器为 35kV 及以上时，可不必再从设备内取油进行击穿电压试验。

6）交流耐压试验

① 电力变压器新装注油以后，大容量变压器必须经过静置 12h 才能进行耐压试验。对 10kV 以下小容量的变压器，一般静置 5h 以上才能进行耐压试验。

② 交流耐压试验能有效地发现局部缺陷。试验过程中应严格遵守试验标准的规定。

③ 变压器交流耐压试验不但对绕组，对其他高低耐压元件都可进行。进行耐压试验前，必须将试验元件用摇表检查绝缘状况。

（5）送电试运行

1）变压器第一次投入时，可全压冲击合闸，冲击合闸宜由高压侧投入。

2）变压器应进行 5 次空载全压冲击合闸，应无异常情况；第一次受电后，持续时间不应少于 10min；全电压冲击合闸时，励磁涌流不应引起保护装置的误动作。

3）油浸变压器带电后，检查油系统所有焊缝和连接面不应有渗油现象。

4）变压器并列运行前，应核对好相位。

5）变压器试运行要注意冲击电流、空载电流、一、二次电压、温度，并做好试运行记录。

6）变压器空载运行 24h，无异常情况，方可投入负荷运行。

10.2.2 旋转电机的安装技术

（1）电动机的干燥

1）电机绝缘电阻不能满足下列要求时，必须进行干燥。

1kV 及以下电机使用 500～1000 V 摇表，绝缘电阻值不应低于 1MΩ/kV；

1kV 及以上使用 2500V 摇表，定子绕组绝缘电阻不应低于 1MΩ/kV，转子绕组绝缘电阻不应低于 0.5MΩ/kV，并做吸收比（R60/R15）试验，吸收比不小于 1.3。

2）干燥方法

外加热源干燥法：有热风干燥法、电阻器加热干燥法、灯泡照射干燥法等。

通电干燥法：有磁铁感应干燥法、直流电干燥法、外壳铁损干燥法、交流电干燥法等。

3）电机干燥时注意事项：

电动机的干燥工作，在干燥前应根据电机受潮情况制定烘干方法及有关技术措施。烘干温度缓慢上升，一般每小时的温升控制在 5～8℃。

干燥中要严格控制温度，使其在规定范围内，干燥最高允许温度应按绝缘材料的等级来确定，一般铁芯和绕组的最高温度应控制在 70～80℃。

干燥时不允许用水银温度计测量温度，应用酒精温度计、电阻温度计或温差热电偶。要定时测定并记录绕组的绝缘电阻、绕组温度、干燥电源的电压和电流、环境温度。测定时一定要断开电源，以免发生危险。当电动机绝缘电阻达到规范要求，在同一温度下经5h 稳定不变，才认为干燥完毕。

（2）电动机保护元件的选择

采用电热元件时，热元件一般按电动机额定电流的 1.1～1.25 倍选择。采用熔丝（片）时，熔丝（片）一般按电动机额定电流的 1.5～2.5 倍来选择。

（3）电动机的启动方式

1）绕线式感应电动机转子串接电阻或频敏变阻器启动。在启动时，为了减少启动电流和增大启动转矩，可通过转子串接电阻或频敏变阻器启动。三相绕线式异步电动机的启动接线，启动时，转子绕组中接入全部电阻；启动过程中，将电阻逐段切除，最后将转子绕组短接，启动完毕。一般大容量电机采用此种方式。

2）鼠笼式感应电动机的启动。分直接启动（全压启动）和降压启动。三相鼠笼式异步电动机的启动接线。电机启动时启动电流为电机额定电流的 4～7 倍。因此，启动接线要采用相应的启动方法，如直接启动和降压启动两种。直接启动一般用于小容量电机，降压启动可采用自耦降压启动器和 Y—△降压启动器。

3）直流电动机启动方法

直接启动。一般当功率不大于 1kW 和启动电流为额定电流的 6 倍以下的直流电动机可允许直接启动。

电枢回路串电阻启动。这种启动方法广泛应用于各种规格的直流电动机，但由于在启动过程中能量消耗较大，因此对于经常频繁启动和大、中型电动机不宜采用。

降压启动。在启动过程中能量消耗少，启动平滑，但需要配有专用的电源设备，故多数用于要求频繁启动的情况下大、中型直流电动机上。

（4）试运行中的检查

1）电机的旋转方向应符合要求，无杂声；

2）换向器、滑环及电刷的工作情况正常；

3）检查电机温度，不应有过热现象；

4）振动（双振幅值）不应大于标准规定值；

5）滑动轴承温升不应超过 45℃，滚动轴承温升不应超过 60℃。

电动机第一次启动一般在空载情况下进行，空载运行时间为 2h，并记录电机空载电流。

10.2.3 输配电线路的基本知识及施工技术

1. 供配电系统中电气设备

供配电系统的电气设备是指用于发电、输电、配电和用电的所有设备，包括发电机、变压器、控制电器、保护设备、测量仪表、线路器材和用电设备（如电动机、照明用具）等。

2. 电气设备的分类

按电压等级分

① 高压设备：交流，额定电压 1000V 及以上的设备；直流，额定电压 1500V 及以上的设备。

② 低压设备：交流，额定电压 1000V 以下的设备；直流，额定电压 1500V 以下的设备。

3. 低压开关设备

供配电系统中的低压开关设备种类繁多，常用的有刀开关、刀熔开关、负荷开关、低压断路器等。

（1）低压刀开关

低压刀开关的文字符号用 QK 表示，是一种最普通的低压开关电器，适用于频率50Hz、额定电压 380V 的交流配电系统，额定电压 440V，额定电流 1500A 及以下的直流配电系统中，作不频繁手动接通和分断电路或作隔离电源以保证安全检修之用。

低压刀开关按灭弧结构分为不带灭弧罩（只能无负荷操作，起"隔离开关"的作用）和带灭弧罩（能通断一定的负荷电流，同时也具有"隔离开关"的作用）两种；按极数分为单极、双极和三极刀开关；按操作方式分为手柄直接操作式和杠杆传动操作式；按用途分为单头刀开关（单头刀开关的刀闸是单向通断）和双头刀开关（双头刀开关的刀闸为双向通断，可用于切换操作，既用于两种以上电源或负载的转换和通断）。

（2）刀熔开关

刀熔开关的文字符号表示为 QKF 或 FU-QK，是一种由低压刀开关和低压熔断器组合而成的低压电器，通常是把刀开关的闸刀换成熔断器的熔管。刀熔开关具有刀开关和熔断器的双重功能，因此又称熔断器式刀开关。因为其结构的紧凑简化，又能对线路实行控制和保护的双重功能，被广泛地应用于低压配电网络中。

（3）低压负荷开关

低压负荷开关的文字符号为 QL，它是由带灭弧装置的刀开关与熔断器串联而成，外装封闭式铁壳或开启式胶盖的开关电器，又称"开关熔断器组"。

低压负荷开关具有带灭弧罩的刀开关和熔断器的双重功能，既可带负荷操作，也能进行短路保护，但一般不能频繁操作，短路熔断后需重新更换熔体才能恢复正常供电。

低压负荷开关分为封闭式负荷开关（HH系列）和开启式负荷开关（HK系列）两种。前者将刀开关和熔断器的串联组合安装在金属盒（过去常用铸铁，现用钢板）内，因此又称"铁壳开关"。一般用于粉尘多，不需要频繁操作的场合，作为电源开关和小型电动机直接起动的开关，兼作短路保护用。后者是采用瓷质胶盖，可用于照明和电热电路中作不频繁通断电路和短路保护用。

（4）低压断路器

低压断路器的文字符号为QF，俗称"低压自动开关"、"自动空气开关"或"空气开关"等。是低压供配电系统中最主要的电器元件，不仅能带负荷通断电路，而且能在短路、过负荷、欠压或失压的情况下自动跳闸，断开故障电路。

10.2.4 架空线路施工安装技术

架空线路施工的一般程序：施工测量→基础施工→杆塔组立→放线施工→导线连接→竣工验收检查。

目前的铁塔均采用螺栓连接，螺栓的紧固程度对铁塔的组装质量影响较大。紧固程度不够，铁塔受力后部件会较早产生滑动，对结构受力不利。

1. 导线连接要求

（1）每根导线在每一个挡距内只准有一个接头，但在跨越公路、河流、铁路、重要建筑物、电力线和通信线等处，导线和避雷线均不得有接头。

（2）不同材料、不同截面或不同捻回方向的导线连接，只能在杆上跳线内连接。

（3）接头处的机械强度不低于导线自身强度的90%。电阻不超过同长度导线电阻的1.2倍。

（4）耐张杆、分支杆等处的跳线连接，可以采用T形线架和并沟为线夹连接。

（5）架空线的压接方法，可分为钳压连接、液压连接和爆压连接。

2. 竣工验收检查

（1）杆塔是否直立，横担是否与线路中心垂直。

（2）杆塔全高误差值及杆塔根基误差值是否符合原设计要求。

（3）拉线是否紧固，受力情况如何。

（4）拉线坑、杆塔坑是否符合填土要求。

（5）检查弧垂、绝缘子串倾斜，跳线对各部的电气距离是否达到设计要求。

（6）在晴天实测线路的导线电阻，不得超过规定值。

（7）测量线路的绝缘电阻符合标准要求。

（8）在额定电压下对空载线路冲击合闸3次，无问题才能送电运行。

10.2.5 电缆及地埋线的敷设

电缆敷设的要求

（1）直埋电缆敷设的要求

① 在寒冷地区，电缆应埋设于冻土层以下。

② 电缆通过有振动和承受压力的地段应穿保护管。

③ 电缆与建筑物平行敷设时，电缆应敷设在建筑物的散水坡外。

④ 埋地敷设的电缆长度应比电缆沟长 1.5%～2%，并做波状敷设。

⑤ 电缆在拐弯、接头、终端和进出建筑物等地段应装设明显的方位标志。直线段应适当增设标桩。

⑥ 直埋电缆回填土前，应经隐蔽工程验收合格。回填土应分层夯实。

⑦ 直埋电缆的铺沙盖砖保护做法随不同气候及不同环境而不同。

（2）电缆沟电缆敷设的要求

① 电力电缆在电缆沟内敷设时，其水平净距为 35mm，但不应小于电缆外径。

② 电缆沟内应采取防水措施，底部应做不小于 0.5% 的排水沟，积水可直接排人排水管道或经集水坑用泵排出。

③ 电力电缆和控制电缆应分开排列。

④ 电缆沟进入建筑物时应设防火墙。

⑤ 电缆沟宜采用钢筋混凝土盖板，每块盖板的质量不宜超过 50kg。

10.2.6　成套配电装置的安装技术

1. 成套配电装置进入现场的检查

（1）开箱检查应注意事项

包装及密封应良好。设备和部件的型号、规格、柜体几何尺寸应符合设计要求。备件的供应范围和数量应符合合同要求。柜内电器及元部件、绝缘瓷瓶齐全，无损伤和裂纹等缺陷。接地线应符合有关技术要求。技术文件应齐全。所有的电器设备和元件均应有合格证。关键或贵重部件应有产品制造许可证的复印件，其证号应清晰。检查确认后记录。

（2）手车式配电柜的安装要求

① 检查防止电气误操作的"五防"装置是否齐全，动作应灵活可靠。"五防"即：防止带负荷拉合刀闸、防止带地线合闸、防止带电挂地线、防止误走错间隔、防止误拉合开关。

② 手车推拉应灵活轻便，无卡阻、碰撞现象。相同型号的手车应能互换。

③ 手车推入工作位置后，动触头顶部与静触头底部的间隙应符合要求。

④ 手车和柜体间的二次回路连接插件应接触良好。

⑤ 安全的隔离板应开启灵活，随手车的进出而相应动作。

⑥ 手车与柜体间的接地触头应接触紧密。当手车推入柜内时，其接地触头应比主触头先接触，拉出时接地触头比主触头后断开。

（3）互感器的有关要求

电流互感器二次线圈必须接地可靠，且标识清晰；电流互感器的安装位置便于维护、调试和检修；互感器技术数据符合设计图纸要求。电流互感器的安装必须牢固，互感器外壳的金属外露部分应可靠接地。同一组电流互感器应按同一方向安装，以保证该组电流互感器一次及二次回路电流的正方向均一致，并尽可能易于观察铭牌。电流互感器二次侧不允许开路，对二次双回合互感器只用一个二次回路时，另一个二次回路应可靠短接。

低压电流互感器二次侧可不接地。因为低压计量装置使用的导线、电能表及互感器的绝缘等级相同，能承受的最高电压基本一致；另外二次绕组接地后，整套装置一次回路对地的绝缘水平降低，易使有绝缘弱点的电能表或互感器在高电压作用（如受感应雷击）时损坏。从减少遭受雷击损坏出发，也以二次侧不接地为佳。

2. 成套配电装置送电运行验收

① 检查开关柜内电器设备和接线是否符合图纸要求，线端是否标有编号，接线是否整齐。

② 检查所安装的电器设备接触是否良好，是否符合本身技术条件。

③ 检查机械连锁的可靠性。

④ 检查抽出式组件动作是否灵活。

⑤ 检查开关柜的接地装置是否牢固，有无明显标志。

⑥ 检查开关柜的安装是否符合要求。

⑦ 检查并试验所有表计及继电器动作是否正确。

10.2.7 动力设备安装技术

1. 汽轮发电机组系统设备的分类及组成

（1）汽轮机设备组成

国内常规电站机组容量一般为 300～1000MW。随着技术的发展，大容量、高参数、热效率高的 600MW 超临界、1000MW 等级超超临界机组已经成为国内电站的主力机组。电站汽轮机设备主要由汽轮机本体设备，以及蒸汽系统设备、凝结水系统设备、给水系统设备和其他辅助设备组成。其中汽轮机本体主要由静止部分和转动部分组成。静止部分包括汽缸、喷嘴组、隔板、隔板套、汽封、轴承及紧固件等；转动部分包括动叶栅、叶轮、主轴、联轴器、盘车器、止推盘、危急保安器等。

（2）电机组成

汽轮发电机由定子和转子两部分组成。其中定子主要由机座、定子铁芯、定子绕组、端盖等部分组成；转子主要由转子锻件、激磁绕组、护环、中心环和风扇等组成。

2. 发电机设备的安装技术要求

（1）发电机设备安装程序

发电机设备的安装程序是：定子就位→定子及转子水压试验→发电机穿转子→氢冷器安装→端盖、轴承、密封瓦调整安装→励磁机安装→对轮复找中心并连接→整体气密性试验等。

（2）发电机转子安装技术要求

1）发电机转子穿装前进行单独气密性试验，消除泄漏后应再经漏气量试验，试验压力和允许漏气量应符合制造厂规定。

2）发电机转子穿装工作要求。必须在完成机务（如支架、千斤顶、吊索等服务准备工作）、电气与热工仪表的各项工作后，会同有关人员对定子和转子进行最后清扫检查，确信其内部清洁，无任何杂物并经签证后方可进行。

10.2.8 防雷与接地装置的安装要求

1. 防雷措施

输电线路的防雷措施

1) 架设避雷线使雷直接击在避雷线上，保护输电导线不受雷击。减少流入杆塔的雷电流。对输电导线有耦合作用，抑制感应过电压。

2) 增加绝缘子串的片数加强绝缘，当雷落在线路上，绝缘子串不会有闪络。

3) 减低杆塔的接地电阻可快速将雷电流引泄入地，不使杆塔电压升太高，避免绝缘子被反击而闪络。

4) 装设管型避雷器或放电间隙以限制雷击形成过电压。

5) 装设自动重合闸预防雷击造成的外绝缘闪络使断路器跳闸后的停电现象。

6) 采用消弧圈接地方式使绝大多数的单相着雷闪络的接地故障电流能被消弧圈所熄弧，从而故障被自动消除。

7) 架设耦合地线增加对雷电流的分流。

8) 不同电压等级输电线路，避雷线的设置：

① 500kV 及以上送电线路，应全线装设双避雷线，且输电线路愈高，保护角度愈小（有时小于 20°）。在山区高雷区，甚至可以采用负保护角。

② 220~330kV 线路，一般同样应全线装设双避雷线，一般杆塔上避雷线对导线的保护角为 20~30°。

③ 110kV 线路一般沿全线装设避雷线，在雷电特别强烈地区采用双避雷线。在少雷区或运行经验证明雷电活动轻微的地区，可不沿线架设避雷线，但杆塔仍应随基础接地。

2. 接地极的选用

接地极是接地的工作主体，接地工程中广泛使用的接地极有金属接地极、非金属接地极、离子接地极以及降阻剂。

（1）金属接地极：金属接地极是一种传统的接地极，它采用镀锌角钢、镀锌钢管、铜棒或铜板等金属材料，按照一定的技术要求，通过现场加工制作而成。

（2）非金属接地极：非金属接地极又称接地模块，其基本成分是导电能力优越的非金属材料，经复合加工而成。

（3）离子接地极：离子接地极又称电解离子接地系统或中空式接地系统。

（4）降阻剂：降阻剂分为化学降阻剂和物理降阻剂，现在广泛接受的是物理降阻剂。

3. 接地装置的安装要求

接地装置包括接地极和接地线两部分，接地线又可分为接地干线和接地支线两部分。

接地极的安装要求

1) 金属接地极的安装

挖接地线沟时应根据设计要求对接地装置的线路进行测量并弹线。沟的中心线与建筑物的基础或构筑物的基础距离不小于 2m，独立避雷针的接地装置与重复接地之间距离不小于 3m，接地极应远离由于高温影响（如烟道）使土壤电阻率升高的地方。

2) 接地极的制作与安装

接地极分垂直地极和水平地极两种。制作接地极应符合规定，安装时应符合设计位置的要求。

4. 保护接零的要求

（1）配电变压器输出侧中性点必须直接接地，同时线路各处必须重复接地。

（2）在电路任何一处发生短路时，必须要求过电流保护装置立即动作，否则有危险。为此，各级熔体应选得恰当，要按本级能产生短路电流值的大小来选配，熔体的额定电流必须小于短路电流的 2.5 倍。

（3）在三相四线制或三相三线制线路上中性线绝对不可安装熔断器，以免因熔体熔断而使中性线中断。

（4）要求中性线的安装质量完全和相线一样。在用裸导线作中性线时，应涂浅蓝色漆作色标。用绝缘导线作中性线时，应与相线有明显的区别。

（5）由同一台配电变压器供电的或在同一回路中，不准同时存在接地和接零两种保护方式。

（6）在公用低压网中，由于用户多，中性线支接点频繁而复杂，较难保证中性线不中断，也难保证重复接地的稳妥可靠。所以，一般不允许采用接零保护方式，规定只准采用接地的保护方式。

5. 爆炸和火灾危险环境的接地要求

（1）有爆炸性粉尘环境内电气设备的金属外壳应可靠接地。爆炸性粉尘环境 10 区内的所有电气设备，应采用 TN-S 系统，即应有专门的接地线。爆炸性粉尘 11 区内的所有电气设备，可采用 TN-C 系统，即利用有可靠电气连接的金属管线或金属构件作为接地线（PE 线），但不得利用输送爆炸危险物质的管道。

（2）为了提高接地的可靠性，接地干线宜在爆炸危险区域不同方向且不少于两处与接地体相连接。

10.3　建筑智能化及消防工程

10.3.1　建筑智能化系统

1. 建筑智能化工程实施要点

工程实施步骤：建筑智能化设备需求调研→智能化方案设计与评审→招标文的制定→设备供应商与工程承包商确定→施工图深化设计→工程的实施及质量控制→工程检测→管理人员培训→工程验收开通→投入运行。

智能化系统施工界面的协调主要是确定建筑设备监控系统涉及的机电设备和各系统之间的设备安装，管槽敷设及穿线和接线，设备调试及相互配合的问题。

例如：在智能化工程施工中需确定控制阀门的安装位置与线路敷设，传感器的开孔与安装，调试过程中相关方投入的人力、设备以及责任，需要在施工前予以明确，以免出现监控工程施工问题时互相推卸责任的情况。

2. 建筑智能化工程施工技术要点

（1）产品选择及质量检查

1）建筑智能化系统的产品选择应根据管理对象的特点、监控的要求以及监控点数的分布情况等，确定系统的整体结构，然后进行产品选择。

2）建筑智能化产品选择主要考虑的因素

① 产品的品牌和生产地，应用实践以及供货渠道和供货周期等信息。

② 产品支持的系统规模及监控距离。

③ 产品的网络性能及标准化程度。

3）进口设备应提供质量合格证明、检测报告及安装、使用、维护说明书等文件资料（中文文本或附中文译文），还应提供原产地证明和商检证明。

（2）电磁流量计安装：

电磁流量计应安装在流量调节阀的上游，流量计的上游应有 10 倍管径长度的直管段，下游段应有 4～5 倍管径长度的直管段。

（3）线缆施工技术要点

现场控制器与各类监控点的连接，模拟信号应采用屏蔽线，且在现场控制器侧一点接地。数字信号可采用非屏蔽线，在强干扰环境中或远距离传输时，宜选用光纤。

例如：在监控系统中，模拟信号可采用 RVVP-Z×0.75 的屏蔽线敷设，且在现场控制器侧一点接地；数字信号可采用 BV-2×1.0 的导线，电源线采用 RVS-2×1.0 的导线。

1）系统竣工验收顺序：应按"先产品，后系统；先子系统，后系统集成"的顺序进行。

2）系统验收方式：分项验收，分部验收；交工验收，交付验收。

3）系统竣工验收条件：系统安装、检测、调试完成后，已进行了规定时间的试运行；已提供了相应的技术文件和工程实施及质量控制记录。

4）竣工验收资料内容：工程合同技术文件、竣工图纸、系统设备产品说明书、系统技术、操作和维护手册、设备及系统测试记录、工程实施及质量控制记录、相关工程质量事故报告表。

3. 建筑智能化系统集成原则

（1）通信协议选用原则

由系统承包商编制的用户软件、接口软件和应用软件，是一个多厂商、多操作平台、多系统软件和面向多种应用的体系结构。系统集成的关键是在于解决各系统之间的互联和互操作性问题，系统集成应采用统一的通信协议，才能解决各类设备之间或系统间的通信等问题。系统集成可根据需求采用功能集成、网络集成、软件界面集成等各种集成技术。

（2）建筑智能化系统检测

（3）智能化系统集成检测

系统集成的检测应在各个子系统检测合格，系统集成完成调试并经过 1 个月试运行后进行。系统集成检测应检查系统的接口、通信协议和传输的信息等是否达到系统集成要求。

10.3.2 消防系统

1. 消防工程验收程序

（1）验收受理

由建设单位向公安消防机构提出申请，要求对竣工工程进行消防验收，并提供有书面资料。资料要真实有效，符合申报要求。

（2）现场检查

公安消防机构受理验收申请后，按计划安排时间到报验工程现场进行检查，由建设单位组织设计、监理和施工等单位共同参加。现场检查主要是核查工程实体是否符合经审核批准的消防设计，内容包括房屋建筑的类别或生产装置的性质、各类消防设施的配备、建筑物总平面布置及建筑物内部平面布置、安全疏散通道和消防车通道的布置等。

（3）现场验收

公安消防机构使用符合规定的工具、设备和仪表，依据相关技术标准对已安装的消防工程实行现场测试，并将测试的结果形成记录，并经参加现场验收的建设单位人员签字确认。

（4）结论评定

现场检查、现场验收结束后，依据消防验收有关评定规则，依据检查验收过程中形成的记录进行综合评定，得出验收结论，并形成消防验收意见书。

（5）工程移交

公安消防机构组织主持的消防验收完成后，由建设单位、监理单位和施工单位将整个工程移交给使用单位或生产单位。工程移交包括工程资料移交和工程实体移交两个方面。工程资料移交包括消防工程在设计、施工和验收过程中所形成的技术、经济文件。工程实体移交表明工程的保管要从施工单位转为使用单位或生产单位，因而要按工程承包合同约定办理工程实体的移交手续。

2. 消防工程施工过程中的验收

（1）隐蔽工程消防验收

消防工程施工中在与土建工程配合时，部分工程实体将被隐蔽起来，在整个工程建成后，其很难被检查和验收的，于是这部分消防工程要在被隐蔽前进行消防验收，称隐蔽工程消防验收。

（2）粗装修消防验收

适用于房屋建筑主体工程已完成，消防工程的主要设施已安装调试完毕，仅留下待室内精装修时配合安装的探测、报警、显示和喷头等部件时的消防验收。粗装修消防验收属于消防设施的功能性验收。验收合格后，建筑物尚未具备投入使用的条件。

（3）精装修消防验收

适用于房屋建筑全面竣工，消防工程已按设计图纸全部安装完成并准备投入使用前的消防验收。验收合格，房屋建筑具备投入使用条件。

3. 消防工程验收的主要内容及重点

消防系统的竣工验收，由建设单位主持，公安消防监督机构、建设、设计、施工等单位参加。验收不合格不得投入使用。

（1）系统竣工后，应对系统的供水水源、管网、喷头布置以及功能等进行检查和试验，并填写系统验收表。

（2）系统的流量、压力试验应符合下列要求：通过启动消防水泵，测量系统最不利点试水装置的流量、压力应符合设计要求。

（3）消防验收的主要内容：

1）总平面布局和平面布置中涉及消防安全的防火间距、消防车道、消防水源等；

2）建筑的火灾危险性类别和耐火等级；

3）建筑防火防烟分区和建筑构造；

4）安全疏散和消防电梯；

5）消防给水和自动灭火系统；

6）防烟、排烟和通风、空调系统；

7）消防电源及其配电；

8）火灾应急照明、应急广播和疏散指示标志；

9）火灾自动报警系统和消防控制室；

10）建筑内部装修；

11）建筑灭火器配置；

12）国家工程建设标准中有关消防安全的其他内容；

13）查验消防产品合格证、检验报告和供货证明。

4．消防工程的施工要求

（1）消防工程开工前的审批

消防工程开工前由建设单位应当到当地公安消防机构领取并填写《建设消防设计防火审核申报表》，设有自动消防设施的工程，还应领取并填写《自动消防设施设计审核申报表》。

（2）消防工程的施工要求

1）灭火系统分类

① 湿式自动喷水灭火系统是使用时间最长、应用最广泛、控火与灭火率最高的一种闭式自动喷水灭火系统，目前安装的自动喷水灭火系统大多数是湿式自动喷水灭火系统。

② 干湿式自动喷水灭火系统是交替使用干式系统和湿式系统的一种闭式自动喷水灭火系统。干湿式系统的组成与干式系统大致相同，只是将干式报警阀改为干湿两用阀或干式报警阀与湿式报警阀组合阀。干湿式系统包括：闭式喷头、管道系统、干式报警阀、湿式报警阀或干湿两用阀、报警装置、充气设备、供水设备等。

③ 预作用自动喷水灭火系统主要由闭式喷头、管网系统、预作用阀组、充气设备、供水设备、火灾探测报警系统等组成。

④ 水幕系统是开式自动喷水灭火系统的一种。

水幕系统的组成和工作原理：水幕系统的作用方式和工作原理与雨淋系统相同，当发生火灾时，由火灾探测器或人工发现火灾，电动或手动开启控制阀，然后系统通过水幕喷头喷水，进行阻火、隔火或冷却防火隔断物。控制阀可以是雨淋。

2）消防供水设施的安装施工

消防水泵及稳压泵的安装：

消防水泵安装工艺：施工准备→基础施工→泵体安装→吸水管路安装→出水管路安装→单机调试。

10.4 通风与空调工程施工技术

10.4.1 通风与空调系统的组成与类别

1．通风系统的类别

通风系统的类别：按工作动力分为自然通风和机械通风。按其作用范围分为局部通风和全面通风；按介质传输方向分送（或进）风和排风；按功能、性质可分为一般（换气）通风、工业通风、事故通风、消防通风和人防通风等。

（1）自然通风：利用室外风力或室内外温差产生的空气密度差为动力进行通风换

气。如果在建筑物外围护结构上有一开口，且开口两侧存在压力差，那么，根据动力学原理，空气在此压力差的作用下将流进或流出该建筑，这就形成了自然通风，自然通风分为室内外温差作用下的自然通风和室外风力作用下的自然通风。在实际应用中，室内外温差作用下的自然通风现象与风压作用下的自然通风现象常同时存在，这时某一开口内、外两侧压力差就等于两种作用所产生的压力差之和。自然通风的特点：不需动力，节约能源，但进风不能预处理，排风不能净化，污染周围环境，且通风效果不稳定。

（2）机械通风：靠风机动力使空气流动的方法称为机械通风。机械通风的特点：进风和排风可进行处理，通风参数可根据要求选择确定，可确保通风效果，但通风系统复杂，投资和运行管理费用大，运行成本高。

2. 空调系统的组成

空调系统的基本组成一般由冷热源系统、空气处理系统、能量输送与分配系统及自动控制系统等四个子系统组成。

（1）冷热源系统为空调系统提供必要的冷量或热量，常用的热源有提供热水或蒸汽的锅炉、电加热器等，冷源由压缩式制冷设备或吸收式制冷设备。

（2）空气处理系统是将送风口空气处理到某种设定的状态，主要包括空气除尘与净化设备、空气加热或冷却设备及空气加湿或去湿设备等。

（3）能量输送与分配系统负责冷空气或热空气的传输与分配。

（4）自动控制系统的作用是调节空调系统的冷量、热量、风量等，使空调系统的工作适应空调工况的变化，从而将室内空气状况控制在要求的范围内。

3. 空调系统的类别

1）集中式空调系统

集中式空调系统是指在同一建筑内对空气进行净化、冷却（或加热）、加湿（或除湿）等处理，然后进行输送和分配的空调系统。集中式空调系统的特点是空气处理设备和送、回风机等集中在空调机房内，通过送回风管道与被调节空气场所相连，对空气进行集中处理和分配；集中式中央空调系统有集中的冷源和热源，称为冷冻站和热交换站；其处理空气量大，运行安全可靠，便于维修和管理，但机房占地面积较大。

2）半集中式空调系统

半集中式空调系统又称为混合式空调系统，它是建立在集中式空调系统的基础上，除有集中空调系统的空气处理设备处理部分空气外，还有分散在被调节房间的空气处理设备，对其室内空气进行就地处理，或对来自集中处理设备的空气再进行补充处理，如诱导器系统、风机盘管系统、局部层流等。这种空调适用于空气调节房间较多，而且各房间空气参数要求单独调节的建筑物中。集中式空调系统和半集中式空调系统通常可以称为中央空调系统。

10.4.2 通风与空调工程的施工程序

1. 通风与空调工程的施工程序

通风与空调工程的工序一般是：施工准备→风管及部件加工→风管及部件的中间验收→风管系统安装→风管系统严密性试验→空调设备及空调水系统安装→风管系统测试与调

整→空调系统调试→竣工验收→空调系统综合效能测定。

2. 通风与空调系统的施工技术要点

通风与空调工程的风管系统按其工作压力（P）可划分为低压系统（$P \leqslant 500Pa$）、中压系统（$500 < P \leqslant 1500Pa$）与高压系统（$P > 1500Pa$）三个类别。针对不同工作压力的风管，其制作、安装和严密性试验等方面的技术要求不同。

风管系统的严密性检验，应符合下列规定：

低压系统风管的严密性检验应采用抽检，抽检率为5%，且不得少于1个系统。在加工工艺得到保证的前提下，采用漏光法检测。检测不合格时，应按规定的抽检率做漏风量测试。中压系统风管的严密性检验，应在漏光法检测合格后，对系统漏风量测试进行抽检，抽检率为20%，且不得少于1个系统。高压系统风管的严密性检验，为全数进行漏风量测试。系统风管严密性检验的被抽检系统，应全数合格，则视为通过。如有不合格时，则应再加倍抽检，直至全数合格。

10.4.3 通风与空调工程系统的调试

调试准备

（1）技术准备

调试人员必须认真熟悉施工图纸，充分了解空调系统的设计使用工况。

（2）材料要求

通风与空调调试过程中所用材料，使用前一定要严格检查，确保合格。

（3）主要机具

1）通风与空调工程系统调试应配置下列工机具：

钳形电流表、温度计、湿度计、流量计、毕托管、声级计、热球风速仪、微压计、发烟剂、采样管、粒子计数器、压力表、大气压力计、漏风量检测装置等。

2）所使用的机具设备应处于受控状态，进入施工现场的设备必须定期进行维护保养，定期进行检查验收，并建账管理，对达不到使用要求的设备严禁使用。

3）严禁使用非法定计量器具和计量单位，现场所使用的计量器具必须在有效的检定周期内。

（4）作业条件

通风与空调工程系统无生产负荷的联合试运转及调试，应在制冷设备和通风与空调设备单机试运转合格后进行，空调系统带冷（热）源的正常联合试运转不应少于8小时，当竣工季节与设计条件相差较大时，仅做不带冷（热）源试运转。通风、除尘系统的连续试运转不应少于2小时。

通风与空调系统风量的测试

空调系统风量的测定内容包括：测定总送风量、新风量、回风量、排风量，以及各干、支风管内风量和送（回）风口的风量等。

① 风管内风量的测定方法：

测定截面位置和截面内测点位置的确定：

在用毕托管和倾斜式微压计测系统总风量时，测定截面应选在气流比较均匀稳定的地方。一般都选在局部阻力之后大于或等于4倍管径（或矩形风管大边尺寸）和局部阻力之前大于或等于 1.5 倍管径（或矩形风管大边尺寸）的直管段上，当条件受到限制时，距离可适当缩短，且应适当增加测点数量。

测定截面内测点的位置和数目，主要根据风管形状而定，对于矩形风管，应将截面划分为若干个相等的小截面，并使各小截面尽可能接近于正方形，测点位于小截面的中心处，小截面的面积不得大于 0.05m²。在圆形风管内测量平均速度时，应根据管径的大小，将截面分成若干个面积相等的同心圆环，每个圆环上测量四个点，且这四个点必须位于互相垂直的两个直径上，所划分的圆环数目。

② 风量调整：目前使用的风量调整方法有流量等比分配法、基准风口调整法和逐段分支调整法，调试时可根据空调系统的具体情况采用相应的方法进行调整。

③ 系统无生产负荷的联合试运转及调试应符合下列规定：

系统总风量调试结果与设计风量的偏差不应大于 10%；

空调冷热水、冷却水总流量测试结果与设计流量的偏差不应大于 10%；

舒适空调的温度、相对湿度应符合设计的要求。恒温、恒湿房间室内空气温度、相对湿度及波动范围应符合设计规定；

检查数量：按风管系统数量抽查 10%，且不得少于 1 个系统；

检查方法：观察、旁站、查阅调试记录。

④ 防排烟系统联合试运行与调试的结果（风量及正压），必须符合设计与消防的规定。

查数量：按总数抽查 10%，且不得少于 2 个楼层；

检查方法：观察、旁站、查阅调试记录。

⑤ 净化空调系统还应符合下列规定：

单向流洁净室系统的系统总风量调试结果与设计风量的允许偏差为 0~20%，室内各风口风量与设计风量的允许偏差为 15%。新风量与设计新风量的允许偏差为 10%；

单向流洁净室系统的室内截面平均风速的允许偏差为 0~20%，且截面风速不均匀度不应大于 0.25。新风量和设计新风量的允许偏差为 10%；

相邻不同级别洁净室之间、洁净室与非洁净室之间的静压差不应小于 5Pa，洁净室与室外的静压差不应小于 10Pa；

室内空气洁净度等级必须符合设计规定的等级或在商定验收状态下的等级要求。

高于等于 5 级的单向流洁净室，在门开启的状态下，测定距离门 0.6m 室内侧工作高度处空气的含尘浓度，亦不应超过室内洁净度等级上限的规定。

检查数量：调试记录全数检查，测点抽查 5%，且不得少于 1 点。

检查方法：检查、验证调试记录，按要求进行测试校验。

10.4.4 净化空调工程施工技术

1. 洁净度等级

空气净化的标准常用空气洁净度等级来衡量，空气洁净度主要控制空气中最小控制微粒直径和微粒数量，即每立方米体积中允许的最大粒子数来确定。国际标准 ISO 14644—1 规定了 N1 级至 N9 级的 9 个洁净度等级。

2. 净化空调系统安装的主要内容

(1) 高效过滤器安装要求

对于高效过滤器，安装前要对洁净室应进行清扫，确认清洁后应试运转和风量调试，试运转时间应在 12～24h。试运转正常后才可以安装高效过滤器。在安装前应再次对洁净室进行全面清扫。高效过滤器所在的吊顶或夹层也同样应进行清洁处理。高效过滤器与框架之间的密封可采用密封塑料、不干胶、负压密封、液槽密封、双环密封等方法，施工时应注意将过滤器边框、框架、垫料、液槽等表面擦拭干净。采用密封垫料时，垫料的厚度不宜超过 8mm，压缩率应为 25％～30％，接头的形式与法兰塑料相同。

（2）风管安装时应注意的安全问题：

1）起吊时，严禁人员在被吊风管下方，风管上严禁站人。

2）应检查风管内、上表面有无重物，以防起吊时，坠物伤人。

3）对于较长风管，起吊速度应同步进行，首尾呼应，防止由于一头过高，中段风管法兰受力大而造成风管变形。

4）抬到支架上的风管应及时安装，不能放置太久。

5）对于暂时不安装的孔洞不要提前打开；暂停施工时，应加盖板，以防坠人坠物事故发生。

6）使用梯子不得缺挡，不得垫高使用。梯子的上端要扎牢，下端采取防滑措施。

7）送风支管与总管采用直管形式连接时，插管接口处应设导流装置。

（3）风管的严密性检验

风管安装完毕后，应按系统压力等级进行严密性检验，漏风量应符合国家规范《通风与空调工程施工质量验收规范》GB 50243—2016 中的要求，系统的严密性检验应符合 GB 50243—2016 规范附录 A 漏光法检测和漏风量测试的规定。低压系统的严密性检验宜采用抽检，抽检率为 5％且抽检不少于一个系统。在加工工艺及漏光检测不合格时，应按规定的抽检率做漏风量测试。中压系统的严密性检验，应在严格的漏光检测合格条件下，对系统风管漏风量进行抽检，抽检率为 20％，且抽检不少于一个系统。高压系统应全数进行漏风量测试。系统风管漏风量测试被抽检系统应全部合格。如有不合格，应加倍抽检，直至全数合格。

3. 洁净空调工程调试要点

洁净空调工程调试前，洁净室各分部工程的外观检查已完成，且符合合同和规范的要求；通风空调系统运转所需用的水、电、汽及压缩空气等已具备。调试所用仪表、工具已备齐；洁净室内无施工废料等杂物，且已全部进行了认真彻底的清扫。

洁净空调工程调试包括：单机试运转，试运转合格后，进行带冷（热）源的不少于 8 小时的系统正常联合试运转，系统的调试应在空态或静态下进行，其检测结果应全部符合设计要求。洁净空调工程综合性能全面评定由建设单位负责，设计与施工单位配合，综合性能全面评定的性能检测应由有检测经验的单位承担。

第11章 市 政 工 程

11.1 城市轨道交通

城市轨道交通是指具有固定线路，铺设固定轨道，配备运输车辆及服务设施的公共交通设施。城市轨道交通包括地铁、轻轨、磁悬浮、快轨、单轨、有轨电车等，简称"城轨交通"。具有运量大、速度快、安全、准点、保护环境、节约能源和节约用地等特点。广义的城市轨道交通是指以轨道运输方式为主要技术特征，是城市公共客运交通系统中具有中等以上运量的轨道交通系统（有别于道路交通），主要为主城区并兼顾副城、郊区重点街镇及都市圈范围提供服务的公共客运体系，在城市公共客运交通中起骨干作用的现代化立体交通系统。

城市轨道交通在城市公共交通中起着重要的作用：

1. 城市轨道交通是城市公共交通的主干线，客流运送的大动脉，是城市的"生命线"工程。建成运营后，将直接关系到城市居民的出行、工作、购物和生活。

2. 城市轨道交通的建设与发展有利于提高市民出行的效率，节省时间，改善生活质量。国际知名的大都市由于轨道交通十分发达便捷，市民出行主要依靠地铁、轻轨、有轨电车等轨道交通，交通秩序井然有序，市民出行方便快捷省时。

3. 城市轨道交通是世界公认的低能耗、少污染的"绿色交通"，是解决"城市病"的一把"金钥匙"，对于实现城市可持续发展具有非常重要的意义。

4. 城市轨道交通对城市全局和发展模式将产生深远的影响。为了建设良好的生态城市，应把"摊大饼"式的城市发展模式改变为"伸开的手掌"放射型或组团型模式，而"手掌状"城市发展的骨架就是城市轨道交通。城市轨道交通的建设可以带动城市轨道交通沿线及周边区域发展，促进城市发展繁荣，形成郊区卫星城和多个副中心，可以有效缓解城市中心人口密集、住房紧张、绿化面积小、空气污染、资源紧缺等城市病。

2015年1月国家发展改革委下发了关于"加强城市轨道交通规划建设管理的通知"。为促进城市轨道交通持续健康发展，通知中要求，一要坚持"量力而行、有序发展"的方针，按照统筹衔接、经济适用、便捷高效和安全可靠的原则，科学编制规划，有序发展地铁，鼓励发展轻轨、有轨电车等高架或地面敷设的轨道交通制式。把握好建设节奏，确保建设规模和速度与城市交通需求、政府财力和建设管理能力相适应。二要加强规划管理：根据城市总体发展要求，确需发展城市轨道交通的城市要编制线网规划，确定长远发展目标；科学编制建设规划；规范规划调整程序；加强规划实施监管。三是要加强建设管理：完善项目监管制度；科学组织项目实施；发挥监督服务作用。四是加强安全管理：落实主体责任。企业要健全安全生产管理机构和管理制度，构建安全预警机制，加强安全生产标准化建设；强化监管责任。城市政府有关部门要落实属地监管责任，明确安全监管政策和机构，落实人员和经费，量化企业安全考核指标，建立常态化安全检查制度和重点工程检查、抽查制度，强化工程质量终身责任制，严格安全准入。逐步完善项目竣工验收制度；完善应急体系。健全城市政府各部门、城市轨道交通相关企业之间的协调机制，形成应急救援联动制度，制定快速有效的安全事故和突发事件处置预案，有效整合资源，建立救援队伍，合作开展演练，加强装备建设，提升一体化应急能力。

11.1.1 地铁盾构施工技术

地铁盾构施工技术是指使用盾构机，在盾构钢壳之内保持开挖面稳定的同时，安全向前掘进、出渣，在尾部拼装管片形成衬砌、实施壁后注浆以使围岩基础稳定，用千斤顶顶住已拼装好的衬砌并利用其反力推动盾构前进的方法。盾构机施工主要由稳定开挖面、挖掘包括排土、衬砌包括壁后注浆三大要素组成。开挖面的稳定根据土质及地下水等情况的不同而有不同的处理方法，主要有开挖面的自然稳定即敞口放坡、机械式支撑稳定、压缩空气支撑稳定、泥水式支撑稳定以及土压平衡式支撑稳定等。盾构机的"盾"是指保持开挖面稳定性的刀盘和压力舱、支护围岩的盾型钢壳；"构"是指构成隧道衬砌的管片和壁后注浆体。

1. 进洞段施工的技术要点

（1）进洞段的推进

洞口的临时墙，一般不具备可使盾构机一直用通常开挖方法到近前的强度，应根据临时墙结构来调整土舱压力、推力、掘进速度，注意不要损伤临时墙。

（2）拆除临时墙的确认

进洞后，拆除临时墙，可能会破坏进洞段的地质改良效果。因此，拆除临时墙前要确认管片周围的水是否被截断。

（3）洞口半径检查

盾构机在进洞时可能会因洞口半径过小而卡在洞门位置，故需事先对洞口的半径进行检查，同时采取措施保证其净空。

（4）洞口扇形压板的调整与防护

在盾构机进洞时，很有可能因为刀盘旋转，损坏帘布橡胶板或使扇形压板发生移位。所以在盾构机进洞时，要注意对帘布橡胶板的防护，并及时调整洞口扇形压板。

2. 盾构掘进施工技术要点

盾构掘进时必须根据围岩条件，保证工作面的稳定，适当地调整千斤顶的行程和推力，沿所定路线方向准确地进行掘进。掘进时应注意以下问题：

（1）正确地使用千斤顶所需台数和重要的位置，使之产生推力按设计的线路方向行走，并能进行必要的纠偏。

（2）不应使开挖面的稳定受到损害，一般是在开挖后立即推进或在开挖的同时进行推进。每次推进的距离可为一环衬砌的长度也可为一环衬砌长度的几分之一。衬砌组装完毕后，应立即进行开挖或推进，尽量缩短开挖面的暴露时间。

（3）不应使衬砌等后方结构受到损害，推进时应根据衬砌构件的强度，尽力发挥千斤顶的推力作用。为使每台千斤顶的推力不致过大，最好用全部千斤顶来产生所需推力。在曲线段、上下坡、修正蛇行等情况下，有时只能使用局部千斤顶，要尽量多增加千斤顶的使用台数。在当采用的推力可能损坏衬砌等后方结构物时，应对衬砌进行加固或者采取一定的措施。

3. 地铁盾构施工新技术

（1）特殊断面盾构施工技术

特殊断面盾构可分为复圆形盾构和非圆形盾构两大类。其中复圆形盾构包括双圆盾构和三圆盾构。双圆盾构可用于一次修建双线地铁隧道、下水道、共同沟等，三圆形盾构则用于修建地铁车站。非圆形盾构包括椭圆形盾构、马蹄形盾构、矩形盾构和半圆形盾构，根据隧道使用目的可分别加以采用。

（2）复合盾构施工技术

由于盾构是一种针对性很强的专用施工机械，每台盾构机都是针对某一种具体的地质水文条件而制定的。在地质条件复杂的情况下，采用常规盾构就无法完成施工，因此复合盾构施工技术应运而生。

（3）球体盾构施工技术

球体盾构施工技术根据变换方法可分为纵、横连续掘进和横、横连续掘进两种。使用球体盾构，可以在狭窄的施工场地上直接进行地下隧道的掘进，省去了构筑竖井所需要的场地、时间，因此采用球体盾构掘进可以缩短修筑工期，是一种应用前景广阔的新型盾构施工技术。

11.1.2 城市轻轨施工技术

轻轨主要为地面线或高架线，具专有路权，具有综合造价低、线路适应性强、系统配置灵活、噪声低、污染小、建设周期较短、乘坐方便等特点，在我国特大城市主城区的辅助线路、卫星城的内部轨道交通线路、大中型城市的骨干线路以及一些旅游观光区具有广阔的应用空间。

1. 小半径曲线曲轨施工

在城市轻轨设计中，由于受建筑物、既有道路等因素的制约，轻轨线路的平面走向就会不可避免地出现小半径曲线，以达到规划所要求的平面位置以及更好地服务于群众。这一点在混行地段的线路尤其突出。一般轻轨线路中钢轨均使用 Ri60 槽型钢轨，其断面尺寸为：钢轨高 180mm，轨底宽度为 180mm。钢轨单位重为 60kg。常规方法根本无法将抗弯刚度如此之大的钢轨曲成 25m 或 30m 的半径。采用在厂家预弯的方法，那么 25m 标准钢轨预弯成 25m 或 30m 半径后，将无法运输；轻轨线路中钢轨接头为"0"轨缝设计，但非焊接接头，有曲线半径过小，在接头夹板长度范围内的曲线正矢会使"0"轨缝的要求很难达到。

2. 现场预弯施工工艺

1）根据设计图纸先进行配轨，然后按照配轨图计算出需要预弯的钢轨数量，同时配备 320t 级曲轨机。

2）按照配轨图在需要预弯的钢轨上放线，放线时从直圆点处每 0.5m 一点依次放出整条曲线的各点，直至曲线的终点。曲轨时要严格按照标记及计算正矢进行预弯，正矢按 $f = L_2/8R$ 进行计算。

3）开始曲轨时应先测量钢轨的回弹量，即先将需要弯曲的点顶到要求的正矢，松开曲轨机，钢轨回弹后，测量弯曲后的正矢，若未达到要求正矢，则可以加大弯曲正矢，反复几次后，记录下回弹后能达到要求正矢的顶断量。

4）在整个预弯过程中要不断地对正矢进行测量并根据实际的正矢对顶断量及时调整。钢轨预弯完成后，对每根钢轨进行编号，标明钢轨、直圆点、圆直点、曲线半径、曲线长度等要素。

5）在曲线钢轨铺设时，由于钢轨接头要求满足零轨缝的要求，故要对接头夹板进行预弯，同样夹板预弯也要注意方向性。接着就要对接头的钢轨断面进行打磨。打磨的接头断面要与钢轨轴线垂直，钢轨断面的竖向也应与轴向垂直。

3. 现浇预应力混凝土轨道曲梁施工

在位于交通枢纽和跨越立交的情况下，确保交通部门要求的交通畅通，留够汽车、行人通道，结合地面承载力，研究设计了大跨度倒 T 梁的支架搭设方案。

（1）施工工艺流程

支架设计、基础处理→支架搭设、预铺底模→支架预压、测量变形→支座板安装，底模轴线、标高调整→梁体钢筋绑扎，内模、波纹管、预埋件安装固定→安装端模（含锚垫板）、穿钢绞线、隐蔽工程检查→吊装翼板、腹板模型及支撑体系、精调及加固、灌筑前梁体模型尺寸检查→灌筑梁体混凝土（监测线形）→梁体覆盖养生、梁体混凝土测温→松侧模、拆端模、早期施加预应力→梁体预施应力、梁体线形监控→压浆封锚→落支架、拆除底模、梁体几何尺寸检查。

（2）高精度模板结构及支撑体系

为了便于调整拼装后的模板线形，以及模板的周转使用，模板和支撑体系分开设计加工。腹板侧模采用钢模，其余模板采用木模。翼板顶面不设置模板，人工抹平。

钢模分段长度 3m，每块重量小于 750kg。面板采用 $\phi 6$ 钢板；竖肋、横带采用型钢；凹槽采用 $\phi 3$ 钢板压制成型。为保证梁体各部位结构尺寸相对误差 ± 1.5mm，模板凹槽、倒棱与面板用螺栓连接，并设置竖向调节螺栓孔，可调范围分别为 30mm、20mm。模板均按照梁体线形加工成型。模板采用螺栓连接，连接处设置 3 个定位销钉。为了线形整齐，腹板中间凹槽部位改焊接为冷压，并用螺栓与肋相连，减少了焊接变形。

（3）混凝土配制

① 原材料选择。水泥采用 52.5 普通硅酸盐水泥；砂采用中粗砂，细度模数不小于2.4，含泥量不大于 3%；碎石粒径为 5~20mm，其中 5~15mm 占 65% 以上，强度不低于120MPa。

② 混凝土配合比。每立方米用料：水泥 450kg；细骨料 760kg；粗骨料 1050kg；外加剂 6.3kg；磨细矿渣粉。

（4）高性能 C60 混凝土施工

① 混凝土灌筑。采用汽车泵泵送，灌筑按照水平分层，斜向分段的方式进行，分层厚度不大于 30cm。灌筑顺序：梁体中部未安装内模部位先灌筑翼板，后灌筑腹板；待混凝土返至翼板顶面时进行混凝土振捣；梁端实体段直接在腹板顶面灌筑。

② 混凝土振捣。采用 $\phi 50$、$\phi 30$ 插入式振捣器和捣固铲。混凝土灌筑后根据当时气温（一般 2~4h）进行梁顶面抹面、拉毛。

③ 混凝土养生。夏季混凝土初凝后，立即覆盖麻袋片并洒水养护，保持湿润；冬季先用塑料膜覆盖再用毡片覆盖外层，再以塑料膜包裹保温。

（5）预应力张拉

在张拉过程中为防止梁体轴线在张拉力作用下加剧侧向变形，我们采取左右侧按50％、70％、100％张拉力逐级张拉并监控每级张拉力下轴线变化，在拆除支架前后及张拉 15d 后进行测量，结果表明梁体轴线及腹板表面呈圆顺曲线。

4. 整体道床施工

整体道床施工是城市轻轨施工中的控制工程，它直接影响着整个工程的质量、效益成本等。

（1）施工时，首先应该对路基封闭层进行详细的复测，复测时应准确定出中线、道床、模板的位置，并在封闭层上做出标记。

（2）结合设计纵断高程，在需要支立模板的位置用砂浆贴饼的方法，将封闭层上需要支立模板的位置调整到要求的高程，使得模板支立后顶面即达到相应标高。

（3）钢筋施工时可以采用钢筋笼预制再拼装成型或现场绑扎的方法。在钢筋笼成型并已安置于正确位置后，为了使钢筋笼中的相应位置的箍筋及主筋能更好地配合于钢轨垫板及锚固螺栓孔的位置，必须对成型钢筋笼中的相应位置的箍筋和主筋在规范容许的偏差范围内进行调整。

（4）在混凝土振捣完成后，抹面施工前必须用水准仪对模板顶面进行复测，防止因跑模或浮模后，模板顶面标高非设计高程，造成精度不能满足要求。混凝土施工完成后，在拆模之前，将标记在模板上的箍筋位置用墨线标记于混凝土上，为后续的轨道后固定提供一个直观的操作平台。

11.1.3 江苏省城市轨道交通发展状况

随着我省城市化进程不断加快，南京、苏州、无锡等大城市市区人口明显增加，交通拥堵问题日益突出。城市轨道交通对缓解交通拥堵、方便市民出行具有积极作用，成为解决大城市交通瓶颈的有效手段之一。2000 年以来，全省轨道交通建设在如火如荼的进行。到 2015 年，全省获批建设轨道交通的设区市达 7 个，列全国第一。其中，南京、苏州、无锡开通多条地铁线路，淮安开通有轨电车线路，徐州、常州地铁在建，南通城轨交通获批。

1. 江苏城市轨道交通发展现状

（1）全省城市轨道交通建设运营情况。2015 年，全省城市轨道交通继续保持快速发展，全年共完成轨道交通建设投资约 400 亿元。2016 年，全省共有南京轨道交通 4 号线一期、苏州轨道交通 3 号线、常州轨道交通 1 号线一期工程、徐州轨道交通 1 号线一期工程等 12 个项目在建。

全省第一条城市轨道交通线路南京地铁 1 号线于 2000 年开工建设，经过 15 年的建设发展，截止到 2015 年 12 月，全省共有 4 个设区市开通城市轨道交通线路 14 条，城市轨道交通运营里程达 383.8 公里。其中，南京开通 6 条地铁线路、1 条有轨电车线路；苏州开通 2 条地铁线路、1 条地铁延伸线路、1 条有轨电车线路；无锡开通 2 条地铁线路；淮安开通 1 条有轨电车线路。2015 年，全省城市轨道交通客运总量 9.4 亿人次，较 2014 年增长 45.9％。城市轨道交通在城市公共交通客运量中占有相当份额，对于优化城市发展空间结构，促进公共交通优先发展，逐步构建功能完善的城市综合交通运输体系起到重要作用。

(2) 设区市轨道交通建成线路和运营情况

1) 南京建成线路和运营情况。2000 年底地铁 1 号线（迈皋桥—奥体中心）开工建设，2005 年 9 月 3 日地铁 1 号线正式通车运营。南京地铁 1 号线的开通，使南京成为继北京、天津、上海、广州、深圳之后，全国第 6 个开通地铁的城市，第 9 个开通轨道交通的城市。2010 年 5 月 28 日，南京地铁 1 号线南延线和 2 号线开通，地铁运营里程达 85 公里，列全国第 4 位。2010 年至 2015 年间，南京地铁建设进程明显加快，2014 年 7 月 1 日10 号线和 S1 号线开通。10 号线连接主城和浦口（江浦），是南京第一条穿过长江的地铁；S1 号线连接市区和禄口机场，使得机场到市区更加便捷。2014 年 8 月 1 日，地铁 S8 号线正式开通运营，使得南京最北的六合区与主城通行时间大幅缩短。南京河西有轨电车 1 号线是我省首条开通的现代有轨电车线路，于 2014 年 8 月 1 日开通运营。2015 年 4 月 1 日，南京地铁 3 号线正式开通，3 号线是继 1 号线之后又一条南北交通大动脉，使得浦口（桥北）、江宁到主城的时间明显缩短。

截至 2016 年 9 月，南京轨道交通运营里程 231.5 公里，运营里程列上海、北京、广州、深圳之后，全国第 5 位。日均客运量从 2005 年的 15.2 万人次增长到 2015 年的 225 万人次，进一步增长到 2016 年 9 月的 230 万人次。地铁日均客运量占南京公共交通日均客运量的比例由 2005 年的 5.8%，上升到 2015 年的 34.8%，2016 年上半年达到 40.2%，客运占比不断提升。

2) 无锡建成线路和运营情况。无锡地铁 1 号线大体为南北向交通骨干线，线路全长 29.4km，设车站 24 座，2009 年 11 月开工，2014 年 7 月 1 日通车运营。无锡地铁 2 号线为东西向交通骨干线，线路全长 26.3km，设置车站 24 座，2011 年 1 月开工，2014 年 12 月通车运营。截至 2016 年 9 月，无锡已开通 2 条地铁线路，运营里程 55.7 公里。2015 年无锡轨道交通总客流量 0.72 亿人次，日均客流量近 20 万人次，轨道交通占公共交通日均客流量的 9.2%。

3) 苏州建成线路和运营情况。苏州轨交 1 号线为城市东西向骨干线，线路全长 25.7km，设车站 24 座，于 2012 年 4 月 28 日正式通车，苏州成为国内第一个独立开通地铁的地级市。苏州轨道交通 2 号线整体走向呈 "L" 形，线路全长 42.2km，设车站 35 座，2 号线一期于 2013 年 12 月 28 日正式通车，延伸线 2016 年 9 月 24 日通车。上海轨交 11 号线延伸昆山花桥段 2013 年 10 月通车；苏州高新区有轨电车 1 号线 2015 年 1 月通车。截至 2016 年 9 月，苏州已开通 2 条地铁线路，1 条地铁延伸线路，1 条现代有轨电车线路，运营里程 92.1 公里。2015 年苏州轨道交通总客流量 1.5 亿人次，日均客流量 42 万人次，轨道交通占公共交通日均客流量的 11.4%。

4) 淮安建成线路和运营情况。淮安有轨电车 1 号线全长 20.1 公里，设置车站 23 座，起点位于市体育馆，终点位于淮安区南门站，2015 年 12 月 28 日淮安有轨电车 1 号线正式通车运营。2016 年 1～9 月，累计客流量 347 万人次，日均客流量 1.3 万人次，日最高客流量 3.3 万人次。

2. 城市轨道交通发展中存在的问题

(1) 部分设区市客流量不足。按照地铁建设初期负荷强度不低于每日每公里 0.7 万人次的要求，2015 年无锡地铁每日每公里客流量只有 0.4 万人次，明显低于地铁负荷强度要求。2015 年苏州地铁每日每公里 0.66 万人次，也低于 0.7 万人次的要求。部分城市地铁客流较少，一方面造成地铁资源的较大程度浪费；另一方面也使得地铁盈利难度显著加大。

（2）部分设区市轨交公司严重亏损。2014 年之前南京地铁是全国唯一盈利的地铁，随着 2014 年 S1、S8 等郊区线路和客流量较小的 10 号线开通运营，运营成本大幅增加，南京地铁从盈利转为亏损。从 2016 年 1～9 月规模以上服务业企业数据来看，南京地铁集团营业成本增速大幅快于营业收入增速，管理费用成倍增长，1～9 月亏损额较去年同期大幅增加。苏州轨交集团和无锡地铁集团也均处于严重亏损状态。2016 年 1～9 月，南京、无锡、苏州等三市地铁（轨交）集团亏损额合计超过 16 亿元。

（3）运营保障能力需要提升。日益增长的出行需求与部分地铁线路运输能力的矛盾凸显。南京地铁 3 号线江北往主城方向柳州东路、天润城等站点早高峰异常拥挤，乘客往往要等待 3～4 个班次才能挤上车；南京地铁 2 号线车辆数相对较少，间隔时间相对较长，早晚高峰拥挤不堪，迫切需要增购车辆，提高运输能力。设备故障偶有发生。南京地铁 1 号线仅 2016 年 10 月早高峰时段就发生过两次信号故障，造成新街口、南京站等换乘站积压乘客过多，给交通运输秩序、安全运输带来隐患。

3. 城市轨道交通建设和运营的几点建议

（1）坚持量力而行、有序发展原则，谨慎建设轨道交通。城市轨道交通投资巨大，一条线路少则几十亿上百亿，多则几百亿，建成运营后，每年还要大量的运营费用，往往给城市带来沉重负担。发展城市轨道交通应该坚持量力而行、稳步发展的方针，有效控制建设规模，选择适合于城市自身发展需求和交通需求的轨交方式。建设规模与速度确保与城市交通需求、发展水平、政府财力、管理能力相适应。防止盲目发展或过分超前，更要避免一哄而上建设地铁。是否适合地铁，应科学引导，充分论证，要做到社会效益和经济效益的协调发展。从设区市经济、人口、客流量等方面建设轨道交通的基本条件看，南京、苏州、无锡、徐州、常州较为适合建设地铁或轻轨；南通、连云港、淮安、盐城、扬州较为适合建设轻轨或有轨电车；镇江、泰州、宿迁市区人口较少、客流量较小，较为适合建设有轨电车。

（2）根据城市发展目标需求，超前编制城轨交通总体规划。城轨交通的建设直接影响城市的布局结构和发展方向，确需建设城轨交通的城市要超前编制线网规划，统筹人口分布、交通需求等情况，确定发展目标、发展模式、功能定位等，以及相应的资金筹措方案。要合理规划城轨交通网络布局，做好城轨交通与公路、铁路、机场等综合交通枢纽的衔接。在总体规划的基础上，要明确近期建设任务，编制 5～6 年的建设规划，确定拟建线路、工程方案、投资能力和建设保障等内容。要建立科学民主的决策机制，提高规划编制水平，主动公开信息，积极听取各方面的意见和建议，发挥社会对规划的监督作用，以科学合理的规划引领城轨交通项目建设和城市发展建设。

（3）切实加强城轨交通的安全管理，提升运营保障能力。安全是城轨交通的生命线，无论是在建线路和运营线路，都要特别重视城轨交通建设、运营的安全问题，要牢固树立"安全第一，预防为主"的思想，把确保城轨交通建设和运营安全作为头等大事来抓。在建的城轨交通项目，要严格落实规划、建设、运营的全系统"三同时"管理制度和安全评价制度。在城轨交通项目的规划、设计、施工环节上，严格执行国家颁布的相关强制性标准，确保安全设施同步规划、设计和建设。拟建城市要保证安全资金的投入，建立处理突发事件的应急机制，提高城轨交通灾害防御和应急救助能力。运营中的城轨交通线路，要强化运营安全管理，切实履行运营安全监管职责，构建运营安全管理的长效机制，建立运营提前介入城市轨道交通规划建设的工作机制。提升运营保障能力，推行标准化、规范化管理，做好车辆和相关运行系统的维护和保养，遇信号故障等突发状况时，立即启动应急预案，第一时间向公众通告相关信息。科学安排运能方案，根据客流量增减变动情况，合理有效确定上线车辆数量、发车间隔、大小交路运行方式。

（4）实现投资渠道和主体多元化，提高投资综合效益。城轨交通资金需求量巨大，目前30公里以上的新建地铁线路资金需求一般超过200亿元。如果仅靠政府单一投资渠道建设，难以满足城市建设发展的需要。要进一步开放城轨交通市场，实行投资渠道和投资主体多元化，鼓励社会资本和境外资本以PPP融资方式参与城轨交通投资、建设和经营。南京、苏州等人口基础较大、交通拥堵严重的市要通过PPP融资加快轨道交通建设。在融资渠道上，也要鼓励和支持企业采取盘活现有资产、发行长期建设债券和上市等方式筹集资金。充分开发城轨交通沿线土地，实行商业化运营，提高投资收益。要通过加强管理，开拓经营范围，提高企业自我积累、自我发展的能力，减轻城市财政压力，逐步实行自负盈亏。省内其他城市要积极学习借鉴南京地铁市场化运作模式，通过沿线房地产开发、上盖物业等资源获取收益，充分挖掘广告、移动电视视讯、地铁内银行等其他方面收入。发展城轨交通，既要讲求社会效益，又要兼顾经济效益，做到两个效益的有机结合。

11.2　建筑垃圾资源化利用

随着城乡建设的不断推进，建筑垃圾数量激增。据了解，我国建筑垃圾占城市垃圾总量的三到四成。经粗略统计，每万平方米建筑施工将产生500吨至600吨建筑垃圾，每万平方米老旧建筑拆除将产生7000吨至1.2万吨建筑垃圾。据估计，到2020年，我国还将新增建筑面积300亿平方米，产生的建筑垃圾总量将接近18亿吨。而目前，江苏已全面禁止开山采石，由此一来，新建建筑所需要的混凝土及砂浆等原材料将产生巨大缺口，再生混凝土和再生砂浆的循环利用显得尤为迫切，建筑垃圾资源化利用已经刻不容缓。

然而，建筑垃圾回收再利用在我国仍处于起步阶段。目前，我国处理建筑垃圾的方式仍主要为传统的填埋与露天堆放，占用宝贵的土地资源，并容易产生环境问题。同时，我国建筑垃圾资源化处理仍没有形成有效的产业化模式，缺乏相应的行业标准，建筑垃圾资源化处理企业数量不多。据了解，全国当前仅有20多家专业企业从事建筑垃圾再利用行业，主要生产建筑垃圾再生砖，利用率不到5％。而在发达国家，建筑垃圾利用率普遍在90％以上，日本、韩国则高达97％。

垃圾主要是指工程新建、改扩建及危旧建筑物的拆除过程中产生的固体废弃物。主要包括建筑渣土、废砖、废瓦、废混凝土、散落的砂浆和混凝土，此外还有少量的钢材、木材、玻璃、塑料、各种包装材料等。建筑垃圾中的许多废弃物经过分拣、粉碎和筛分后，大多可作为再生资源重新利用，如砖、瓦、混凝土等废料可作为再生骨料重新利用；废金属经分拣、集中、重新回炉后，可再加工制造成各种规格的钢材；废木材则可用于制造人造木材。其中废塑料、废金属、废竹木等已有较成熟的再生利用方式，且在建筑垃圾中所占比例很小，因此通常所指的建筑垃圾资源化，即是指废渣土、废砖瓦、废混凝土等的资源化。

我国全国人民代表大会于 1995 年 11 月通过了《城市固体垃圾处理法》，要求"产生垃圾的部门必须交纳垃圾处理费"。2004 年 12 月，我国颁布了《中华人民共和国固体废物污染环境防治法》，第 46 条规定："工程施工单位应及时清运工程施工过程中产生的固体废物，并按照环境卫生行政主管部门的规定进行利用或者处置"。2005 年 4 月，我国建设部颁布了《城市建筑垃圾管理规定》，第四条规定：建筑垃圾处置实行减量化、资源化、无害化和谁产生、谁承担处置责任的原则。规定还指出："施工单位未经核准擅自处理建筑垃圾将被处以最高 10 万元罚款"。但这些规定或措施可操作性有限，目前我国巨量的建筑垃圾，绝大部分未经任何处理，便被建筑施工单位运往郊外或乡村，采用露天堆放或填埋的方式进行处理。这种传统的处理方法（露天堆放、填埋、焚烧等）不仅耗用了大量的耕地及垃圾清运等建设经费，而且给环境治理造成了很大的压力。

近些年来，我国一些地方政府、科研院所、高等院校的科研人员和一些具有远见卓识的企业，已经逐步认识到了科学处置和综合利用建筑垃圾对于节约资源、美化环境的重要性，以及对于促进当地经济和社会发展的深远意义，看到了潜在的市场前景。相继开始对建筑垃圾的综合利用进行了许多探索性研究和一些有益的实践。

建筑垃圾的资源化利用是一个复杂的系统工程，一般要经历产生、清理、运输、存放、分拣、分类处理、形成产品、市场推广等一系列环节，涉及范围广，处理周期长，牵涉部门多，需要考虑法律、政策、技术、管理、经济、环境、社会等诸多问题。目前，我国在建筑垃圾的收集、分类处理、综合利用方面还处于刚刚起步阶段，要想真正解决建筑垃圾问题，实现建筑垃圾原料—建筑物—建筑垃圾—再生原料的循环，使原材料最大限度地合理、高效、持久、循环的利用，并把对环境的污染降至最小，必须考虑以下几方面。

11.2.1 我国建筑垃圾资源化的对策

1. 加快完善法律法规、制度和监督执法工作

要尽快制订完善建筑垃圾循环利用的法律法规，建立规范科学的建筑垃圾减排指标体系、监测体系，强化建筑垃圾的源头管理，提高条款的可操作性，避免指标空泛。同时建立与之相适应的管理制度，如建筑垃圾环境许可、建筑垃圾处理申报批准、建筑垃圾限量产生等。在执法过程中，做到有法可依、有法必依、违法必究，尤其是要加大监督执法力度，坚决杜绝建筑垃圾大量排放、随意排放和低水平再生利用，使建筑垃圾资源化由行政强制逐渐成为全社会的自觉行动。

2. 制定建筑垃圾再生规划

根据具体国情，结合各地区的具体情况，各级政府及管理部门应制定切实可行的建筑垃圾综合利用的规划，以指导全国及各地区有计划、有步骤地进行建筑垃圾综合利用。

3. 加强建筑垃圾综合利用归口管理

建筑垃圾的资源化是一个系统工程，涉及各个层面，只有加强归口管理、明确各部门职责分工、合理组织协调，才能将建筑垃圾的产生、收集、堆放、再生、利用全过程管理落到实处。

4. 强调建筑垃圾的源头控制

源头控制即实现建筑垃圾的减量化。减量第一要从工程设计、材料选用等源头上控制和减少施工现场建筑垃圾的产生和排放数量；第二要加强工程施工过程的组织和监管，保证施工质量，提高建筑物的耐久性；同时减少不必要的返工、维修、加固甚至重建工作；第三要对施工现场产生的废料尽可能直接在施工现场利用，减少转移的建筑垃圾量；第四要大力发展建筑工业化，扩大使用标准化的预制构配件、全面推广应用预拌混凝土和预拌砂浆等；最后要采用先进的施工工艺，倡导整体浇筑、整体脱模，以减少施工期间建筑垃圾的产生。

5. 引入市场机制，加大政策扶持力度，培育产业发展

国外先进经验表明，要真正实现建筑垃圾资源化，必须走产业化的道路。而在当前市场经济条件下，要形成产业并获得发展，必须要充分调动企业的积极性。将建筑垃圾综合利用推向市场，走市场化的运作路线，鼓励国内外投资经营者参与建筑垃圾处理和经营。而政府要从政策上加大引导和扶持力度，运用政策、价格、财税、奖励等多种手段，保证建筑垃圾处理企业有一定的收益，才能培育建筑垃圾资源化产业。另外对建筑垃圾资源化的产品，政府工程要首先带头使用，鼓励房地产商积极使用，提高建筑垃圾利用产品的市场占有率，才能推动建筑垃圾综合利用的产业化。

6. 加快建筑垃圾处理和再生利用技术研究

我国对建筑垃圾处理和再生利用技术研究起步较晚，投入的人力、物力不足，虽然有一定的成果，但缺乏新技术、新工艺的开发能力，并且设备陈旧落后，与技术的全面推广还有很大的距离。因此要实现建筑垃圾的资源化，必须从提高建筑垃圾的分选水平、处理能力、再生骨料的品质和质量的稳定性、加快再生混凝土及制品的产品开发、研发适用的施工工艺等技术环节入手，提高产业的技术水平。

7. 建立并逐步完善建筑垃圾资源化标准体系

要保证建筑垃圾资源化的质量和效果，必须要制订一系列的标准规范，才能为建筑垃圾资源化过程中每一个技术环节提供技术依据，找到质量控制点，使产品有合格、验收的依据，现场施工有科学的操作规范，结构有验收的标准等，这样建筑垃圾资源化才有章可循。

8. 积极开展建筑垃圾综合利用工程示范

结合我国的国情、技术水平，参考国外建筑垃圾利用的先进理念、技术和设备，探索适合我国实际的建筑垃圾再生模式，并利用再生产品建设一系列示范工程，全面发挥工程的示范作用，将建筑垃圾资源化利用推向更多领域、更深层次。

9. 加强国际交流与合作

一些发达国家具有先进的建筑垃圾再生技术，但是因为国内外建筑垃圾主要组成、再生产品及用途有所不同，我国建筑垃圾资源化不能完全照搬国外先进的技术，但是可以有选择地引进适合我国建筑垃圾再生特点的技术及再生设备，加强国际交流与合作，促进我国建筑垃圾资源化产业的发展。

11.2.2 建筑垃圾处理工艺、设备及资源化产品

1. 处理方式

随着城市化进程的不断加快，城市中建筑垃圾的产生和排出数量也在快速增长。人们在享受城市文明同时，也在遭受城市垃圾所带来的烦恼，其中建筑垃圾就占有相当大的比

例，约占垃圾总量的 30%～40%，因此如何处理和利用越来越多的建筑垃圾，已经成为各级政府部门和建筑垃圾处理单位所面临的一个重要课题。

建筑垃圾中的许多废弃物经分拣、剔除或粉碎后，大多是可以作为再生资源重新利用的，主要有：

（1）利用废弃建筑混凝土和废弃砖石生产粗细骨料，可用于生产相应强度等级的混凝土、砂浆或制备诸如砌块、墙板、地砖等建材制品。粗细骨料添加固化类材料后，也可用于公路路面基层。

（2）利用废砖瓦生产骨料，可用于生产再生砖、砌块、墙板、地砖等建材制品。

（3）渣土可用于筑路施工、桩基填料、地基基础等。

（4）对于废弃木材类建筑垃圾，尚未明显破坏的木材可以直接再用于重建建筑，破损严重的木质构件可作为木质再生板材的原材料或造纸等。

（5）废弃路面沥青混合料可按适当比例直接用于再生沥青混凝土。

（6）废弃道路混凝土可加工成再生骨料用于配制再生混凝土。

（7）废钢材、废钢筋及其他废金属材料可直接再利用或回炉加工。

（8）废玻璃、废塑料、废陶瓷等建筑垃圾视情况区别利用。

（9）废旧砖瓦为烧黏土类材料，经破碎碾磨成粉体材料时，具有火山灰活性，可以作为混凝土掺合料使用，替代粉煤灰、矿渣粉、石粉等。

2. 处理工艺流程（图 11-1～图 11-3）

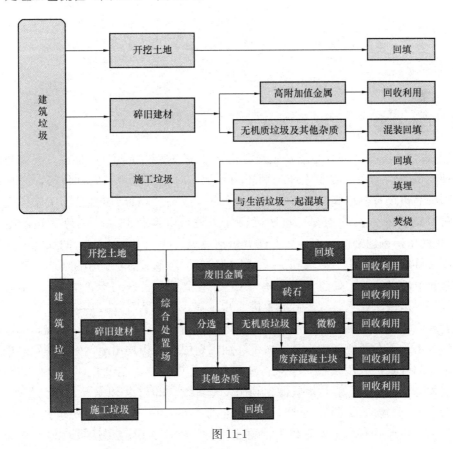

图 11-1

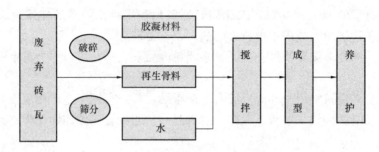

图 11-2　建筑垃圾制砖工艺流程

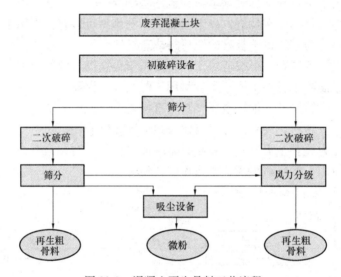

图 11-3　混凝土再生骨料工艺流程

11.2.3　江苏省建筑垃圾资源化利用情况

　　《江苏省"十二五"城乡生活垃圾无害化处理设施建设规划》中提出，要变垃圾被动消纳处理为资源化利用，减少末端处理压力。优先对建筑垃圾、大件垃圾、园林绿化垃圾、农副产品市场有机垃圾、有害垃圾等进行分类收集。《省政府办公厅关于印发江苏省绿色建筑行动实施方案的通知》也明确要促进垃圾资源化利用，绿色建筑示范市、县（市、区）的申请创建地区政府应研究建立包括垃圾资源化利用等在内的绿色发展指标体系。两项文件均明确把建筑垃圾和工程渣土进行分类运输、分类利用和处置，对指导全省推进实施建筑垃圾运输、处置和资源化利用等工作起到了良好的指导作用。针对各地建筑垃圾的收集、运输和处置，江苏进行了进一步规范。江苏省于 2014 年印发了《江苏省建筑垃圾处理规划编制纲要（试行）》，要求各地结合当地城市总体规划，将建筑垃圾处理规划纳入到城市管理发展规划中，并在城市详细规划中落实相关用地，引领建筑垃圾从传统的消纳填埋向资源化利用发展，引导行业逐步走上规范化、制度化、资源化的轨道。此外，江苏大力推动各地建筑垃圾资源化利用设施建设。2013 年以来，常州、苏州、扬州、南通等市的建筑垃圾资源化处理厂陆续建成投运，单个项目的处理规模基本都在100 万吨/年，生产的产品主要是再生混凝土、再生砂浆、市政用道板砖和砌块等。建筑垃圾通过集中收集、统一清运、规范处置和利用，最终转化成各类再生建材产品。这些设施的建成，为江苏省建筑垃圾资源化利用起到了良好的示范和带头作用。

目前，江苏在建筑垃圾资源化利用方面已经开展了一系列有益的探索与尝试。早在2003年，南京在全国率先开展建筑垃圾资源化利用试点工作。但是由于缺少政策的扶持推动，无法打通再生混凝土、砂浆、砌块等后端应用市场，加上资金瓶颈，南京的这一尝试遗憾告终。不过其后，南京又有一批企业展开相关探索，目前已有多家企业从事建筑垃圾资源化利用，每年可综合利用建筑垃圾和工程渣土约500万吨。苏州市已着手建立建筑垃圾回收利用信息网络系统，运用现代信息手段做好技术交流和信息服务，引导企业提升建筑垃圾资源回收利用水平。2015年10月，苏州市建筑垃圾资源化利用项目通过验收，项目占地114亩，年处置建筑垃圾100万吨。

"十三五"期间，江苏将按照"创新、协调、绿色、开放、共享"的理念和循环低碳的要求，着力构建符合江苏新型城镇化特点的环境卫生体系新模式。全省将按照建筑垃圾处置资源化、利用规模化原则，继续探索建立资源化处置基地与施工现场原位处理相结合的资源化利用方式；着力推进资源化利用设施建设，努力打通下游应用市场产业链，拓展品种、提高产能。与此同时，还将会同省经信委等相关部门，制订完善建筑垃圾再生产品的标准规范和管理制度，健全科技进步、市场化发展机制和综合协调监督管理机制，逐步拓展建筑垃圾再生产品的应用市场，推动建筑垃圾循环利用产业链形成，进一步提高建筑垃圾资源化利用水平。

参 考 文 献

[1]　江苏省住房和城乡建设厅. 江苏省建筑产业现代化读本，2015.09.

[2]　张波. 建筑产业现代化概论[C]. 北京：北京理工大学出版社.

[3]　济南市城乡建设委员会建筑产业化领导小组办公室. 装配整体式混凝土结构工程施工[C]. 北京：中国建筑工业出版社.

[4]　BIM 工程技术人员专业技能培训用书编委会. BIM 应用与项目管理[C]. 北京：中国建筑工业出版社.

[5]　人社部中国就业培训技术指导中心. 绿色建筑基础理论[C]. 北京：中国建筑工业出版社.

[6]　李钢强. 新《安全生产法》解读分析与建筑安全管理应用指南[C]. 北京：中国建筑工业出版社.

[7]　徐海顺，蔡永立，赵兵，王浩. 城市新区海绵城市规划理论方法与实践[C]. 北京：中国建筑工业出版社.

[8]　王健宁. 浅谈城市地下管线共同沟的建设[J]. 现代城市研究. 2004.19（4）.

[9]　桂小琴，王望珍，章帅龙. 地下综合管廊建设融资的激励机制设计[A]. 地下空间与工程学报，2011.8(4).

[10]　排水管道维护安全技术规程 CJJ 62009.

[11]　城市综合管廊工程技术规范 GB 50838—2015.

[12]　车伍，马震，王思思等. 中国城市规划体系中的雨洪控制利用专项规划[J]. 中国给水排水，2013，29(2)：8-12.

[13]　张书函. 基于城市雨洪资源综合利用的"海绵城市"建设[J]. 建设科技，2015(1)：26-28.

[14]　张书函. 基于城市雨洪资源综合利用的"海绵城市"建设[J]建设科技，2015(1)：26-28.

[15]　张旺，庞靖鹏. 海绵城市建设应作为新时期城市治水的重要内容[J]. 水利发展研究，2014，09：5-7.